二、三维微纳米材料的制备与表征

Fabrication and Characterization in the Micro-Nano Range: New Trends for Two and Three Dimensional Structures

[西] Fernando A. Lasagni（费尔南多·拉萨尼）
[德] Andrés F. Lasagni（安德烈斯·拉萨尼） 主编

赵建勋 陈 鹏 刘万强 郭 鑫 刘 恒 译

国防工业出版社

·北京·

著作权合同登记　图字：军-2015-019 号

图书在版编目（CIP）数据

二、三维微纳米材料的制备与表征 /（西）费尔南多 · 拉萨尼（Fernando A. Lasagni），（德）安德烈斯 · 拉萨尼（Andrés F. Lasagni）主编；赵建勋等译. —北京：国防工业出版社，2022.8

书名原文：Fabrication and Characterization in the Micro-Nano Range: New Trends for Two and Three Dimensional Structures

ISBN 978-7-118-12579-5

Ⅰ. ①二… Ⅱ. ①费… ②安… ③赵… Ⅲ. ①纳米材料—研究 Ⅳ. ①TB383

中国版本图书馆 CIP 数据核字（2022）第 144631 号

Translation from the English language edition:
Fabrication and Characterization in the Micro-Nano Range: New Trends for Two and Three Dimensional Structures
By Fernando A. Lasagni and Andrés F. Lasagni

※

国防工業出版社出版发行

（北京市海淀区紫竹院南路 23 号　邮政编码 100048）

北京虎彩文化传播有限公司印刷

新华书店经售

*

开本 710×1000　1/16　印张 11½　字数 202 千字

2022 年 8 月第 1 版第 1 次印刷　印数 1—1000 册　定价 158.00 元

（本书如有印装错误，我社负责调换）

国防书店：（010）88540777　　书店传真：（010）88540776
发行业务：（010）88540717　　发行传真：（010）88540762

敬我们的母亲，瑞娜塔。

纪念我们的父亲，诺伯托。

我们想把这本书献给我们敬爱的英玛（F.L.）和妮可（A.L.）

他们的理解、支持和鼓励使这本书得以完成。

这本书也献给我的儿子马可（F.L.）和侄子（A.L.）。

安德烈斯・拉萨尼和费尔南多・拉萨尼

前　言

在微纳米尺度中制造二维和三维结构的材料是通过裁剪所需的材料特性获得优越的功能，为材料设计提供了新的自由度。即使在纳米尺度范围内，这种复杂的设计只有通过使用高分辨率的新型制造技术才能实现。这种复杂的设计只有通过使用新颖的高分辨率制造技术才能实现。在过去的几年里，出现了不同的方法，可以在二维或三维结构中局部修改材料的属性，以及合理地设计复杂的三维结构。这些方法可以改善包括陶瓷、金属和聚合物在内的所有材料的物理、化学和生物性能。此外，我们还观察到，即使内部组织不均匀，如存在晶界和孔隙率，也能进一步提高其性能。

然而，未来开发新的先进材料的进展，不仅取决于制造它们的能力，还取决于理解潜在的纳米尺度和界面效应，以及通过真正的三维表征其结构。因此，有必要对这些结构进行充分和高细节表征。由于断层扫描技术的新发展，允许这些技术在所有有序的尺度上完全三维重建。这些工具最近也用于研究结构材料的时变特性，如结构材料的形变机制。

本书概述了从微观到纳米尺度的广泛样品制备和表征技术的科学原理，分为两个部分：第一部分描述二维和三维制造技术；第二部分为在相同的分辨率尺度上最新的表征技术。

第 1 章讨论了激光干涉条纹法在宏观区域快速制造亚微米级到微米级周期条纹的可能性。第 2 章介绍了不同的激光辅助微加工技术及激光微加工的典型应用，包括钻孔、切割和标记。第 3 章讨论了利用不同的方法，如纳米压印光刻和纳米球自组装，制备具有增强光学性能的纳米结构材料。此外，还介绍了光学性质的表征。第 4 章主要研究离子束溅射自组织图形的形成，给出了方法和实验观测的一般描述，展示了涉及的过程的复杂性，并指出了该技术的巨大潜力。第 5 章描述了利用附件制造技术制造具有增强力学性能的单元结构，重点介绍了双光子聚合方法的研究进展。第 6 章和第 7 章讨论了不同的 X 射线层析成像方法，包括微焦点 X 射线计算机层析成像和利用高能同步辐射的亚微米层析成像；同时还介绍了透射光束的光学 X 射线相位在提高该方法灵敏度方面的应用，给出了结构三维表征和缺陷分析的不同实例。第 8 章介绍了聚焦离子束断层扫描方法，该方法通过重建由电子、X 射线或离子探测器成像的二维切割（切片）提供的信息，实现对三维几何图形的纳米表征。第 9 章介绍了原子探针层析成像方法，该方法能够在原子尺度上绘制出物质中化学成分的三维分布；此外介绍了可分析半导体或氧化物的新方法。

本书中描述的方法表明，通常有各种各样的方法用来制造和表征微纳米结构，在许多情况下使用的设备是商业上可用的或很容易组装的。本书可供从事材料科学和工程的本科生、研究生及研究人员使用。

我们要感谢几位同事在不同阶段的校对工作中给予的帮助，同时还要特别感谢所有的作者：Blavette D，Borbély A，Cloetens C，Cornejo M，Deconihout B，Franke V，Frost F，Harrer B，Kastner J，Klotzbach U，Luxner M，Maire E，Menand A，Mücklich F，Olaizola S，Panzner M，Pérez N，Pettermann H，Rauschenbach B，Requena G，Rodríguez A，Soldera F，Stampfl J，Völlner J，Vurpillot F 和 Ziberi B，Castro M（Springer）。感谢他们在本书编写过程中给予的支持。本书之所以能成功出版，是因为他们所有人的付出。

德累斯顿，2010 年 11 月　　　安德烈斯·拉萨尼博士
塞维利亚，2010 年 11 月　　　费尔南多·拉萨尼博士

目　　录

第1章　激光干涉图形化在宏观区域快速制作周期阵列的可行性

1.1　概述

具有微米和亚微米特征的周期性表面制造技术在若干技术领域中快速发展。金属、半导体、电介质或聚合物表面上具有这种结构的材料可以产生具有非常特殊的电学、力学或化学特性的新材料特性。根据具体的材料参数和结构形态，可以实现生物传感器[1]、反欺诈器件、微流体装置[2-5]、生物应用模板[6]及光子结构[7]等功能或结构的新器件。此外，表面纹理可用于改善特殊工具[8]的摩擦学性能，减少反射损失[9]或作为贵重物品精制的装饰元素。

除此之外，基于光子的制造方法提供了多个优点，如远程和非接触式操作、材料加工过程中的灵活性及精确的能量沉积。在微观尺度上，激光直写和微立体光刻技术用来制作和加工几种具有 1～100μm 波特性的材料[10,11]。另外，在一些情况下，成像设置使得可以在单步操作中通过局部消融、光聚合或表面改性过程再现特定图案。然而，这些方法需要掩模以在衬底上获得特定的几何形状或图案形状，可能非常耗时。为了解决这个问题，需要用到快速制造二维和三维结构的大面积无掩模光刻的技术。

激光干涉光刻（LIL）过去曾用于平面周期结构的大面积制造[12,13]。为了产生干涉图案，N 个准直和相干激光束必须在材料表面重叠。LIL 的主要优点之一是不需要掩模，干涉图案的形状和尺寸可以通过控制激光束的数量及其几何配置（每个激光束的极角和方位角）来调整[13-15]。在 LIL 中：首先，光致抗蚀剂通常用紫外辐射曝光；然后，曝光较多或曝光较少的部分在显影剂中具有不同的溶解度，导致多孔结构[16]；最后，对被辐照的表面进行蚀刻，在没有光刻胶的情况下对其位置进行腐蚀以获得最终的结构。二维和三维结构的制造需要两个以上的相干激光束。然而，增加实验装置的复杂性也增加了在周期性结构中引入缺陷的可能性[17]。

最近，人们已经使用高功率激光系统来直接处理不同材料的表面，而不使用光致抗蚀剂[18-21]。基于光热和/或光化学相互作用，这种方式可以在材料表面上干涉最大值的部分处直接和局部修改，这样的技术称为 DLIP 或 DLIL [22,23]。此外，由于还可以诱发多种冶金效应（特别是在金属和陶瓷中），该方法也称为激光干涉冶金（LIMET）[18,24]。

本章从不同方面介绍基于“激光干涉”的方法，包括 LIL、DLIP 和 LIMET。在本章的第一部分中，将描述使用双光束和多光束干涉图案制造二维和三维结构的不同方法。首先，提出了用 N 个激光束计算干涉图案的模型，讨论了单个光束相位及入射角对线缺陷的影响；然后，讨论在光致抗蚀剂、导电聚合物、碳纳米管（CNT）和其他材料上图案制造的几个实例，显示了该方法的潜力。

1.2 多光束干涉图案的强度计算

如果要计算干涉图案的强度，有必要将所有重叠的激光束加在一起，即：

$$E=\sum_{j=1}^{N}E_j=\sum_{j=1}^{N}E_{j0}\mathrm{e}^{-\mathrm{i}k\sin\alpha_j(x\cos\beta_j-y\sin\beta_j)+\psi_j} \tag{1-1}$$

式中：E_j 为第 j 束激光束的电场强度；α_j 和 β_j 分别为光束相对于干涉平面的垂直方向（极角）和水平方向（方位角）（图 1-1）的角度；ψ_j 为初位相；k 为波数，可表示为

$$k=\frac{2\pi}{\lambda} \tag{1-2}$$

式中：λ 为波长。

干涉图案的总强度可用下式计算：

$$I=\frac{\mathrm{c}\varepsilon_0}{2}|E|^2 \tag{1-3}$$

式中：c 为光速；ε_0 为自由空间的介电常数。

使用式（1-3）可以容易地计算 N 光束的干涉图案[14,25]。

对于两个激光束配置，获得线状干涉图案（图 1-2（a），其中 $\alpha_1=\alpha_2=20.34°$，$\beta_1=0$，$\beta_2=\pi/2$，$\lambda=355\mathrm{nm}$，并且 $\psi_1=\psi_2=0$）。在这种情况下，如果极角 α_j 相同 ($j=1,2$)，则独立地观察到线缺陷及强度分布没有变化。另外，当保持光束之间的总截取角恒定（$\alpha_1+\alpha_2=C$）并且两个强度最大值之间的周期距离（周期 Λ）保持不变时，观察图案的任何偏移。从实验的角度来看，这种情况在样品没有准确放置在 $z=0$ 平面的位置显示倾斜角 θ（图 1-1）的情况下很常见，并且在制造周期性阵列时代表了一个重要的优点。初始相位（ψ_j）的偏移引起整个图案的偏移，但没有观察到强度的变化。对于 180°的相位差，获得最大偏移，对应着从右到左移动的半周期（$\Lambda/2$），如图 1-2（b）所示（其中 $\alpha_1=\alpha_2=20.34°$，$\beta_1=0$，$\beta_2=\pi/2$，$\lambda=355\mathrm{nm}$，并且 $\psi_1=\pi$，$\psi_2=0$）[26]。

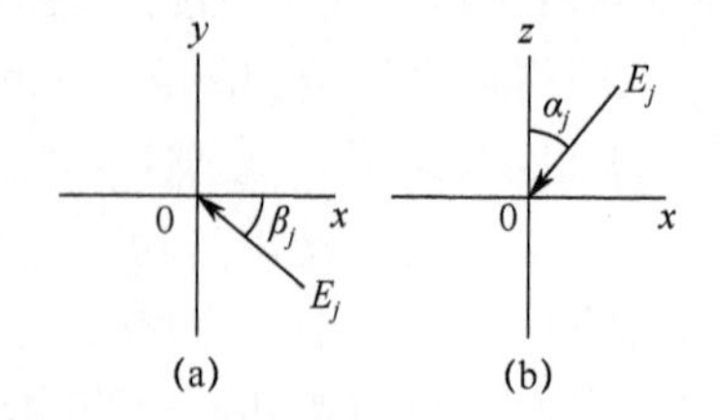

图 1-1 三维空间中电磁波的表示（样本位于平行于平面 x，y（干涉平面）的 $z=0$ 位置）

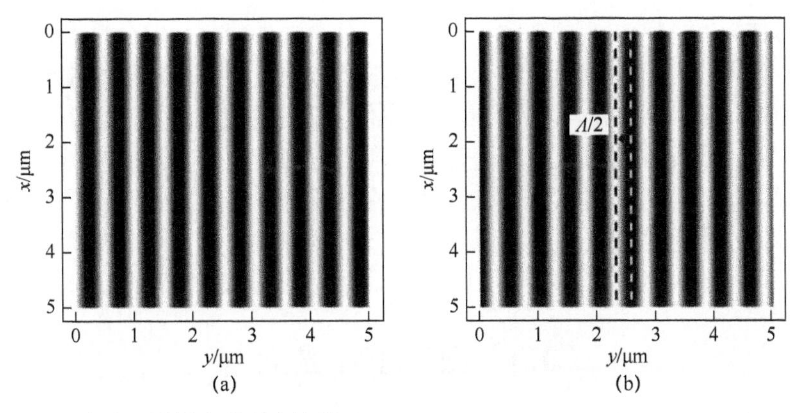

图 1-2　双光束干涉图案的强度计算（$\alpha_1 = \alpha_2 = 20.34°$, $\beta_1 = 0°$，$\beta_2 = \pi/2$，$\lambda = 355$nm）

（a）$\psi_1 = \psi_2 = 0°$；（b）$\psi_1 = \pi$，$\psi_2 = 0°$，当增加相位 ψ_1 时，两种模式之间的偏移是从右向左移动的 $\Lambda/2$。

（经 Lasagni 等人许可转载[26]，版权所有（2010）作者：WILEY-VCH Verlag GmbH＆Co（编辑 Jörn Ritterbusch））

在四个激光束干涉的情况下，观察到非常不同的情况。如果光束入射到具有相同极角 α_j 的样品上或满足条件 $\alpha_1 = \alpha_3 \neq \alpha_2 = \alpha_4$ 且 $\beta_1 = 0°$，$\beta_2 = \pi/2$，$\beta_3 = \pi$，$\beta_4 = 3\pi/2$，则获得均匀强度分布（图 1-3（a），其中 $\alpha_1 = \alpha_2 = \alpha_3 = \alpha_4 = 20.34°$，$\lambda = 355$nm，并且 $\psi_1 = \psi_2 = \psi_3 = \psi_4 = 0°$）。相反，对于前面提到的条件不满足的非对称配置，模式中出现周期性或准周期性线性缺陷[17]。对于条件 $\alpha_1 = \alpha_2 = \alpha_3 = 20.34°$，$\alpha_4 = 23.34°$，$\beta_1 = 0°$，$\beta_2 = \pi/2$，$\beta_3 = \pi$，$\beta_4 = 3\pi/2$，这种效果如图 1-3（b）所示。$\lambda = 355$ nm，并且 $\psi_1 = \psi_2 = \psi_3 = \psi_4 = 0°$，线缺陷包括垂直于具有不对称角度的激光束的激光强度的周期性变化（在这种情况下，$j = 4$，具有 3°与第 1 束～第 3 束激光束相比的差异）。除此之外，对于对称配置情况（$\alpha_1 = \alpha_2 = \alpha_3 = \alpha_4$），其中一个光束的相位变化也会产生干涉图案强度分布形状的变化，如图 1-3（c）所示，$\alpha_1 = \alpha_2 = \alpha_3 = \alpha_4 = 20.34°$，$\beta_1 = 0°$，$\beta_2 = \pi/2$，$\beta_3 = \pi$，$\beta_4 = 3/2\pi$，$k = 355$nm，$\psi_1 = \pi$，$\psi_2 = \psi_3 = \psi_4 = 0$。另外，

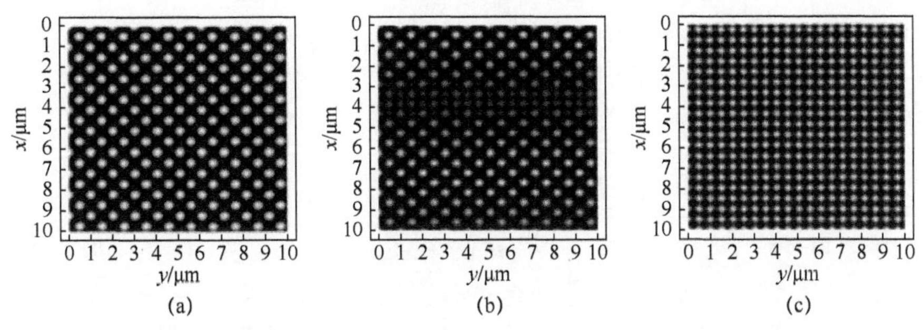

图 1-3　四光束干涉图案的强度计算（$\beta_1 = 0$，$\beta_2 = \pi/2$，$\beta_3 = \pi$，$\beta_4 = 3/2\pi$，$k = 355$ nm）

（a）$\alpha_1 = \alpha_2 = \alpha_3 = \alpha_4 = 20.34°$，$\psi_1 = \psi_2 = \psi_3 = \psi_4 = 0°$；（b）$\alpha_1 = \alpha_2 = \alpha_3 = \alpha_4 = 20.34°$，$\alpha_4 = 23.34°$；$\psi_1 = \psi_2 = \psi_3 = \psi_4 = 0°$；（c）$\alpha_1 = \alpha_2 = \alpha_3 = \alpha_4 = 20.34°$；$\psi_1 = \pi$，$\psi_2 = \psi_3 = \psi_4 = 0°$。

注意（b）中的线缺陷是由于 α_4 的 3°的差异造成的。

（经过 Lasagni 等人许可转载[26]，版权所有（2010）

作者：WILEY-VCH Verlag GmbH＆Co（编辑 Jörn Ritterbusch））

对于非对称配置，相位 w_j 的变化不会导致强度分布的变化，但会导致整个模式的偏移[17]。因此，对于使用四个激光束设置的适当的无缺陷周期结构制造，必须完美控制初始相位、方位角，以及样品在平面 $z=0$ 处的定位。相比之下，当使用两个激光束时，仅观察到图案偏移的变化。当改变初始阶段时，保持图案的形状和强度不变。最后显示了相对四个激光束配置的重要优点，并且可以用于制造二维和三维结构，即首先用线状图案照射样品；然后将样品旋转一定角度（平行于极性或方位角）；最后使用相同或不同的周期距离以线状图案第二次照射样品。

1.3 激光干涉光刻

激光干涉光刻（LIL）技术是一种最简单、最快、最便宜的方法，可以大面积产生具有亚微米周期性的高度有序的一维、二维和三维结构。

LIL 已用于制造各种应用的图形衬底，包括光子晶体波导和场发射平板显示器。此外，有图案的光刻胶结构可用于形成可纳入纳米光子器件的纳米粒子组件模板[27]。

所得周期结构的维数由所涉及的波束数决定。$N<4$ 准直相干光束之间的干涉产生 N-1 维强度光栅。因为多个光束必须相干以产生干涉图案，来自可见光的一个激光束（如 Ar 离子，倍频 Nd：YAG，Nd:YVO_4）或紫外激光器（如频率三倍的 Nd:YAG，He-Cd，KrF）通常被分成多个光束[28]。

在 LIL 过程中，利用从不同方向入射的少量相干光束来产生干涉图案，其强度分布记录在光敏层中，然后通过热和化学过程转移（显影）。在传统的光学光刻中，使用两种不同类型的光敏材料：正性和负性光刻胶[29]。在正性光致抗蚀剂中，一方面，在正性光刻胶中，材料中过度曝光的区域会发生化学变化，并溶于显影剂；另一方面，暴露于低于阈值强度的光强度的曝光不足区域不溶于溶剂并保持原有的结构。在负性抗蚀剂中，材料中过度曝光的区域发生化学变化并变得难以溶解。因此，过度曝光区域中的材料保持完整，形成结构，并且溶剂去除曝光不足区域的材料。之后，对经照射的样品进行蚀刻（化学、等离子体蚀刻等），从而在基板上获得最终结构[30]。

两个实验装置广泛用于双光束干涉光刻。第一种装置采用劳埃德镜面干涉仪，如图 1-4（a）所示。这是一个简单的角隅立方排列，有 90°几何形状，其中射束的左半部和右半部彼此折叠。这种布置已经成功地用于具有高横向相干性的光源，如单模 TEM Arion 激光器[31]。扩大光束可以实现大面积重叠，特别是当入射角为 45°时，入射到样品和镜子上的光束大小相等。

简单地通过旋转平台而不重新调整光路[32]来实现 170nm 的工艺尺寸(图 1-4(a))。然而，可以任何入射角照射的基板区域很小。通过增加镜子尺寸来增加图案面积可能很难实现，因为镜子的精确平滑度和平坦度公差难以在大面积上实现。

通过使用其他布置可以使这些问题最小化，这些布置涉及使用分束器将一个相干光束分成两个或多个子光束，然后将光束重叠在样品上（图 1-4（b））。这里，纵向相干（窄光谱宽度）是重要的，因为从分束器到像平面的距离可以相对两个光束变化。当两个光束沿着不同的光路行进并遇到不同的光学、振动、镜面缺陷、虚假散射和各种其他有害影响时，会累积相位差。由于两个光束沿着不同的路径行进，很容易受振动和空气湍流的影响[31]。当使用氩离子激光器时，这种情况很常见，曝光时间范围从几秒到几分钟。对于大表面的曝光，可以使用条纹锁定系统克服这个问题（图 1-4（b））。这里，由光电二极管检测到的条纹运动产生信号，该信号驱动压电驱动的光学元件，该光学元件稳定其中一个光束[27,31]的相位。

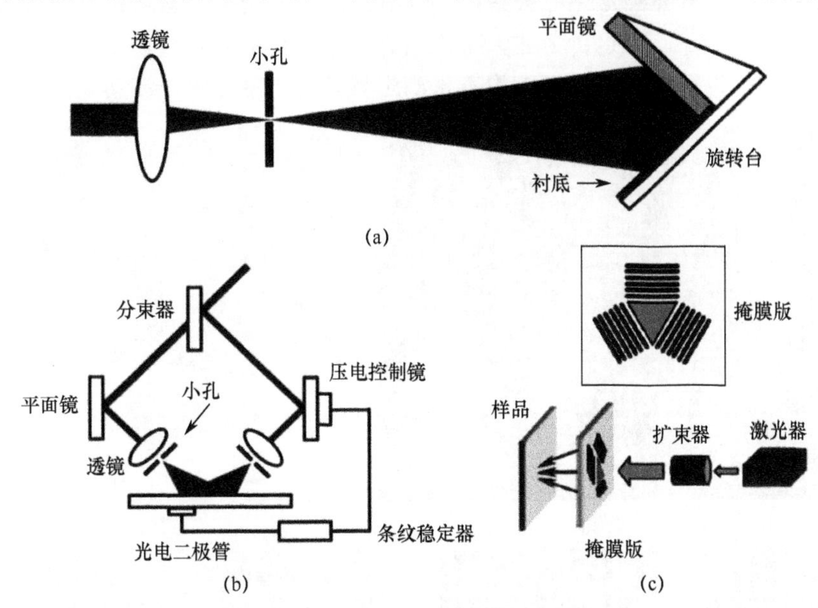

图 1-4　双光束干涉光刻

（a）Lloyd 的镜像干涉配置，用于制造尺寸约 170nm 的线状阵列；（b）采用双光束配置的干涉设置，带有分束器，使用压电控制镜进行相位稳定；（c）用于在光致抗蚀剂基板上产生六边形干涉图案的三重衍射掩模和光学装置的示意图

如果使用脉冲激光系统，则可以在没有条纹锁定系统的情况下完成这种结构，避免使用压电支持的镜片来补偿低频相位扰动，从而在曝光期间保持干涉条纹固定。

浸没式光刻需要在成像镜头和晶片之间使用合适的液体[33,34]，也就是适当地修改透镜，并通过调整浸没液体的折射率改善光刻系统的光学分辨率。对于 193nm 波长的光，水是一种非常有吸引力的浸没液，折射率为 1.44[35]。将棱镜简单地添加到图 1-4（b）的干涉测量设置图中以研究浸没式光刻。在最简单的配置中，在晶片上放置一滴水，并且晶片和水的位置逐渐升高，直到水接触未涂覆的棱镜形成高质量的光学部件。更精细的自动填充和干燥系统将用于制造应用。图 1-5（a）所示为 45nm 半间距浸没式干涉光刻图案的示例。在浸没曝光后，烘烤样品以激活化学放大的抗蚀剂，并在标准碱性溶液中显影。文献[36,37]提供了更多细节。

在曝光光刻胶[39]之前，也可以使一个激光束通过多光栅配置来产生干涉图案。如图 1-4（c）所示，扩展的入射光束被三个衍射光栅衍射，这三个衍射光栅结合在一个单片封装中，并彼此围绕法线 120°对齐。该方法稳定、快速且容易，因为它需要使用单个单片衍射物体。另外，由于干涉图案取决于光栅的周期和光栅之间的角度，因此需要不同的光栅掩模来改变图案。另外，在使用高功率脉冲激光器的情况下，必须采用相对较低的激光强度，因为高强度的激光光束会损坏光栅。在图 1-4（c）所示的例子中，具有三个光栅相互间隔为 120°的掩模[38]。每个光栅都具有 2mm 宽和 4mm 长的特征，相隔 2mm。通过将光致抗蚀剂样品放置在衍射图案的焦点处来曝光光致抗蚀剂样品，产生六边形光致抗蚀剂柱阵列，如图 1-5（b）所示[38]。以这种方式，可以由光刻胶材料形成聚合物模板来制造二维光子结构[38]，也可以利用类似的设置来产生具有飞秒激光的干涉图案。

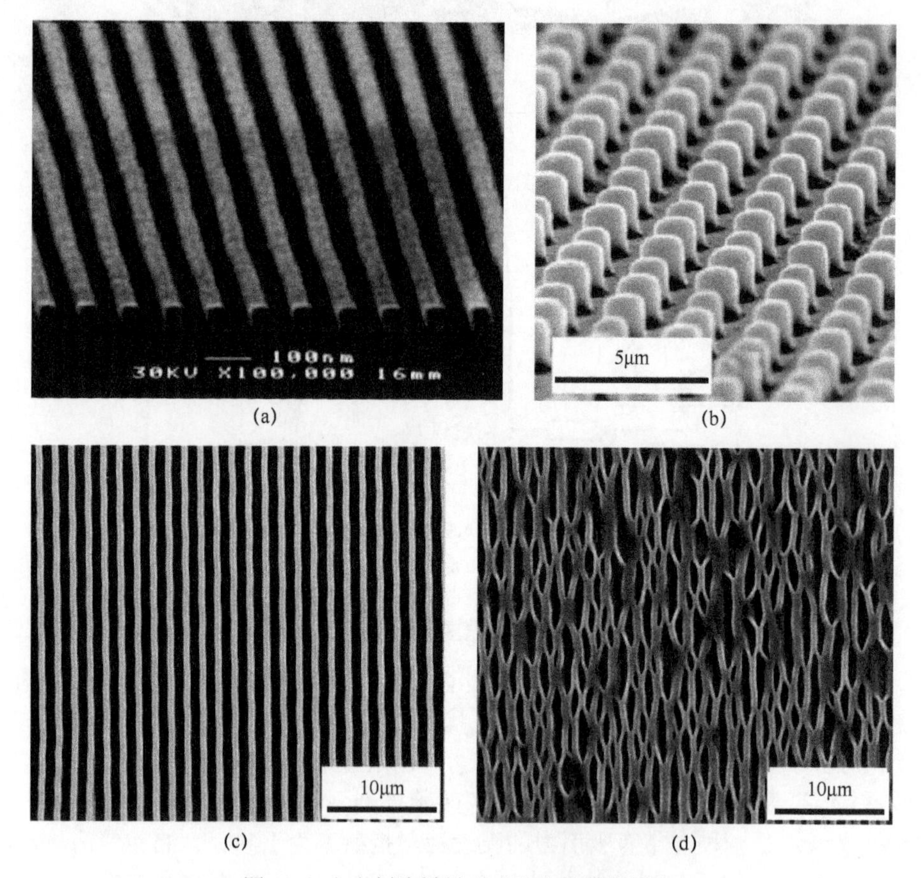

(a) (b) (c) (d)

图 1-5　由光刻胶材料形成聚合物模板图案

（a）光刻胶中的 45nm 半间距图案（由 AZ Electronic Materials 提供的抗蚀剂）[37]；
（b）使用衍射光栅掩模在 SU-8 光刻胶上制作的六边形柱阵列图案（图 1-4(c)）[38]；
（c）（d）光聚合 SU-8 光刻胶的周期性线状图案，周期为 1500nm（c）和 500 nm（d），曝光剂量为 6.2mJ/cm^2

如前所述，使用双光束实验装置，可以在光致抗蚀剂上再现不同的线状图案。使用负性抗蚀剂（如 SU-8），在干涉最大值处暴露的材料变为固体，并且在样品显影后，我们获得最终结构。通常，有若干方面对于制造稳定的聚合物结构是关键的。例如，图案周期（K）、抗蚀剂层的厚度、光聚合区域的宽度（壁宽）、烘烤前和烘烤后的温度和时间，以及表面显影剂和/或最终洗涤溶剂的张力[40]。然而，可以假设线状图案在较大周期、较小高度及壁宽宽度下更稳定。这种效果如图 1-5（c）和（d）所示，表示两种不同的线状结构，周期分别为 1500nm 和 500nm。在这两种情况下，曝光剂量为 6.2mJ/cm^2。正如在图 1-5（d）中可以观察到的那样，对于小结构周期，在最终蒸发干燥期间产生的强毛细力，导致聚合物结构的黏附和坍塌[40]。然而，通过选择正确的参数，还可以制造具有亚微米特征（170nm）的线状阵列。此外，即使具有小的周期距离，具有较高强性模量的新抗蚀剂的开发也将被允许制造高纵横比结构。

除了线状结构，双光束配置设置也可用于制造二维阵列。在此种情况下：首先必须进行双曝光处理，包括用线状干涉图案照射样品；然后旋转样品并进行第二次照射。此外，因为周期性结构在拦截节点处交叉链接，且双重曝光过程与空间周期、层厚度或壁宽无关，所以该结构足够稳定可以抵抗漂洗和干燥步骤中的毛细引力[41]。又由于使用双光束配置，因此结构上不会出现线缺陷。

十字形结构的示例如图 1-6 和图 1-7 所示，分别表示 1500 nm 和 500 nm 的空间周期。通过使用不同的旋转角度（30°、 60°和 90°），可以制造几个周期性阵列（图 1-6）。另外，允许控制光聚合线宽度的曝光剂量（激光能量密度）的变化。例如，$K = 500$nm，曝光剂量为 3.8mJ/cm^2 时，可制造出壁宽为 160nm 的结构，而曝光剂量为 9.2mJ /cm^2，其对应壁宽为 435nm（图 1-7）[26]。

如图 1-7(a)所示，与线状图案相比，具有小壁宽的结构也非常稳定(图 1-5(b))。另外，如果样品过度曝光，光聚合的催化剂（路易斯酸）可以扩散到非曝光区域，在这些区域中引起交联并因此封闭孔（图 1-7（c））[42]。注意，在图 1-7（a）的插图中，孔刚刚开始形成并且是方形的，而在图 1-7（c）中，孔尺寸较小并且更圆。

为了定性地计算具有不同旋转角度的光聚合材料的形状，可以使用以下程序。首先，使用式（1-3）。参照图 1-3，计算特定双光束激光器配置的强度分布，然后，计算考虑特定样本旋转角度的第二线状强度分布。最后，添加两种强度分布，并使用 Beer-Lambert 定律，计算局部光聚合量：

$$d = \frac{1}{\alpha}\ln\left(\frac{I}{I_{\mathrm{th}}}\right) \tag{1-4}$$

式中：d 为位置 x、y 处的光聚合深度；α 为光刻胶的吸收系数；I 为位置 x、y 处的总干涉图案的强度（式（1-3））；I_{th} 为材料聚合的阈值。

可以在图 1-3 和图 1-4 的右侧观察每个制造的图案的计算表面结构。结果显示与实验结果一致，并且可以把定性地描述制造结构的形状作为实验配置和曝光剂量的函数[26]。

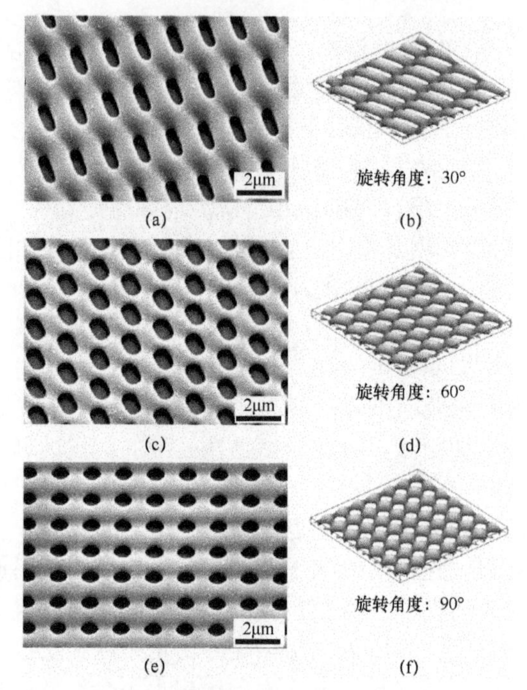

图 1-6 光聚合 SU-8 光刻胶的周期性二维图案及其相应的固化材料数值计算
（线状干涉图案的周期 K 为 1500nm，在所有情况下，每个照射步骤的曝光剂量都为 6.4mJ/cm ^{2}）
（a）（b）旋转角度为 30°；（c）（d）旋转角度为 60°；（e）（f）旋转角度为 90°。
（a）（c）（e）扫描电子显微镜倾斜角为 30°。（经过 Lasagni 等人许可转载[26]，
版权所有（2010）作者 WILEY-VCH Verlag GmbH＆Co（编辑 Jörn Ritterbusch））

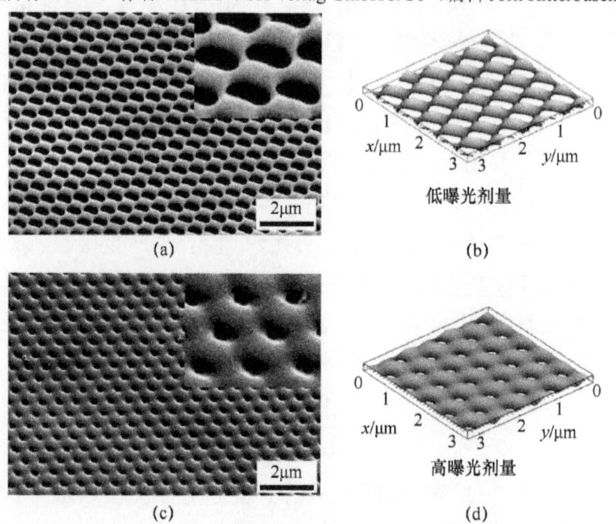

图 1-7 具有周期晶格常数 Λ= 500nm 的周期性二维六边形图案（旋转角度为 60°）
（a）曝光剂量为 3.89.2mJ/cm ^{2}；（b）图（a）固化材料的相应计算；（c）曝光剂量为 9.2mJ/cm ^{2}；（d）图（c）固化材料的相应计算。
（经过 Lasagni 等人许可转载[26]，版权所有（2010）作者 WILEY-VCH Verlag GmbH＆Co（编辑 Jörn Ritterbusch））

通常，在双光束 LIL 中，样品位于 $z = 0$ 平面（图 1-1），并且各个光束的极角相等或几乎相同。在这种条件下，可以获得垂直于样品表面的垂直聚合壁。然而，如果样品以显著的旋转角度旋转，则聚合壁将不垂直于基板表面，而是相对于表面的旋转角度，以及抗蚀剂的折射率，根据入射光束角度呈现特定的倾斜度。这种设置被称为非正交激光干涉曝光方法[26]。

抗蚀剂内的激光束的实际干涉角可以使用斯涅耳定律计算：

$$\frac{\sin\alpha_{\mathrm{i}}}{\sin\alpha_{\mathrm{ires}}}=\frac{n_{\mathrm{i}}}{n_{\mathrm{res}}} \tag{1-5}$$

聚合壁的倾斜度由抗蚀剂内部的两个光束相对于基板的平均值给出。然后，样品可以在相反方向旋转，从而获得亚微米管，如图 1-8（a）（c）所示。所获得的具有亚微米尺寸的结构难以使用传统的光刻工艺制造，这是由于不同的原因，如光通过具有小特征的掩模的衍射效应[43]。这些器件可用于微滤和微混合应用，这些应用通常采用传统的微机械加工制造，但孔径明显较大[44]。

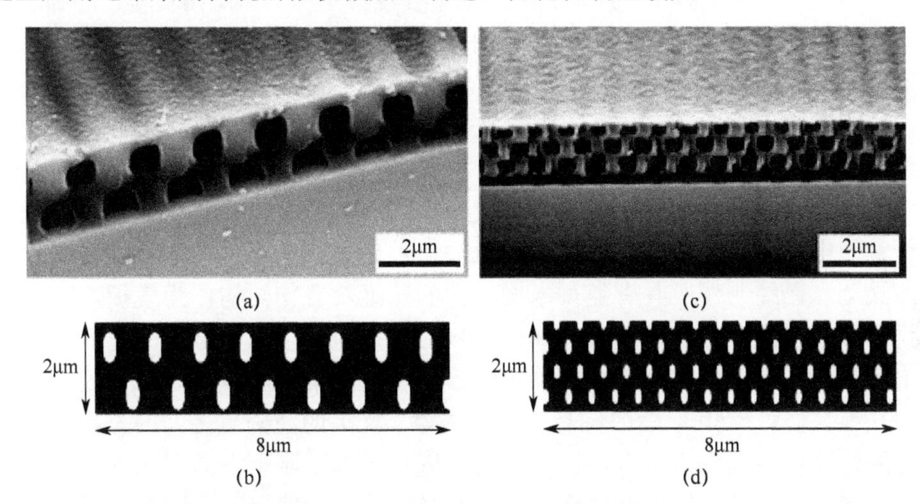

图 1-8　使用非正交激光干涉方法制造的管道状结构和相应的仿真模拟管道状结构

（a）管道状结构的宽度：1.11μm，高度：1.11μm，单层厚度：2.32μm；

（b）是（a）的仿真模拟结果；（c）管道状结构的宽度：0.46μm，高度：0.66μm，单层厚度：2.21μm；

（d）是（c）的仿真模拟结果；（a）和（b），每个照射步骤中的曝光剂量分别为 8.0mJ/cm^2 和 5.9mJ/cm^2

（经过 Lasagni 等人许可转载[26]，版权所有（2010）作者 WILEY-VCH Verlag GmbH＆Co（编辑 Jörn Ritterbusch））

可实现的网眼尺寸和管道形状由曝光剂量、空间周期和倾斜角度决定。在图 1-8（a）中，管道宽度和高度分别为（1.11±0.05μm）和（1.12±0.03μm），而在图 1-8（c）中，宽度和高度分别为（0.48±0.02μm）和（0.66±0.02）μm[26]。

对于图 1-8（a）所示的情况，样品分别用双光束干涉图案和 35°与 55°的入射角 α_1、α_2 照射（该设置对应条件 $\alpha_1 = \alpha_2 = 10°$，$\beta_1 = 0°$，$\beta_2 = \pi$，旋转角度 $h = 45°$）。然后使用式（1-5）抗蚀剂内光束的角度是 21.01°和 30.80°，并且抗蚀剂内的等效

旋转角为 25.91°（该角度是两个入射角的平均值）。最后，平行于表面的通道结构的计算得到的周期为 1.98μm，这与 1.81μm 的实验值很接近（图 1-8（a））。对于较小的结构，可以进行相同的分析，如图 1-8（b）所示。在这种情况下，平行于表面的通道结构的计算周期为 1.02μm，这也与 0.91μm 的实验值非常接近。

为了确定三维的管道形状，我们可以计算强度分布，使用式（1-3）和具有校正的入射角（式（1-5））计算入射平面上的线状图案。然后，我们需要重新根据 Beer-Lambert 定律（式（1-4）），在光束行进距离 Δl 后局部计算曝光剂量：

$$I(z,x)=I(z-\Delta z,x-\Delta x)\mathrm{e}^{-\Delta l\alpha} \tag{1-6}$$

$$\Delta l=\Delta x\cos\left(\frac{\alpha_{1\mathrm{res}}+\alpha_{2\mathrm{res}}}{2}\right),\Delta l=\Delta z\cos\left(\frac{\alpha_{1\mathrm{res}}+\alpha_{2\mathrm{res}}}{2}\right) \tag{1-7}$$

使用该模型，计算照射的抗蚀剂中管的形状，如图 1-8（b）和（d）所示。在这两种情况下，对于两种实验条件观察到预期的行数，图 1-8（b）和（d）分别为 2 和 4。对非正交激光干涉曝光配置的重要观察是，不可能在实验之前确定干涉最大值相对于第一和第二照射步骤的相对位置。尽管如此，对于小型运河结构特征及条纹抵抗层这种观察是无关紧要的[26]。

如前所述，为了直接制作三维图案，至少需要四个相干光束（N–1）。这种三维图案的一个重要应用是光子晶体[12]。从结构中的每个晶胞散射的波间多次干涉可以打开“光子带隙”；这使得一定频率范围内的电磁波不能在该结构成为可传输的电磁模式。许多利用这种性质的器件原理已经得到了证实。具体涉及干涉光刻，已经制作了具有亚微米周期性的三维聚合物结构作为模板，随后用高折射率材料渗透。这种三维周期性结构通常是由几个几十微米的光致抗蚀剂膜中的四个非共面激光束的干涉产生的。对于四光束配置，干涉图案的强度分布为三维平移对称;其原始的倒易晶格矢量等于光束的波矢量之间的差异。高度曝光的光致抗蚀剂变得不可溶。未曝光区域被溶解以显示由具有充气空隙的交联聚合物形成的三维周期性结构。四个激光束波矢量确定干涉图案的平移对称性和晶格常数。有八个参数描述了单位晶胞内定义强度分布所需的四个光束的强度和偏振矢量。这些参数允许在确定单元电池内的介电材料分布方面具有相当大的自由度，这又决定了光子带结构。

图 1-9 显示了通过全息光刻产生具有 FCC 样对称性的光子晶体的不同 SEM 显微照片[45]。Cu_2O（高折射率材料）在覆盖有 ITO 薄层的玻璃基板上电沉积到光聚合的 SU-8 材料中，然后，通过各向同性 O_2 反应离子蚀刻除去聚合物模板，如图 1-9（a）和（b）所示，成功地形成了高度有序的 Cu_2O 的三维多孔结构。然而，尽管图像显示 Cu_2O 结构在主体中具有明确限定的光滑表面，但顶表面相对粗糙，会引起漫散射，降低光子晶体的光学强度。为了解决这个问题，可以使用 50nm 氧化铝磨料进行简单的机械抛光来消除粗糙表面（图 1-9（c）和（d））[45]。

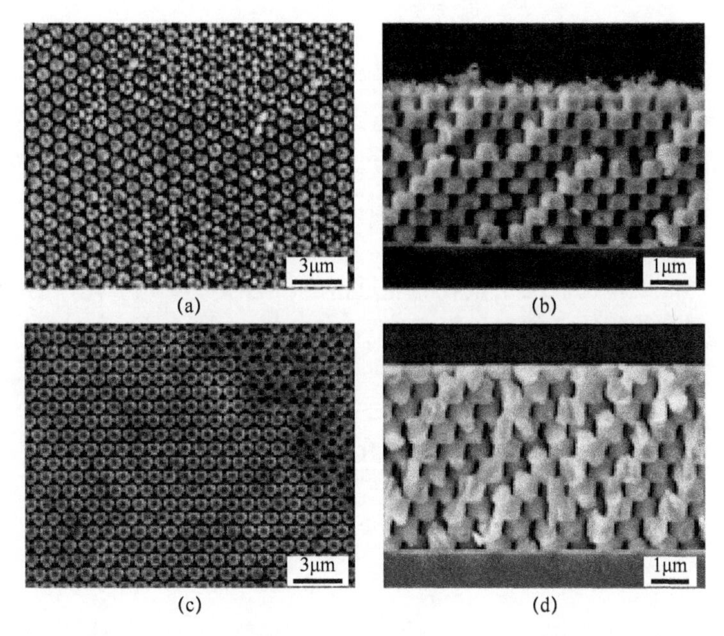

图 1-9　去除聚合物模板后反向 3D Cu_2O 光子晶体的 SEM 图像

（a）在模板内电沉积的 Cu_2O 光子晶体的顶部表面；（b）在模板内电沉积的 Cu_2O 光子晶体的断裂横截面，随后对模板进行反应离子蚀刻；（c）抛光的 Cu_2O 光子晶体的顶面；（d）抛光的 Cu_2O 光子晶体断裂的横截面。

（经过 Miyake 等许可转载[45]，版权所有（2010）作者 WILEY-VCH Verlag GmbH&Co（编辑 Peter Gregory））

1.4　直接激光干涉图案

在 LIL 中，低激光强度（高达每平方米几十毫焦）用于局部活化光敏材料。这意味着直接在金属、陶瓷或聚合物上使用这种方法制造周期性图案，可能无法在一个步骤中实现，并且需要进行额外的处理。例如，使用化学或等离子体蚀刻，可以在未被抗蚀剂覆盖的区域蚀刻衬底材料。之后，使用特定溶剂完全去除光致抗蚀剂，从而在基板上获得最终结构。然而，使用更高功率密度的激光系统，可以在一个步骤中引导制造一维和二维周期性图案。最后一种方法称为 DLIP。在 DLIP 中，使用纳秒、皮秒或飞秒脉冲激光，可以在超短激光脉冲与材料相互作用期间在干涉最大值位置处达到高能量密度。通过这种方式，可以在辐射期间获得从兆瓦到吉瓦的高峰值功率，允许局部熔化和/或烧蚀辐照的基板。在加工金属时，这种方法也称为 LIMET[18,24]。

1.4.1　DLIP 使用纳秒激光脉冲

使用纳秒脉冲激光器构建 DLIP 系统的一个很好的选择是利用具有谐波发生器的 YAG 激光器。以这种方式，可以选择具有高吸收的适当波长的材料，从而改善与激光的相互作用。例如，Nd：YAG 激光（1064nm）通过倍频（532nm）、三倍频（355nm）和四倍频（266nm）覆盖从紫外到红外光谱的波长范围，这种系统的相干长度（约几米）是分束器配置所必需的。

分束器干涉设置的原理如图 1-10（a）所示。可以观察到，主激光束被分成两束或更多束在样品表面上发生干涉。通过偏振器和半波片的组合，还可以调节照射在样品上的强度；也可以通过选择具有特定反射的分束器来调整强度，还可以使用机械快门来控制到达样品的脉冲数。通过双透镜望远镜，还可以改变激光束的直径，从而改变样品表面上接收的能量密度。为了减少光学元件的影响，也可以使用分束器和选择镜子的高平坦度。

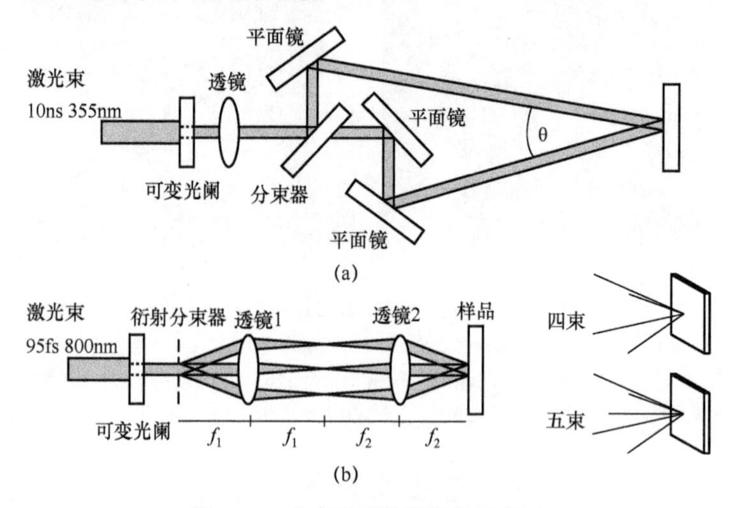

图 1-10　分束器干涉设置的原理图

（a）纳秒干涉实验的实验装置（分束器配置），主激光束被分开以获得两个单独的激光束，以角度 *h* 干涉样品；（b）利用衍射分束器（DBS）和两个焦距分别为 f_1 和 f_2 的凸透镜组成共焦成像系统的产生飞秒干涉图案的光学设置。（经过 Lasagni 等人许可转载[48]，版权所有（2010）作者 WILEY-VCH Verlag GmbH＆Co（编辑 Jörn Ritterbusch））

具有这种结构的图案化金属周期结构的示例如图 1-11 所示。在这种情况下，DLIP 用于制造具有不同几何形状的周期性微结构及金属基板上的光栅周期。金属基材良好的紫外吸收特性（λ= 355nm）确保了适当的激光辐射吸收，因此即使使用相对低的能量密度也具有良好的加工能力。用于实验的光栅周期为 1μm 和 5μm，并且能量密度（激光能量密度）的值为 0.4～1.4J / cm^2。从图 1-11（a）和（b）可以看出，具有 5μm 光栅周期的图案比具有 1μm 光栅周期的图案更明显。此外，在低能量密度和中等能量密度下（图 1-11（a）），与照射较高强度的表面（图 1-11（c））相比，形貌结构发育良好，与应用的光栅周期无关。

峰谷模式的形成揭示了熔池如何演变，干涉最大值（高温）在干涉最小值处重新合并（低温）。通常，金属液的流动从强度最大值流向强度最小值，这是由最大值和最小值之间的温差引起的表面张力梯度所驱动的[46,47]。表面张力驱动对流的影响（也称为 Marangoni 或热毛细对流），如果最大值和最小值之间产生足够高的温差，则 Marangoni 或热毛细管对流将占主导地位。

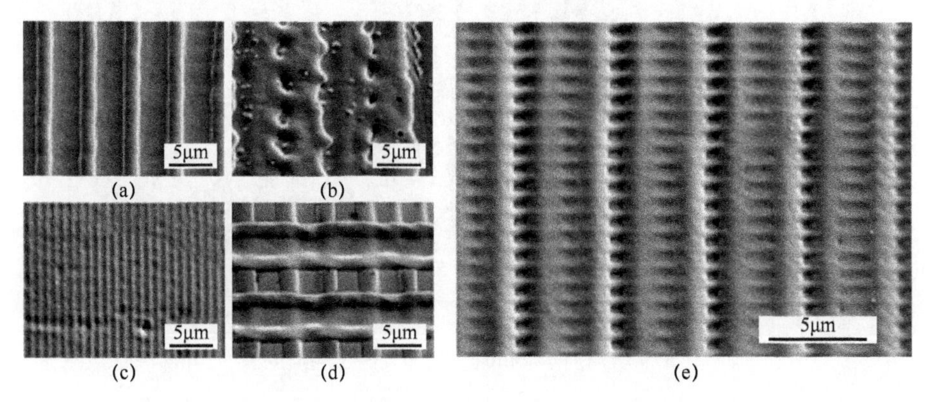

图 1-11　在不锈钢和钛表面上制造的周期线

（a）（b）（c）不锈钢和钛表面上的周期线；（d）表面上的交叉线；（e）分层图案。

除了线状图案，还可以通过在不同角度连续叠加干涉图案来制造交叉状结构（图 1-11（d））及分层结构（图 1-11（e））。例如，在图 1-11（e）中，第一光栅周期：5μm，第二光栅周期：相对于第一光栅旋转 90°的 1μm。预期这种分层图案化表面的制造困难重重，特别是应用于每个光栅的能量密度决定最终结构的质量[49]。

第二个示例与碳纳米管（CNT）组织结构的高速制造有关[50]。这种结构与 CNT 使能设备的大规模生产相关，例如致动器、场发射器、传感器、细胞生长模板、太阳能电池及发光二极管（LED）等[51-56]。虽然其中一些器件需要 CNT 的排列，但大多数需要在衬底上周期性地绘制 CNT 的图案。图 1-12 示出了使用具有 2.86μm 和 5.73μm 空间周期的干涉图案照射的 CNT 膜，分别通过在激光束之间使用 7.1°和 3.6°的角度获得。垂直取向的 CNT 使用热化学气象沉积（CVD）工艺在管式炉中 800℃的温度下生长，并在具有 300nm SiO_2 催化剂载体层的硅衬底上合成。

保持激光能量密度（每脉冲能量密度）固定在 326mJ/cm^2，CNT 样品暴露于不同数量的激光脉冲下。如图 1-12 所示，CNT 的规则线状阵列可以制造成具有高达 29μm 的结构深度。对于这种材料，由于在干涉最大值位置处 CNT 膜的局部和周期性烧蚀而产生结构化。通常，通过增加激光脉冲的数量可以实现更高的结构深度。例如，使用具有 5.73μm 干涉图案的一个激光脉冲，得到的结构深度为 2.28μm，而对于 20 个激光脉冲，从图中观察到的结构深度为 29μm（图 1-12（b））。因此，控制激光脉冲的数量可以方便地控制所需 CNT 图案的垂直尺寸。

与 LIL 类似，构成二维结构的第二种方法在将样品相对于原始位置旋转特定角度之后执行额外的照射步骤。另外，为了改善图案的质量，每个照射步骤仅使用一个激光脉冲。图 1-13 显示了制造的二维图案的形态。可以观察到，在两步照射过程中干涉最大值重叠的位置处，有更大的结构深度。对于正交和六边形图案，凸起的高度约为 7.6μm，如图 1-13（a）和（c））所示。

图 1-12　使用干涉图案通过辐射产生的一维 CNT 阵列的扫描电子显微照片
（图（a）的空间周期为 2.86μm，图（b）的空间周期为 5.73μm）
（a）仅使用一个激光脉冲；（b）使用 20 个激光脉冲，且插图显示了线状阵列的横截面，
其结构深度是 29 μm，每脉冲的激光能量密度为 326 mJ/cm^2。
（经过 Lasagni 等人许可转载[50]，版权所有（2009），作者 WILEY-VCH Verlag GmbH&Co（编辑 Mark Reed））

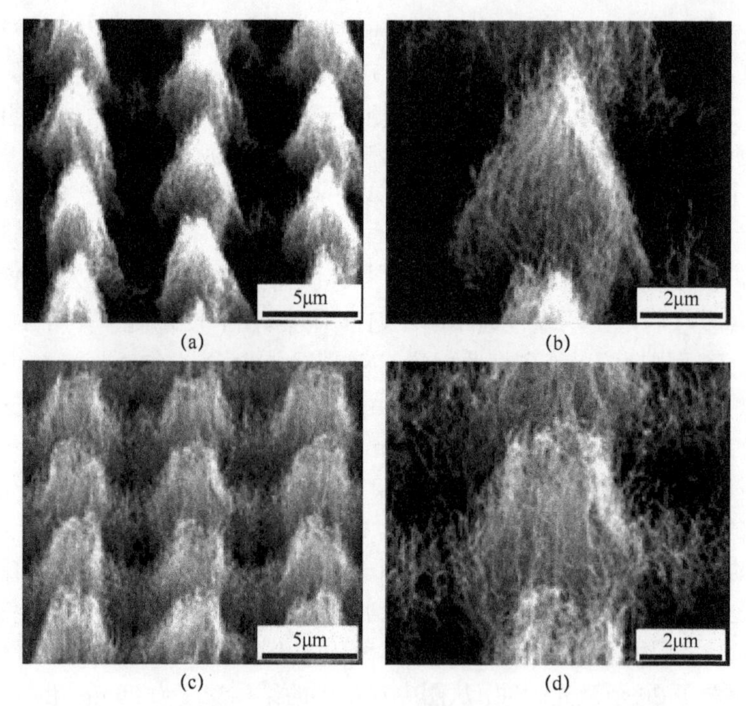

图 1-13　用不同角度制造的 CNT 晶格结构的扫描电子显微照片
（空间周期为 6.31μm，每脉冲的激光能量密度为 305 mJ/cm^2）
（a）（b）采用 60° 制造 CNT 晶格结构；（c）（d）采用 90° 制造 CNT 晶格结构。
（经过 Lasagni 等人许可转载[50]，版权所有（2009），IOP Publishing Ltd（编辑 Mark Reed））

除了控制 CNT 阵列的表面形貌，还希望不改变残余 CNT 的化学性质和结构。拉曼光谱可以通过观察石墨峰（G 峰，约 1560 cm^{-1}）和缺陷峰（D 峰，1300 cm^{-1}）

之间的比例来正确地研究这种效应[57,58]。相对于 D 峰，G 峰的强度越大，表明 CNT 具有更高的纯度。在图 1-12 和图 1-13 中，该比值约为 1.16，而对于未图案化的样品，该比值为 1.15。这清楚地表明 CNT 被干净地去除并且没有转变成无定形碳。

1.4.2　DLIP 使用飞秒激光脉冲

众所周知，脉冲越短，脉冲重叠的面积越小。例如，在以角度 θ 交叉的两个光束的情况下，重叠面积的大小由下式计算：

$$OA = c\tau(\sin \theta/2)^{-1} \tag{1-8}$$

式中：c 为介质中光速；s 为脉冲持续时间[59]。

例如，对于 30fs 的脉冲持续时间和中等角度如 5°，光束仅在约 200μm 宽的条带内重叠。两个光束产生的干涉条纹 N_F 的数量与角度无关，对于变换限制脉冲，有

$$N_F = 2c\tau/\lambda \tag{1-9}$$

在 λ= 800nm 处具有 30fs 脉冲，仅可产生约 20 个干涉条纹。然而，如果使用图 1-10（b）所示的简单成像系统来交叉光栅的衍射级，就可以克服这些限制[48,59]。

在这种设置中，飞秒脉冲通过衍射光栅传输，用两个共焦透镜成像，光栅放置在第一透镜的前焦平面上。空间滤波器仅传输对应不同衍射级的所需数量的激光束。然后光束在像平面处重新组合。这种设置不仅可以在像平面上提供脉冲重叠，还可以保留短脉冲的持续时间[59]。

与光束分离器配置（图 1-10（b））不同，为了改变所用光束的截取角度，从而改变结构周期，必须选择一组具有适当焦距 f_1 和 f_2 的镜头。由于飞秒激光与材料众所周知的相互作用，可以探索几种效果。可以通过材料表面的直接烧蚀来制造周期性阵列[60-62]，也通过包括多光子相互作用的光聚合过程来制造周期性阵列[48,63]。这种方法可用于制造光子晶体[64]、纳米尺寸的孔矩阵和纳米网格[61]。

聚（3,4-亚乙基二氧噻吩）-聚苯乙烯磺酸盐（PEDOT-PSS）薄膜上的图案化周期结构的实例如图 1-14 所示[21]。这种导电聚合物是有机电子领域最广泛使用的材料之一[65]。PEDOT-PSS 已用于制造神经电极[66]、柔性光伏[67]及电池[68]。照射的薄膜由电化学沉积的 PEDOT-PSS 导电聚合物组成，该聚合物来自 PSS（0.2%，W/V）和乙烯二氧噻吩（EDOT）（0.1%，W/V）在去离子水中的溶液，沉积在 100nm 金-钯薄膜上，溅射在锡掺杂的氧化铟（ITO）衬底上。

为了制造阵列，使用脉冲持续时间为 95fs 且中心波长为 800nm 的 Ti:蓝宝石飞秒激光系统。为了分割主光束（图 1-10（b）），使用聚碳酸酯衍射分束器。通过两个双凸透镜将零和/或一阶光束聚焦到样品上，放大因子 $M = f_2 / f_1 = 20 / 75.6 = 0.265$。为了避免由于高场超短脉冲与空气的非线性相互作用引起的波束前沿的失真，需要低湿度的环境。

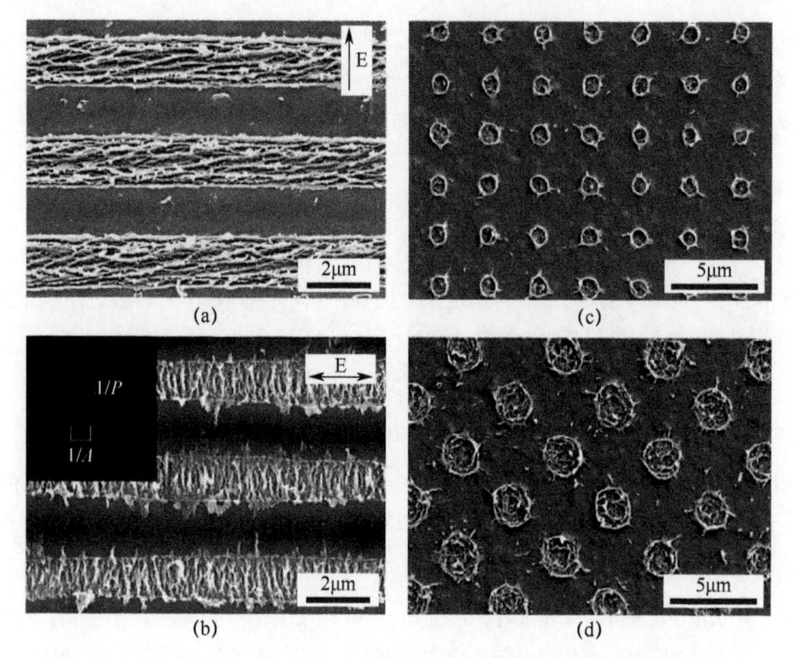

图 1-14 分别使用两个、四个和 5 个激光束制造的周期性阵列配置

（a）$\alpha_{1,2}=11°$，$\beta_1=0°$，$\beta_2=180°$，两束激光，累积的能量密度为 0.21J /cm^2，电场 $\boldsymbol{E}$ 的取向用黑色表示；

（b）$\alpha_{1,2}=11°$，$\beta_1=90°$，$\beta_2=270°$，两束激光，累积的能量密度为 0.21J /cm^2，电场 $\boldsymbol{E}$ 的取向用黑色表示；

（c）$\alpha_{1,2,3,4}=11°$，$\beta_1=0°$，$\beta_2=90°$，$\beta_3=180°$，$\beta_4=270°$，四束激光，累积的能量密度为 0.004J / cm^2；

（d）$\alpha_{1,2,3,4}=11°$，$\alpha_5=0°$，$\beta_1=0°$，$\beta_2=90°$，$\beta_3=180°$，$\beta_4=270°$，$\beta_5=0°$，五束激光，累积的能量密度为 0.007J / cm^2。

（经过 Lasagni 等人许可转载[21]，版权所有（2009），可获得重复数据，Elsevier Ltd（编辑 F.H.P.M. Habraken））

使用两束、四束和五束激光束配置制备不同的周期性阵列（图 1-14）。这些制造的阵列与使用式 1-3 计算的干涉图案一致，如图 1-15 所示。另外，已经在相对较大的区域（1.28mm^2）上观察到制造的阵列，与样品位置处的光束直径相对应。从图 1-14 可以得到，实测周期性阵列的空间周期分别为 2.87μm、2.89μm 和 4.08μm（对角线），这些值与 2.96μm（两束和四束激光制备的空间周期）和 4.19 μm（五束激光制备的空间周期）的计算周期一致，其中 $\alpha_{1,2}=11°$，$\beta_1=0°$，$\beta_2=180°$（两束）；$\alpha_{1,2}=11°$，$\beta_1=90°$，$\beta_2=270°$（两束）；$\alpha_{1,2,3,4}=11°$，$\beta_1=0°$，$\beta_2=90°$，$\beta_3=180°$，$\beta_4=270°$（四束）；$\alpha_{1,2,3,4}=11°$，$\alpha_5=0°$，$\beta_1=0°$，$\beta_2=90°$，$\beta_3=180°$，$\beta_4=270°$，$\beta_5=0°$（五束）。

为了研究激光能量密度以及多个激光脉冲上的累积能量密度对制造结构的形貌的影响，用四光束和五束光干涉图案照射 PEDOT-PSS 样品。使用相对较高的激光能量密度（6.7～24.1 mJ/cm^2），即使仅使用一个激光脉冲，我们也能够制作出清晰的凹坑阵列。在图 1-14（d）中可以观察到凹坑的形态（五束激光配置，6.7mJ / cm^2，一个激光脉冲）。在这种情况下，凹坑的直径约为 2 μm。随着激光脉冲数量增加到十个，观察到凹坑内的几个同心环，而凹坑外径没有明显变化。作为累积能量密度函数的凹坑直径的演变如图 1-16 所示。如图观察到的那样，对于高能脉冲，四束和五束激光配置的直径分别为 1.9～2.75 μm 和 1.8～2.4μm。另外，为了在干涉最大值位置处完全去除 PEDOT-PSS 层，必须使用大量的激光脉冲。例如，当分别使用 6.7mJ/cm^2 和 12.1mJ/cm^2 的激光能量密度时，需要 40 个和 350 个脉冲来完全去除聚合物层。只有当使用每脉冲相对较高的激光能量（24.1 mJ/cm^2）时，少量的激光脉冲（四束激光配置的六个激光脉冲）足以在干涉最大值处完全烧蚀 PEDOT-PSS 层。在上述所有情况下，均未损坏下层金属。

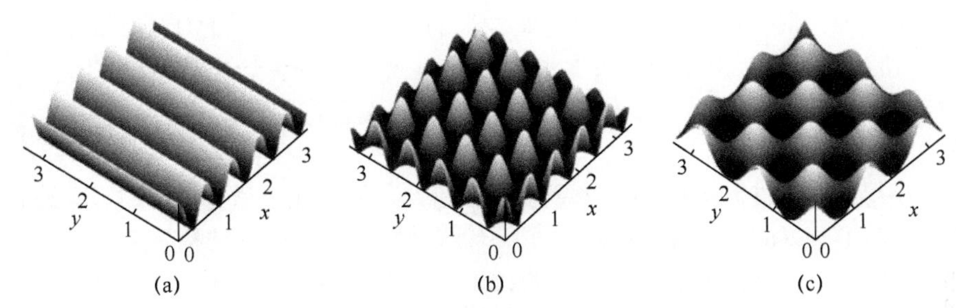

图 1-15　通过两束、四束和五束激光的干涉计算的强度分布

（所有激光束具有相同的相位（归一化单位））

（经 Lasagni et al.[21]许可转载，版权所有（2009），Elsevier Ltd（编辑 F.H.P.M. Habraken））

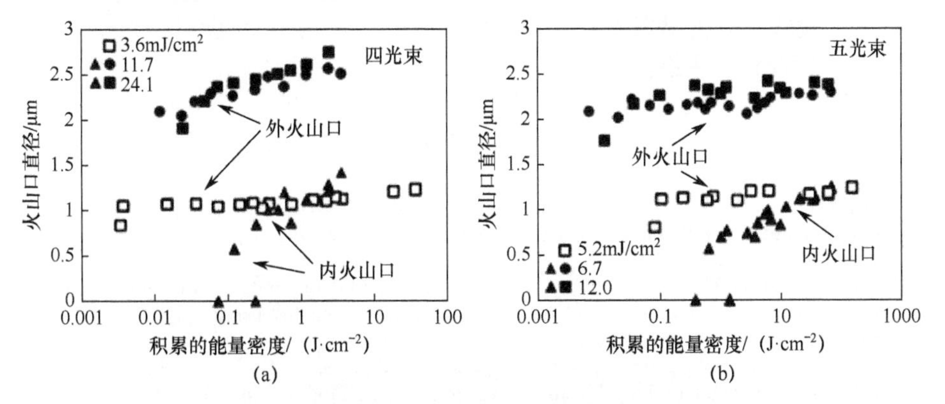

图 1-16　凹坑的大小演化与累积能量密度、脉冲能量之间的关系（凹坑的外部为表面修饰区域，凹坑的内部为总烧蚀区域）

（a）四光束配置；（b）五光束配置。

（经 Lasagni et al.[21]许可转载，版权（2009）Elsevier Ltd（编辑 F.H.P.M. Habraken））

PEDOT-PSS 的表面损伤，可认为是线性和非线性过程的组合。正如其他作者已经提到的[69]，碎片的形成可以解释为对 PSS 蚀刻 PEDOT 的残余优先刻蚀。此外，保温过程的存在可能与消融过程有关，因为当使用低能量脉冲（3.6mJ/cm^2 和 5.2 mJ /cm^2 的流量）时，必须传递一定的能量密度以在亚阈值条件下开始可观察到的损伤[70]。

如图 1-16（a）所示，对于五个激光脉冲，四个光束配置的凹坑内部报告的最小尺寸为 0.58μm，单个激光能量密度为 24.1mJ/cm^2，累积能量密度为 120mJ/cm^2。对于五光束配置（图 1-16（b）），观察到的最小凹坑内部尺寸为 0.57μm，50 个脉冲，单个激光能量密度为 12.0mJ/cm^2，累积能量密度为 0.61J/cm^2。当比较PEDOT-PSS层的总剥蚀所需的累积能量密度时，可以观察到高能脉冲更有效。四个和五个激光束配置都观察到这种效果。当用具有低激光能量密度的脉冲照射样品时，观察到不同的行为。即使在高累积能量密度下，也不可能完全烧蚀聚合物层。此外，对于四光束配置（脉冲激光能量密度为 3.6mJ/cm^2），表面改性区域的尺寸为 1.06～1.23μm。对于五光束配置，凹坑直径为 1.10～1.25μm。只有在使用极少的激光脉冲时，我们才能观察到亚微米的特征（如对于具有 17 个脉冲的五光束配置，0.76μm）。考虑到当超过某些激光强度阈值时发生导电聚合物的烧蚀，低能量激光脉冲仅在干涉最大值位置处部分地修改聚合物材料的表面形貌，而没有实质上的消融[71,72]。

所获得的周期性阵列的另一个重要特征是，当使用几个激光脉冲时，亚波长纹波结构如图 1-14（a）和（b）所示。在所有这种情况下，纹波结构垂直于光束偏振方向，并且与干涉设置中使用激光束的数量及累积的能量密度无关，波纹的平均空间周期为 170～220nm。子波纹结构的方向也由图 1-14（b）中的傅里叶变换表示。可以认为解释这些亚波长波纹形成的特殊机制是自组织之后的库仑爆炸 [73]。库仑爆炸是由超短激光脉冲引起的多光子电离的结果。此外，如果施加几个脉冲，则脉冲机制可能发生在亚波长波纹的形成中[74]。然而，由于 PEDOT-PSS 聚合物具有导电性，因此也可考虑其他工艺[74-76]。

参考文献

1. Ganesh, N., Block, I.D., Cunningham, B.T.: Near ultraviolet-wavelength photonic-crystal biosensor with enhanced surface-to-bulk sensitivity ratio. Appl. Phys. Lett. **89**, 023901–023904 (2006)
2. Yu, H., Balogun, O., Li, B., Murray, T.W., Zhang, X.: Building embedded microchannels using a single layered SU-8, and determining Young's modulus using a laser acoustic technique. J. Micromech. Microeng. **14**(11), 1576–1584 (2004)
3. Ryu, W.H., Min, S.W., Hammerick, K.E., Vyakarnam, M., Greco, R.S., Prinz, F.B., Fasching, R.J.: The construction of three dimensional micro-fluidic scaffolds of biodegradable polymers by solvent vapor based bonding of micro-molded layers. Biomaterials **28**, 1174–1184 (2007)
4. Bhatia, S.N., Chen, C.S.: Tissue engineering at the micro-scale. Biomed. Microdev. **2**, 131–141 (1999)
5. Hammerick, K., Ryu, W., Fasching, R., Bai, S., Smith, R., Greco, R.: Synthesis of Cell Structures. In: Greco, R.S., Prinz, F.B., Smith, R.S. (eds.) Nanoscale Technology in Biological Systems, pp. 73–101. CRC Press, Boca Raton (2005)
6. Zhang, J., Venkataramani, S., Xu, H., Song, Y.-K., Song, H.K., Palmore, G., Fallon, J., Nurmikko, A.V.: Combined topographical and chemical micropatterning of neural template for cultured hippocampal neurons. Biomaterials **27**, 5734 (2006)
7. Joannopoulos, J.D., Villeneuve, P.R., Fan, S.: Photonic crystals: putting a new twist on light. Nature **386**, 143–149 (1997)
8. Duarte, M., Lasagni, A., Giovanelli, R., Narciso, J., Louis, E., Mücklich, F.: Increasing lubricant lifetime by grooving periodical patterns using laser interference metallurgy. Adv. Eng. Mater. **10**, 554–558 (2008)
9. Lasagni, A., Nejati, M.R., Clasen, R., Mücklich, F.: Periodical surface structuring of metals by laser interference metallurgy as a new fabrication method of textured solar selective absorbers. Adv. Eng. Mater. **6**, 580–584 (2006)

10. Bertsch, A., Jiguet, S., Renaud, P.: Microfabrication of ceramic components by microstereolithography. J. Micromech. Microeng. **14**, 197–203 (2004)
11. Meriche, F., Neiss-Clauss, E., Kremer, R., Boudrioua, A., Dogheche, E., Fogarassy, E., Mouras, R., Bouabellou, A.: Micro structuring of LiNbO3 by using nanosecond pulsed laser ablation. Appl. Surf. Sci. **254**, 1327–1331 (2007)
12. Campbell, M., Sharp, D.N., Harrison, M.T., Denning, R.G., Turberfield, A.J.: Fabrication of photonic crystals for the visible spectrum by holographic lithography. Nature **404**, 53–56 (2000)
13. Kondo, T., Juodkazis, S., Mizeikis, V., Misawa, H.: Holographic lithography of periodic two- and three-dimensional microstructures in photoresist SU-8. Opt. Exp. **14**, 7943–7953 (2006)
14. Lasagni, A., Holzapfel, C., Weirich, T., Mücklich, F.: Laser interference metallurgy: a new method for periodic surface microstructure design on multilayered metallic thin films. Appl. Surf. Sci. **253**, 8070–8074 (2007)
15. Zhu, X., Xu, Y., Yang, S.: Distortion of 3D SU8 photonic structures fabricated by four-beam holographic lithography with umbrella configuration. Opt. Exp. **15**, 16546–16560 (2007)
16. Miklyaev, Yu, V., Meisel, D.C., Blanco, A., von Freymann, G., Busch, K., Koch, W., Enkrich, C., Deubel, M., Wegener, M.: Three-dimensional face-centered-cubic photonic crystal templates by laser holography: fabrication, optical characterization, and band-structure calculations. Appl. Phys. Lett. **82**, 1284–1286 (2003)
17. Tan, C., Peng, C.S., Petryakov, V.N., Verevkin, Y.K., Zhang, J., Wang, Z., Olaizola, S.M., Berthou, T., Tisserand, S., Pessa, M.: Line defects in two-dimensional four-beam interference patterns. New J. Phys. **10**, 023023 (2008)
18. Mücklich, F., Lasagni, A., Daniel, C.: Laser interference metallurgy-periodic surface patterning and formation of intermetallics. Intermetallics **13**, 437–442 (2005)
19. Lasagni, A., Hendricks, J.L., Shaw, C.M., Yuan, D., Martin, D.C., Das, S.: Direct laser interference patterning of poly(3,4-ethylene dioxythiophene)-poly(styrene sulfonate) (PEDOT-PSS) thin films. Appl. Surf. Sci. **255**, 9186–9192 (2009)
20. Lasagni, A.: Large area fabrication of micro and nano periodic structures on polymers by direct laser interference patterning. In: Proceedings of the 17. Neues Dresdner Vakuumtechnisches Kolloquium, Dresden, October 30–31, 15–19 (2009)
21. Lasagni, A., Shao, P., Hendricks, J.L., Shaw, C.M., Yuan, D., Martin, D.C., Das, S.: Direct fabrication of periodic patterns with hierarchical sub-wavelength structures on poly(3,4-ethylene dioxythiophene)–poly(styrene sulfonate) thin films using femtosecond laser interference patterning. Appl. Surf. Sci. **256**(6), 1708–1713 (2010)
22. Zheng, M., Yu, M., Liu, Y., Skomski, R., Liou, S.H., Sellmyer, D.J., Petryakov, V.N., Verevkin, Yu, K., Polushkin, N.I., Salashchchenko, N.N.: Salashchchenko, Magnetic Nanodot Arrays Produced by Direct Laser Interference Lithography. Appl. Phys. Lett. **79**, 2606 (2001)
23. Lasagni, A., Mücklich, F.: Study of the multilayer metallic films topography modified by laser interference irradiation. Appl. Surf. Sci. **240**, 214–221 (2005)
24. Mücklich, F., Lasagni, A., Daniel, C.: Laser interference metallurgy - using interference as a tool for micro/nano structuring. Zeit. für Metallk. **97**, 1337–1344 (2006)
25. Mützel, M., Tandler, S., Haubrich, D., Meschede, D., Peithmann, K., Flaspöhler, M., Buse, K.: Atom lithography with a holographic light mask. Phys. Rev. Lett. **88**(8), 83601 (2002)
26. Lasagni, A., Menéndez-Ormaza, B.: How to fabricate two and three dimensional micro and sub-micrometer periodic structures using two-beam Laser Interference Lithography. Adv. Eng. Mater. **12**(1–2), 54–60 (2010)
27. Cheng Lu, R., Lipson, H.: Interference lithography: a powerful tool for fabricating periodic structures. Laser Photon. Rev. **4**, 568–580 (2009)
28. Moon, J.H., Ford, J., Yang, S.: Fabricating three-dimensional polymer photonic structures by multi-beam interference lithography. Polym. Adv. Technol. **17**(2), 83–93 (2006)
29. Seidemann, V., Rabe, J., Feldmann, M., Buttgenbach, S.: SU8-micromechanical structures with in situ fabricated movable parts. Microsys. Technol. **8**(4), 348–350 (2002)
30. Rubner, R.: Photoreactive polymers for electronics. Adv. Mater. **2**(10), 452–457 (1990)
31. Kuiper, S., van Wolferen, H., van Rijn, C., Nijdam, W., Krijnen, G., Elwenspoek M.: Fabrication of microsieves with sub-micron pore size by laser interference lithography. J. Micromech. Microeng. **11**(1), 33–37 (2001)

32. Carter, J.M., Fleming, R.C., Savas, T.A., Walsh, M.E., O'Reilly, T.B., Schattenburg, M.L., Smith, H.I.: Interference lithography. MTL Annual report (2003)
33. Hoffnagle, J.A., Hinsberg, W.D., Sanchez, M., Houle, F.A.: Liquid immersion deep-ultraviolet interferometric lithography. J. Vac. Sci. Technol. **B17**, 3306–3309 (1999)
34. Switkes, M., Rothschild, M.: Immersion lithography at 157nm. J. Vac. Sci. Technol. **B19**, 2353–2356 (2001)
35. Burnett, J.H., Kaplan, S.G.: Measurement of the refractive index and thermooptic coefficient of water near 193 nm. J. Microlith. Microfab. Microsys. **3**, 68–72 (2004)
36. Raub, A.K., Brueck, S.R.J.: Deep UV immersion interferometric lithography. Proc. SPIE **5040**, 667–678 (2003)
37. Raub, A.K., Frauenglass, A., Brueck, S.R.J., Conley, W., Dammel, R., Romano, A., Sato, M., Hinsberg, W.: Imaging capabilities of resist in deep-UV liquid immersion interferometric lithography. J. Vac. Sci. Technol. **22**, 3459–3464 (2004)
38. Divliansky, I.B., Shishido, A., Khoo, I., Mayer, T.S., Pena, D., Nishimura, S., Keating, C.D., Mallouk, T.E.: Fabrication of two dimensional photonic crystals using interference lithography and electrodeposition of CdSe. Appl. Phys. Lett. **79**, 3392–3394 (2001)
39. Lu, C., Hu, X., Mitchell, I., Lipson, R.: Diffraction element assisted lithography: Pattern control for photonic crystal fabrication. Appl. Phys. Lett. **86**, 193111–193113 (2005)
40. Wu, D., Fang, N., Sun, C., Zhang, X.: Stiction problems in releasing of 3D microstructures and its solution. Sens. Actuators A **128**, 109–115 (2006)
41. Vora, K.D., Peele, A.G., Shew, B.Y., Harvey, E.C., Hayes, J.P.: Fabrication of support structures to prevent SU-8 stiction in high aspect ratio structures. Microsyst. Technol. **13**, 487–493 (2007)
42. Itani, T., Yoshino, H., Hashimoto, S., Yamana, M., Samoto, N., Kasama, K.: A study of acid diffusion in chemically amplified deep ultraviolet resist. J. Vac. Sci. Technol. B **14**, 4226–4228 (1996)
43. Yoon, Y.-K., Park, J.-H., Allen, M.G.: Multidirectional UV Lithography for Complex 3-D MEMS Structures. J. Micromech. Microeng. **15**, 1121–1130 (2006)
44. Sato, H., Kakinuma, T., Go, J.S., Shoji, S.: In-channel 3-D micromesh structures using maskless multi-angle exposure and their microfilter application. Sens. Actuators A **111**, 87–92 (2004)
45. Miyake, M., Chen, Y.-C., Braun, P.V., Wiltzius, P.: Fabrication of three-dimensio nal photonic crystals using multibeam interference lithography and electrodeposition. Adv. Mater. **21**, 3012–3015 (2009)
46. Drezet, J.M., Pellerin, S., Bezençon, C., Mokadem, S.: Modelling the Marangoni convection in laser heat treatment. J. Phys. IV France **120**, 299–306 (2004)
47. von Allmen, M., Blatter, A.: Laser-beam interactions with materials–physical principles and applications, 2nd edn. Springer-verlag, Heidelberg (1995)
48. Lasagni, A., Yuan, D., Shao, P., Das, S.: Periodic Micropatterning of polyethylene glycol diacrylate hydrogel by laser interference lithography using nano- and femtosecond pulsed lasers. Adv. Eng. Mater. **11**(3), B20–B24 (2009)
49. Lasagni, A., Cross, R., Graham, S., Das, S.: Fabrication of high aspect ratio carbon nanotube arrays by direct laser interference patterning. Nanotechnology **20**, 245305–245312 (2009)
50. Bonard, J.M., Salvetat, J.P., Stockli, T., de Heer, W.A., Forro, L., Chatelain, A.: Field emission from single-wall carbon nanotube films. Appl. Phys. Lett. **73**, 918–920 (1998)
51. Choi, W.B., Chung, D.S., Kang, J.H., Kim, H.Y., Jin, Y.W., Han, I.T., Lee, Y.H., Jung, J.E., Lee, N.S., Park, G.S., Kim, J.M.: Fully sealed, high-brightness carbon-nanotube field-emission display. Appl. Phys. Lett. **75**, 3129–3131 (1999)
52. Dai, H., Franklin, N., Han, J.: Exploiting the properties of carbon nanotubes for nanolithography. Appl. Phys. Lett. **73**, 1508–1510 (1998)
53. Fan, S., Chapline, M.G., Franklin, N.R., Tombler, T.W., Cassell, A.M., Dai, H.: Self-oriented regular arrays of carbon nanotubes and their field emission properties. Science **283**, 512–514 (1999)
54. Wang, Q.H., Setlur, A.A., Lauerhaas, J.M., Dai, J.Y., Seelig, E.W., Chang, R.P.H.: A nanotube-based field-emission flat panel display. Appl. Phys. Lett. **72**, 2912–2913 (1998)
55. Wong, S.S., Joselevich, E., Woolley, A.T., Cheung, C.L., Lieber, C.M.: Covalently

functionalized nanotubes as nanometre-sized probes in chemistry and biology. Nature **394**, 52–55 (1998)

56. Bieda, M., Beyer, E., Lasagni, A.F.: Direct fabrication of hierarchical microstru ctures on metals by means of direct laser interference patterning. J. Eng. Mater. Technol. **132**, 031015–031021 (2010)
57. Jiang, C., Ko, H., Tsukruk, V.V.: Strain sensitive Raman modes of carbon nanotubes in deflecting freely suspended nanomembranes. Adv. Mater. **17**, 2127–2131 (2005)
58. Jorio, A., Pimenta, M.A., Souza Filho, A.G., Saito, R., Dresselhaus, G., Dresselhaus, M.S.: Characterizing carbon nanotube samples with resonance Raman scattering. New J. Phys. **5**, 139–156 (2003)
59. Maznev, A.A., Crimmins, T.F., Nelson, K.A.: How to make femtosecond pulses overlap. Opt. Lett. **23**, 1378–1380 (1998)
60. Nakata, Y., Okada, T., Maeda, M.: Fabrication of dot matrix, comb, and nanowire structures using laser ablation by interfered femtosecond laser beams. Appl. Phys. Lett. **81**, 4239–4241 (2002)
61. Nakata, Y., Okada, T., Maeda, M.: Lithographical laser ablation using femtosecond laser. Appl. Phys. A **79**, 1481–1483 (2004)
62. Tan, B., Sivakumar, N.R., Venkatakrishnan, K.: Direct grating writing using femtosecond laser interference fringes formed at the focal point. J. Opt. A Pure Appl. Opt. **7**, 169–174 (2005)
63. Kondo, T., Matsuo, S., Juodkazis, S., Mizeikis, V.: Multiphoton fabrication of periodic structures by multibeam interference of femtosecond pulses. Appl. Phys. Lett. **82**, 2758–2760 (2003)
64. Kondo, T., Matsuo, S., Juodkazis, S., Misawa, H.: Femtosecond laser interference technique with diffractive beam splitter for fabrication of three-dimensional photonic crystals. Appl. Phys. Lett. **79**, 725–727 (2001)
65. Beaupre, S., Leclerc, M.: Optical and electrical properties of π-conjugated polymers based on electron-rich 3,6-dimethoxy-9,9-dihexylfluorene unit. Macromolecules **36**, 8986–8991 (2003)
66. Yang, J.Y., Kim, D.H., Hendricks, J.L., Leach, M., Northey, R., Martin, D.C.: Ordered surfactant-templated poly(3,4-ethylenedioxythiophene) (PEDOT) conducting polymer on microfabricated neural probes. Acta Biomater. **1**, 125–136 (2005)
67. Aernouts, T., Vanlaeke, P., Geens, W., Poortmans, J., Heremans, P., Borghs, S., Mertens, R., Andriessen, R., Leenders, L.: Printable anodes for flexible organic solar cell modules. Thin Solid Films **22**, 451–452 (2004)
68. Khomenko, V.G., Barsukov, V.Z., Katashinkii, A.S.: The catalytic activity of conducting polymers toward oxygen reduction. Electrochim. Acta **50**, 1675–1683 (2005)
69. Xiao, Y., Takashi, I., Higgins, D.A.: Grayscale patterning of polymer thin films with nanometer precision by direct-write multiphoton photolithography. Langmuir **24**, 8939–8943 (2008)
70. García-Navarro, A., Agulló-López, F., Olivares, J., Lamela, J., Jaque, F.: Femtos econd laser and swift-ion damage in lithium niobate: a comparative analysis. J. Appl. Phys. **103**, 093540 (2008)
71. Sohn, I.-B., Noh, Y.-C., Choi, S.-C., Ko, D.-K., Lee, J., Choi, Y.-J.: Femtosecond laser ablation of polypropylene for breathable film. Appl. Surf. Sci. **254**, 4919–4924 (2008)
72. Vorobyeb, A., Guo, C.: Change in absorptance of metals following multi-pulse femtosecond laser ablation. J. Phys. **59**, 579–584 (2007)
73. Reif, J., Costache, F., Henyk, M., Pandelov, S.V.: Ripples revisited: non-classical morphology at the bottom of femtosecond laser ablation craters in transparent dielectrics. Appl. Surf. Sci. **197–198**, 891–895 (2002)
74. Guillermin, M., Garrelie, F., Sanner, N., Audouard, E., Soder, H.: Single- and multi-pulse formation of surface structures under static femtosecond irradiation. Appl. Surf. Sci. **253**, 8075–8079 (2007)
75. van Driel, H.M., Sipe, J.E., Young, J.F.: Laser-Induced Periodic Surface Structure on Solids: A Universal Phenomenon. Phys. Rev. Lett. **49**, 1955–1958 (1982)
76. Young, J.F., Preston, J.S., van Driel, H.M., Sipe, J.E.: Laser-induced periodic surface structure. II. Experiments on Ge, Si, Al, and brass. Phys. Rev. B **27**, 1155–1172 (1983)

第2章 激光微加工

2.1 概述

激光的卓越属性结合其高度的非弹性、无接触和无磨损加工、高度自动化的可能性及易于集成的特性，使得激光广泛应用在包括硅、陶瓷、金属和聚合物在内的许多材料的宏观加工工艺领域中。

激光加工分为微观加工和宏观加工。这种分类不是基于工件的尺寸，而是基于激光工具所造成的冲击精细度。用于微加工的激光器系统通常使用平均功率远低于1kW的脉冲光束，而用于宏观加工的激光器系统通常使用功率高达几千瓦的连续波（CW）光束。

目前，激光微加工技术在汽车和医疗行业及半导体生产和太阳能电池加工行业所使用。

用于微加工的激光器提供多种波长、脉冲持续时间（从飞秒到微秒）和重复率（从单脉冲到兆赫兹）。这些属性使其在深度和横向尺寸上都具有高分辨率的微加工。

微加工领域包括钻孔、切割、焊接、烧蚀和材料表面纹理等制造方法，从而可以实现微米范围内非常精细的表面结构。这些过程需要材料的快速加热、熔化和蒸发。使用极短的纳秒和皮秒甚至飞秒脉冲持续时间有助于最大限度地减少热效应，例如熔化和毛刺形成，从而消除任何后处理措施。

除了选择合适的激光源，通常还需要使用专门的微加工组件来实现所需的几何形状。目前，激光微加工通过两种技术完成：①使用固态激光器和二维振镜扫描头的直接激光写入（DLW）；②主要使用准分子激光器和传统固定掩模的掩模投影技术（MP）。

在直接激光写入技术中，硬质或低灵敏度材料通常需要固态激光器与振镜扫描头和聚焦光学器件相结合，以最小化光束直径将其引导到材料表面（图2-1）。

基于当今认可的扫描头技术和软件，甚至可以处理三维表面。其优点是简单的可编程性和灵活性。生成字符、条形码和其他图案很容易。软件的导入功能提供了与现有文件格式的兼容性，如“绘图交换格式”（DXF）或“绘图文件”（PLT）。因此，可以很容易地控制该过程，从而具有很高的灵活性。

直接写入过程的限制是由扫描头的顺序信息传输和动态的固有特性给出的。因此，必须考虑速度限制。第二个甚至更重要的限制是由于激光束的高功率和紧密聚焦导致的高强度。因此，在纸张或塑料等敏感材料上做标记是困难的，甚至是不可能的。

对于敏感材料（尤其是有机材料），通常使用准分子激光器。与三倍频固态激光器相比，它们的优点是可以利用更短的波长，从而永久改变吸收紫外线的颜料（如氧化钛）颜色。这些激光器通常用于掩模投影技术。与光刻技术一样，掩模投影技术能够一次传输固定透射掩模中包含的所有信息（图 2-2）。除此之外，激光束必须被准直和均匀化，投影系统允许控制投影的二维物体的大小。

用这种技术，可以在一个激光脉冲内生成完整的字母、数字字符或图片标记，激光脉冲的长度通常为几纳秒。通过这种方式，处理速度仅受准分子激光器的重复率限制，而不受带有电流计式扫描仪的反射镜的机械运动的限制。然而，该技术明显有一个缺点，即每一个新的标记都需要一个新的蒙版。

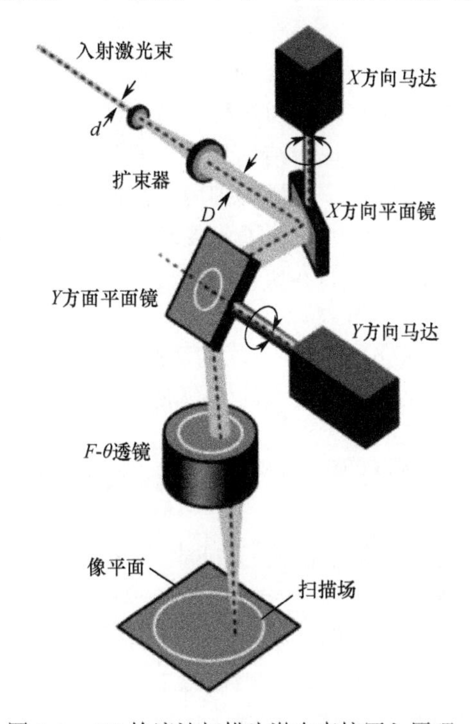

图 2-1　XY-检流计扫描头激光直接写入原理

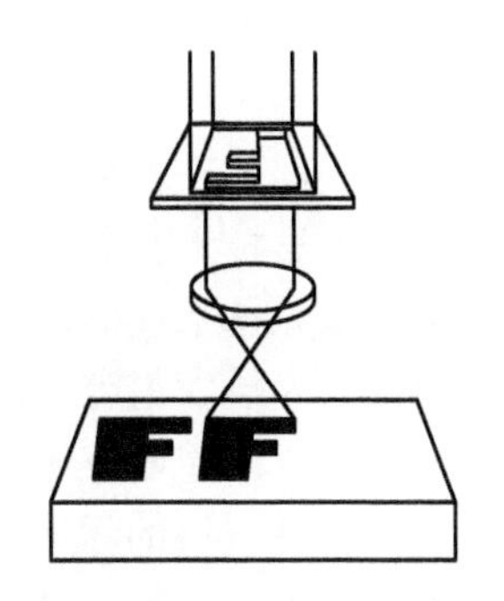

图 2-2　掩模投影技术原理

2.2　硅的激光微结构

硅的激光微结构可应用在不同的工业领域及医学和研究。例如，用于汽车安全系统的微型机械传感器，用于打印机的喷嘴板，以及用于 X 射线束分裂的光学元件。在不需要精确刻蚀硅结构的地方，短脉冲和小波长的激光工艺可以选择较短的工艺时间。

利用二极管泵浦的Q开关Nd:YAG激光器和谐波发生器可以实现高质量的硅切割和钻孔。例如，短脉冲（15ns）和紫外线波长（如266nm和355 nm）可以减少热效应，如熔融材料的沉积和热影响区的边缘。特别是在深结构的情况下，烧蚀等离子体会引起壁面的强烈加热。利用较小的激光波长和较低的等离子体吸收，可以降低等离子体温度，从而实现对壁面的热影响。短的激光脉冲持续时间是必要的，以减少由于热流从烧蚀区域进入大块材料带来的热量影响的深度或熔化。短激光脉冲也降低了等离子体加热的持续时间和强度。

本节讨论了二极管泵浦的Nd:YAG激光器加工硅的可能性和局限性。

2.2.1 激光辐射与硅的相互作用

硅是研究得最透彻的材料之一。绝大多数电子元件是基于半导体单晶硅的。多晶硅和非晶硅已用于太阳能电池技术。汽车安全系统中的加速度传感器和微流体电路等微机械元件都是由硅制成的，硅也可以用作X射线镜的衬底。

以上提到的每一个应用都涉及体材料的构造，因为这种材料不能作为具有必要的质量要求的预制零件进行直接加工。一般来说，结构尺寸一般为几微米的微机械元件所必需的高精度是通过蚀刻技术实现的。机械切割用于晶圆上的芯片分离，其精度较低。激光诱导蚀刻技术[1]也是一种新兴的工艺技术。激光加工的精度介于蚀刻和机械切割之间，并结合了高灵活性的本质优势：材料上的光束光斑可以通过扫描快速移动，和/或样品可以移动到光斑以下。

用于特殊目的的技术是根据以下质量标准来选择的：①沿边缘沉积物料的量；②沿边缘破损物料的宽度；③最小的结构尺寸；④最大的侧面坡度，侧面及底部的光滑度。

脉冲激光器的结构精度与波长、脉冲时间、脉冲重复率、光束光斑上的强度分布及光束引导技术有关。

短脉冲激光技术在硅加工中的应用已经取得了很大的进展[2,3]。对比飞秒激光技术，纳秒激光技术更容易满足工业需求。

利用波长较短的谐波来代替Nd:YAG激光器的红外光束，可以提高硅结构的精度。光束穿透材料的深度通常用衰减长度来量化，这里记为χ_{opt}，它是吸收系数α（λ）的倒数。注意，它对波长λ的依赖性可能非常强，如图2-3所示。在穿透深度很小的情况下，每脉冲沉积的功率密度很高，因此基本上可以除去整个加热层，而熔体的数量可以忽略不计。在较大的穿透深度和相应的每脉冲沉积功率浓度较低的情况下，熔体的数量较大，但去除速率可能较低。

在1064nm、532nm和355nm波长下，Nd:YAG激光辐射的衰减长度（或光学穿透深度）及其谐波分别为60μm、0.5μm和0.01 μm。

这里的光学穿透深度是否为相关量取决于与材料的热扩散率κ相关的热穿透深度χ_{th}的比较：

$$\chi_{\text{th}}=(\kappa\tau)^{1/2},\quad \kappa=\frac{\lambda}{\rho c} \tag{2-1}$$

式中：ρ 为密度；c 为比热容；τ 为脉冲持续时间。

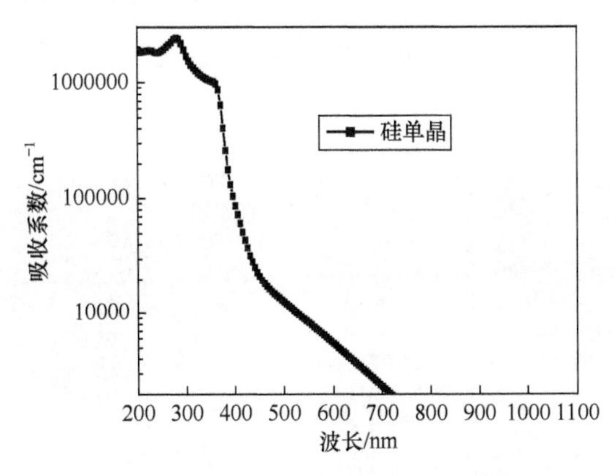

图 2-3　吸收系数与波长之间的关系[6]

显然，较短的脉冲导致较小的热穿透深度。对于 15ns 脉冲，硅的热穿透深度为 4 μm。

此外，烧蚀等离子体对生成结构的精度及其边缘质量也有影响。特别是在深孔内，等离子体可以导致熔体在孔壁上形成，并在不能被移除的地方将材料移除[4]。

为避免等离子体温度过高，逆轫致辐射吸收应保持较低。随着等离子体的吸收，α_p 与频率的平方成反比[5]：

$$\alpha_p \approx \frac{n}{\nu^2}\cdot \mathrm{e}^{(\Delta E_0)/kT_\mathrm{e}} \tag{2-2}$$

式中：n 为电子浓度；k 为玻耳兹曼常数；T_e 为电子温度；ΔE_0 为禁带宽度；ν 为光波的频率。

更高的频率或更短的波长产生更低的吸收，因此得到更低的温度。

形成熔体也可能引起问题，因为由等离子体压力驱动出孔的熔体可能会粘在孔壁较冷的部分。从上述考虑可以推断，最近才上市的由谐波产生、脉冲持续时间 $\tau < 30\,\text{ns}$ 的二极管泵浦固体激光器应该适用于在硅上的高精度结构工艺。

下面，介绍在硅材料上使用激光辐射进行微处理的可能性的几个示例。用平均功率为 13.5W 的倍频 Nd:YAG 激光器和平均功率为 3W 的三倍频 Nd:YAG 激光器分别进行了实验，重复频率均为 10 kHz。

2.2.2　单脉冲和冲击孔

移动聚焦激光点在硅表面的扫描速度高达 6.5 m/s，10 kHz 重复率解决了单个脉冲的影响，详见 SEM 图像（图 2-4）。形成 15μm 宽的凹坑，周围 40μm 宽的区域覆盖着飞溅的熔化物。

在固定的光斑下，20000 次脉冲后形成通孔（图 2-5）。在这种情况下，光束聚焦在样品表面，在入口处产生一个直径为 25μm、出口处直径为 20μm 的孔。采用下式计算锥比率 T 约为 0.9%（锥比率与生产的孔质量有关）：

$$T\% = \frac{d_{\text{entry}} - d_{\text{exit}}}{th} \times 100\% \tag{2-3}$$

式中：th 为衬底厚度。

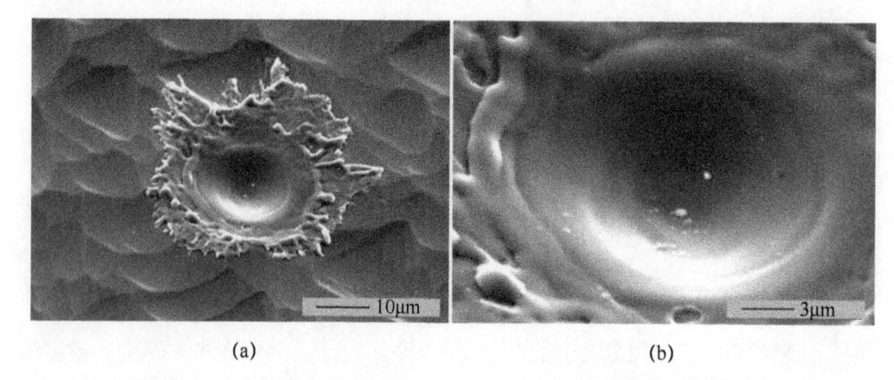

图 2-4　单次紫外脉冲对未经抛光的硅（111）影响的 SEM 图像

（a）整个点的表面概况；（b）以更高的放大倍数观察内部区域的图像（样品稍微倾斜，以更好地显示）。

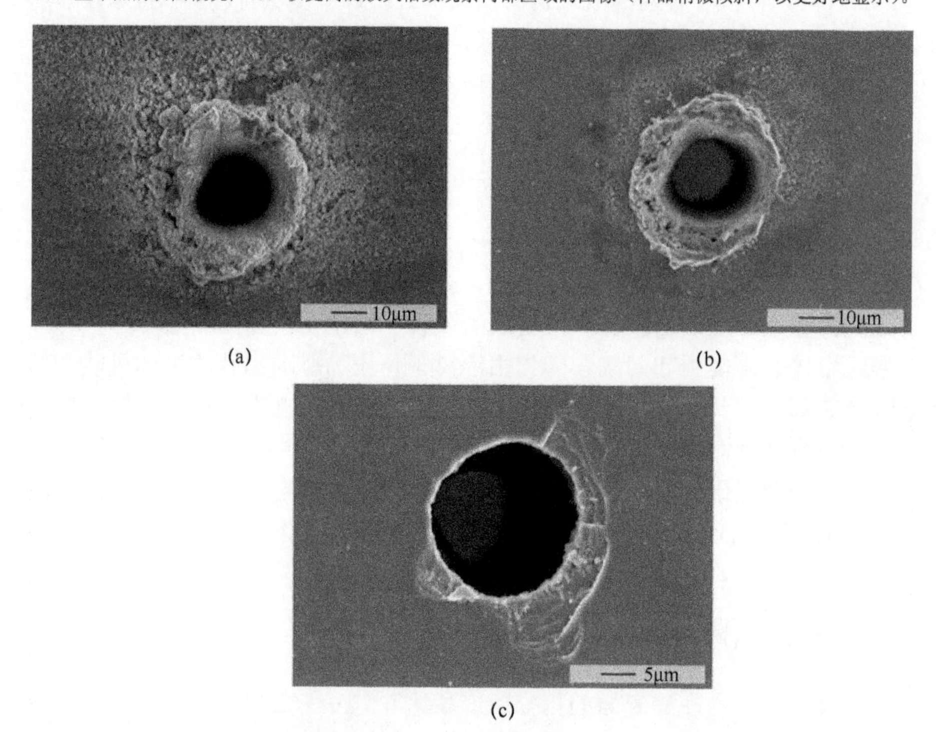

图 2-5　（111）硅冲击孔的 SEM 图像（厚度是 550 μm，20000 个脉冲，10 kHz）

（a）未用氢氟酸清洗的孔入口；（b）清洗后的孔入口；（c）孔出口。

制作微结构完成后，基底用 20%氢氟酸蚀刻，并用蒸馏水冲洗，以去除沿边缘的硅氧化物沉积。用氢氟酸（HF）清洗有很明显的效果，沉积的硅氧化物被去除。然而，清洗后的表面似乎有些粗糙。在洞的入口边缘也可能形成一个熔化的边缘。

2.2.3　硅的切割

在短波长和短脉冲条件下，激光对硅的侵蚀主要是升华。然而，很明显地，瞬态熔化也是这个过程的一部分。

图 2-6 和图 2-7 所示为两种波长的两束路径速度绘制的由重复侵蚀周期获得的沟槽深度。在 200 μm 左右的深度，侵蚀速率总是在开始时较大，并几乎趋于平稳，有一些波动。在切割厚样品时，我们发现侵蚀停止，因为对于较小的点，沟槽壁上的波束反射增强。壕沟越宽，切口越深。

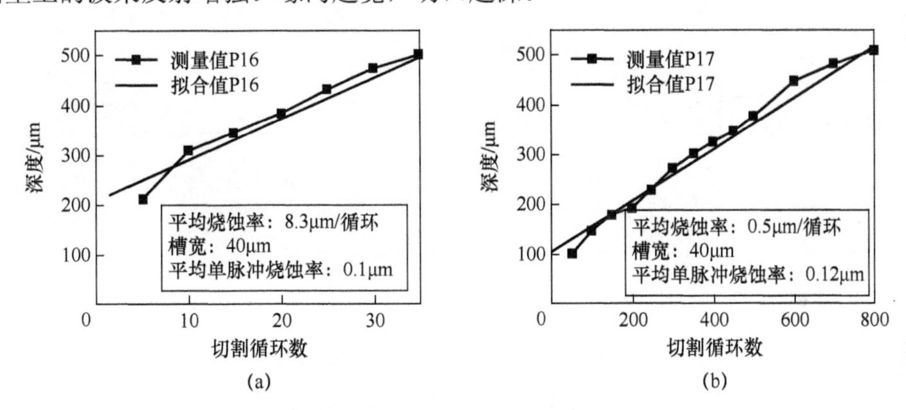

图 2-6　切削深度与切削循环数的关系，样品为 Si（111），厚度为 550 μm

（a）紫外激光器，切割速度 5 mm/s；（b）紫外激光，切割速度 100 mm/s。

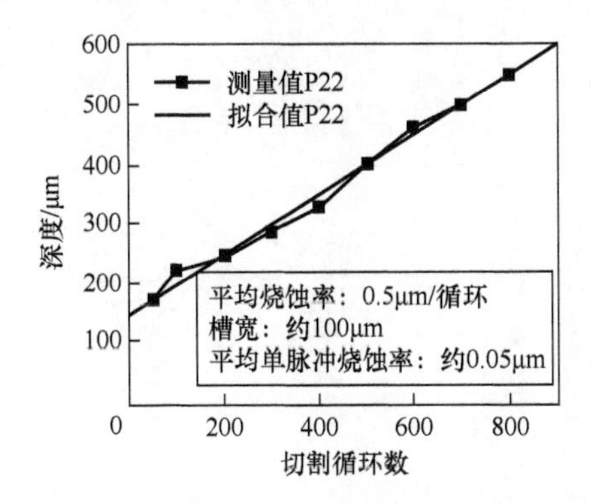

图 2-7　切削深度与切削循环数的关系（测试条件：样品 Si（111），厚度为 550μm，采用波长为 532 nm 的激光切削，切割速度是 100 mm/s）

造成这种趋势的原因并不明显。由图 2-3 可知，355 nm 处的侵蚀率要高于 532

nm 处。由于深度测量的精度较低，5 mm/s 路径速度和 100 mm/s 路径速度的侵蚀速率差异似乎并不显著。550μm 厚度硅片的十字切割（图 2-8（a））给人一种高质量切割的印象，对于更薄的基片来说，这种切割质量甚至更高，因为在切割过程中，边缘附近的热量积累和熔化较少（图 2-8（b））。使用 335 nm 波长的光束切割产生的熔体数量更少，因此质量更高。获得的间隙宽度分别为 40μm 和 100μm。

图 2-8（b）显示了通过紫外激光（355 nm）切割 550 μm 厚度晶圆的截面。缝隙的锥度角为 88.3°，宽度小于 18 μm（图 2-9（a）），边缘质量高于上述情况。

除了直线切割或简单的几何形状，通过将恰当的固态激光器与灵活可控的扫描仪相结合，适用于微观力学和微观流体的结构也可以很容易地生产出来。为了演示，已从 550 μm 厚的硅片切下一个齿轮（图 2-9（b））。如前所述，用氢氟酸蚀刻可以得到干净的边缘。

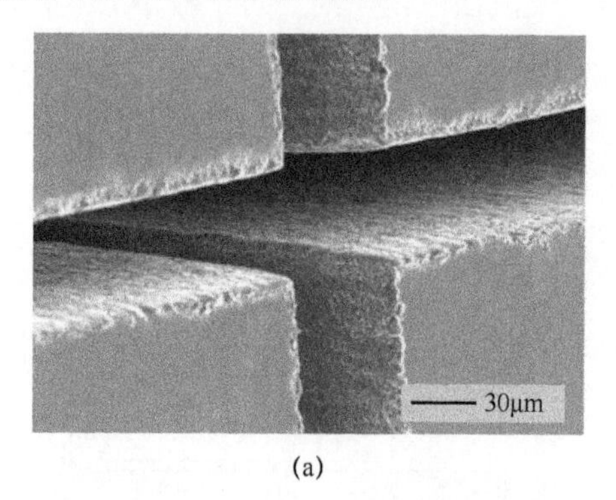

(a)

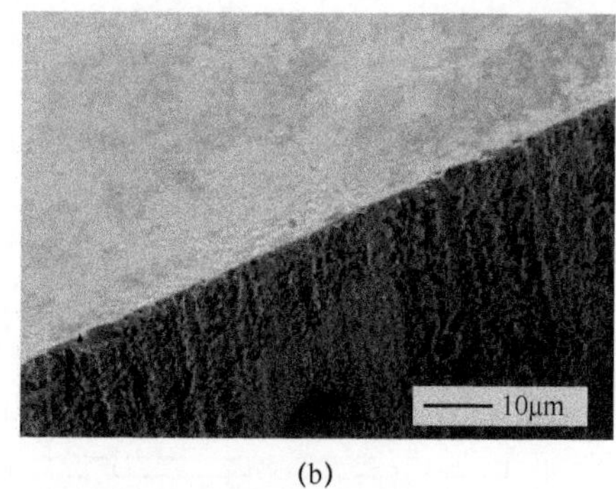

(b)

图 2-8　以 355 nm 波长激光切割的硅晶圆的图像

（a）以 550 nm 波长激光的交叉切割（光束进入口）；（b）以 355 nm 波长激光的切割（光束进入口）。

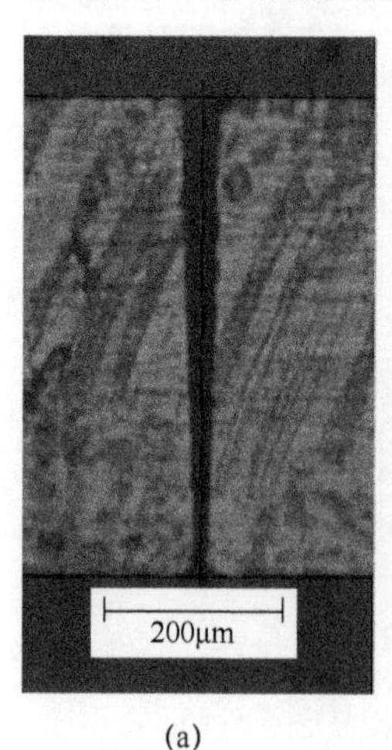

(a)

(b)

图 2-9　激光切割硅晶圆和齿轮的截面图

（a）以 355 毫米波长激光切割 550μm 厚度硅晶圆的截面图；（b）用紫外激光切割的齿轮的截面图。

2.2.4　硅的掩模投影消融

例如，用于微流体器件的硅中的 2.5 维结构通常通过具有均匀准分子辐射[7]的掩模投影技术产生。另一种方法是用三倍频 Nd: YAG 激光束进行扫描，由于是局部辐照，因此产生了较粗糙的表面。然而，为了应用这种灵活的技术，必须获得关于由此产生粗糙度的定量信息，并且找到使粗糙度最小化的方法。

可能影响最终处理区域的烧蚀深度和表面粗糙度的工艺参数是实现的扫描次数等。这种效果如图 2-10 所示。图 2-11 中的矩形坑是通过逐行扫描得到的，每次覆盖该区域后，行方向切换 40°，共进行 9 次区域扫描。与通过两个方向的常规扫描获得的面相比，以这种方式获得的底面具有相当好的各向同性。正如预期的那样，侵蚀率基本上与扫描速度成反比（图 2-10）。发现平均约 0.8μm 的微粗糙度几乎与速度和扫描次数无关，但取决于线间距。在这些研究中，选择了 10μm 的最佳间距。

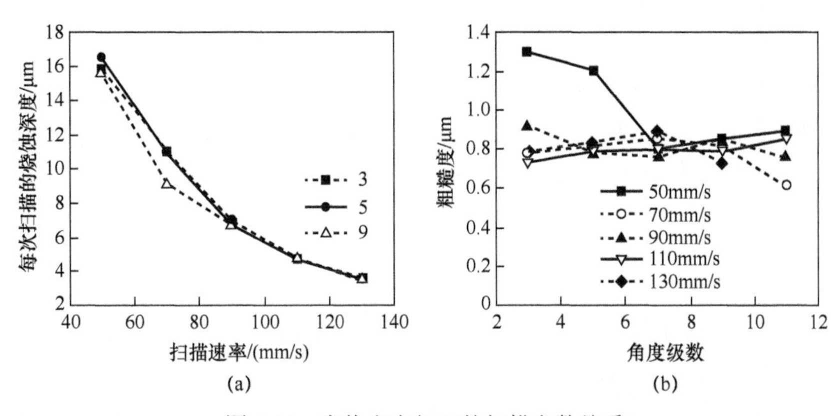

图 2-10　变换方向加工的扫描参数关系

（a）多次扫描后得到的每次扫描平均烧蚀深度；（b）多种扫描速度和扫描次数情况下的粗糙度。

图 2-11　紫外辐射（波长为 335 nm）对 Si(111)表面的烧蚀图像

（样品上的光束功率为 1.1W，分 9 次扫描不同的 40°线方向，扫描速度是 70mm /s）

（a）俯视图；（b）底面放大图。

2.2.5 本节小结

结果表明，紫外或绿色波长的两倍频或三倍频固体激光器适用于硅的结构。通过判断所获得的精度和侵蚀率与实际效果之间的关系，355 nm 波长的光比 532 nm 波长更有利。虽然激光微加工没有达到刻蚀的精度，但其灵活性和高速率使其成为一种有前途的技术，尤其是在机械加工满足其参数范围内。该技术预计将适用于生产微细力学、微流体结构，以及传感器/半导体和光伏材料的加工，特别是不规则形状的传感器芯片的切割具有广阔的应用前景。

2.3 低温共烧陶瓷和聚合物的激光连接

低温共烧陶瓷（LTCC）是实现电子高频系统的关键技术，因为它可以集成到三维电路设计中。电气元件一般采用筛网工艺生产。制备的 LTTC 箔在高温（如 900℃）下叠合、压制和烧结，并利用多层技术，目前人们可实现三维陶瓷微结构（如腔、通道、通孔）和高度集成的电子电路，例如导体路径、传感器（如压力传感器、pH 测量、电导率、阻抗）和执行器（如压电振荡器）。

此外，基于 LTCC 制造大型微流控系统也是可行的。由于较高的材料和加工成本，这些系统比同等规模的聚合物系统更昂贵。该技术在快速成型微反应器方面具有很高的灵活性，如用光学显微镜在线控制细胞生长。与经典的不锈钢微反应器相比，它可以集成电传感器或阻抗测量系统。陶瓷系统的另一个缺点是材料不透明，因此不适合光学分析。透明性需求对于同时监测生物和医学研究不同领域的不同过程是必要的。为了解决这个问题，透明窗口（例如聚合物制成）需要被集成到陶瓷传感器系统中。

在工业制造过程中，人们已知并建立了不同的聚合物和陶瓷部件连接技术。例如，聚合物和陶瓷部件可以使用不同的黏合剂，如有机或无机黏合剂。附加材料（黏合剂）以化学（溶解和混合）或机械（锚定）方式连接到两个部件。另一种方法是使用机械连接技术，如螺丝或夹具。然而，其他功能，如通孔或缺口需要被集成到聚合物和陶瓷组件。采用这些机械连接方法，如果不插入额外的密封，则很难实现部件之间的气密性连接。

激光连接方法也被用来连接陶瓷基片到其他材料（如金属接触）[9]。在最后一种情况下，激光辐射通过陶瓷连接组件向金属连接组件传输，从而加热两部分及焊料；另一种常见的激光连接技术是聚合物激光焊接。在这种情况下，由类似的热塑性聚合物制成的两个加入的伙伴通过部分透明的第一部分进行辐照，而第二部分吸收激光辐射。由于热传导过程，相邻的透明部分也被加热，因此在接触区域内的材料熔化并混合。经过凝固过程后，接头具有与母材相同的性能。

在陶瓷聚合物连接的情况下，要连接的材料具有截然不同的热和物理特性。

普通热塑性聚合物的熔化温度（100～300℃）和热解温度远低于普通陶瓷的熔化温度（1000 ℃）。大多数常见聚合物的热解（热破坏）在 400 ℃ 以下开始。因此，不可能为了接合目的而熔化和混合两种材料，所以，新型连接技术的基本思想是熔化聚合物部件，并将熔化的材料压入具有一定粗糙度和孔隙的固体陶瓷部件中。通过这种方式，没有实现化学或材料连接，而是实现了两个连接部分之间的黏合和机械锚固的组合。

2.3.1 连接工艺

在最近的研究中使用了两种不同的激光光源：标准的 Nd:YAG 固态激光器（Rofin Sinar system RS Marker 100D）和新型光纤激光器（掺杂镱的光纤激光器 100C-13-R06），由 SPI 制造。两个系统都发射近红外光谱（1064 nm 和 1090 nm）内的连续波（CW）和脉冲辐射。此外，在连接测试中使用了焦距在 50～300 mm 的不同聚焦光学元件。为了实现梁与连接体之间的相对运动，采用了两种不同的系统。固定聚焦光学可以与三轴运动系统相结合。第二种选择是使用检流计扫描仪来检测波束偏转。内部的两个透视镜使激光束在有限的标记区域内发生偏转和移动。在这种情况下，不需要光学和连接部件的相对运动。

该设备的一个相关部分是图 2-12 中的气动夹具。连接件位于彼此的顶部并放置在夹具上部的两块板之间。上板的切口允许激光束到达接合区域。两个部件以可调节的压力相互压紧。

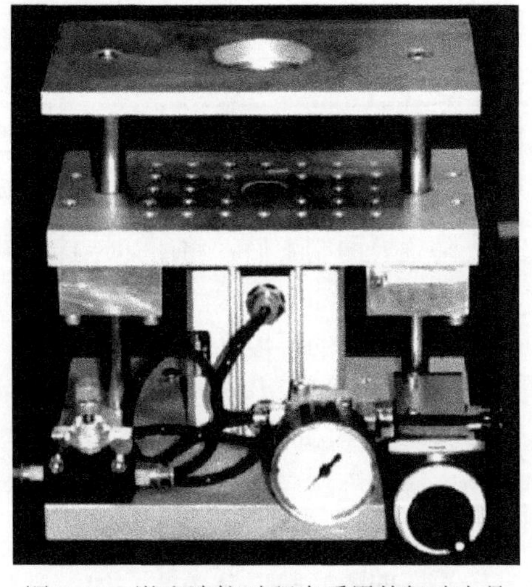

图 2-12　激光连接过程中采用的气动夹具

夹紧夹具有两个主要功能：实现紧密接触和在熔融聚合物内产生压力。聚合物和陶瓷之间需要紧密接触，以确保两者之间有效的热传导。此外，要求通过透明聚合物的激光辐射不被吸收。当到达陶瓷部分时，辐射被吸收并转化为热量。因此，热从陶瓷传递到聚合物（间隙越小，热转变越好）。

在连接两种材料之前，必须对表面进行处理。陶瓷表面必须足够粗糙或多孔，以确保为聚合物提供足够密度的锚定点。用于研究的 LTCC 部件显示出相对较低的表面粗糙度（R_a≈0.5μm）。在这种状态下，表面太光滑而无法实现牢固可靠的黏合。在第一步中，使用砂纸使 LTCC 表面更加粗糙，实现表面粗糙度 R_a = 3.8μm (R_z = 19μm)。首次成功实现了使用这些机械方式处理表面的连接处。为了进行更广泛的研究，利用脉冲激光辐射的激光材料烧蚀技术来完成结构过程[10,11]。制造出了用户定义的具有不同几何参数（如线距、单位面积点密度等）的表面结构（点形和线形）。可编程的激光成型工艺为生成的几何形状提供了高度的灵活性。图 2-13 显示了激光微结构加工前后典型 LTCC 表面的一个例子。在这种情况下，Rofin Sinar RS Marker 100 D 被用于脉冲“Q开关模式”，固定激光的光斑大小约 100μm。因此，单个结构的横向尺寸（点形或线形）仅限于这些尺寸（坑直径或线宽）。产生这种结构的激光参数列在表 2-1 中。

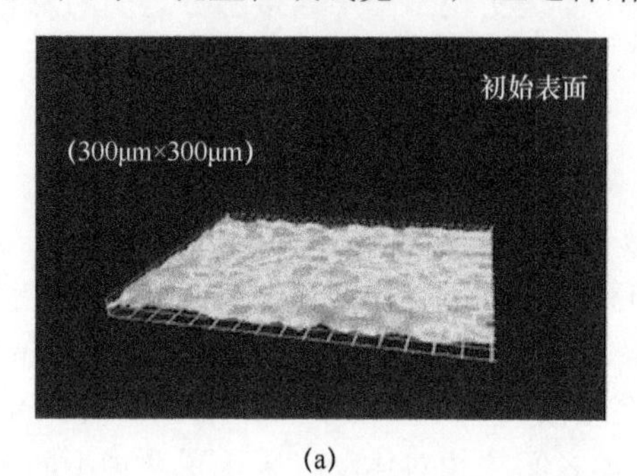

(a)

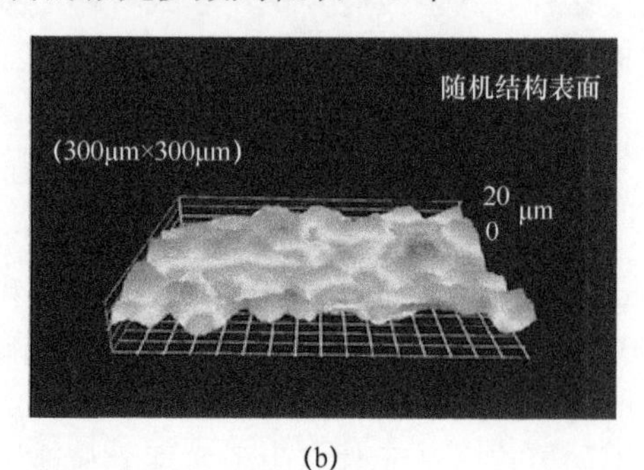

(b)

图 2-13　激光微结构加工前后典型 LTCC 表面图

（a）非结构化（初始表面）；（b）随机结构表面。

表 2-1　线形和点形结构的变化参数

激光脉冲频率/kHz	线距离/mm	平均输出功率/W	构建速度/（mm/s）
5；10	0.05；0.2；0.7；1	2；7；12	200；400；800；1 000；1 500
激光脉冲频率/kHz	点密度/mm^{-2}	平均输出功率/W	每个点的构建时间/ms
10	8.5；17；34；68	15；20	0.7；1.0

陶瓷表面制备后，将所述连接部件放置在气动夹具内，所述聚合物部分置于顶部，并施加外部压力。然后，利用激光辐射对零件进行扫描（图 2-14（a））。如果连接区域内的温度超过了聚合物的熔化温度，就会产生一层薄薄的熔融的高黏度聚合物。外部压力迫使大分子进入固体陶瓷表面的空腔中（图 2-14（b））。当激光束通过或关闭时，连接区域由于热传导而冷却，熔化的聚合物凝固。在完成零件的连接和冷却后，气动夹具可以释放。聚合物和陶瓷之间的机械锚定仍然存在，并且这两个部分是连接在一起的。

不同的激光和工艺参数，如激光输出功率、连接速度、强度、光束直径、连接压力和 LTCC 零件的表面结构等，都影响着接头的性能。对于特定的应用和材料组合，需要调整工艺参数。实验结果表明，外压力对接头力学强度的影响较小。光束强度是激光功率和光束直径的函数。它的定义是功率和梁的横截面积的商。在连接区域的光束直径可以通过应用不同的光学或通过改变焦点位置（散焦）来改变。通过改变光束直径（和激光输出功率），可以影响接头的线宽度结果。焦点位置的光束直径大约确定了可能的最小线宽。其中一些参数是相互联系的，例如激光输出功率、连接速度和线宽。单位长度输入的能量定义为功率和速度的商。

因此每单位长度的能量输入可以通过增加输出功率和降低速度来增加。这个商除以线宽可以得到单位面积的能量输入。

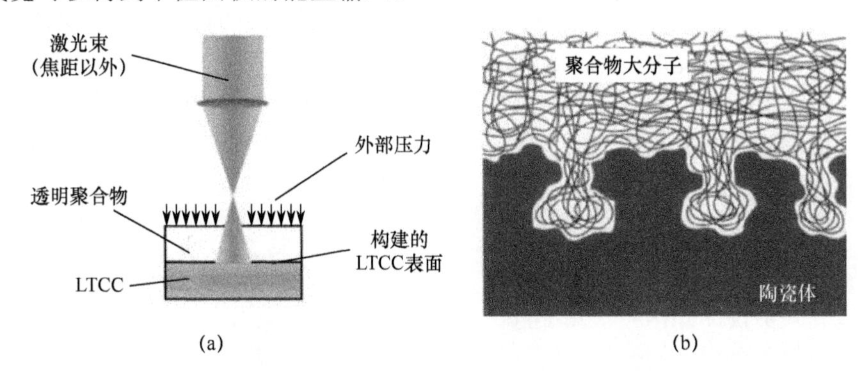

图 2-14　连接工艺的原理与接触区示意图

(a) 连接工艺的原理；(b) 连接接触区示意图。

由于单位面积的能量输入不同，连接结果也不同。图 2-15 显示了能量输入增加时外观的变化。接头的抗拉强度也会受到影响。一般来说，随着能量输入的增加，拉伸强度不断上升，直到达到最大强度。当能量输入过低时，不会产生关节。图 2-15（a）表示聚合物在辐照区域内的第一反应。但熔融聚合物的量太小，无法流入陶瓷表面的腔体。当增加能量输入时（图 2-15（b）和图 2-15（c）），温度和熔融物质的量都会增加。较高的温度降低了熔融材料的黏度，因此有能力流入陶瓷表面。图 2-15（c）显示了一个没有间隙或气泡的均匀接缝。抗拉强度达到最大。进一步增加能量输入会导致熔融聚合物材料过热（图 2-15（d）和图 2-15（e））。小气泡、中心通道和接缝内会出现裂纹。抗拉强度呈下降趋势。如果能量输入再增加，温度会超过聚合物的热解温度，造成较强的热损伤（图 2-15（f））。

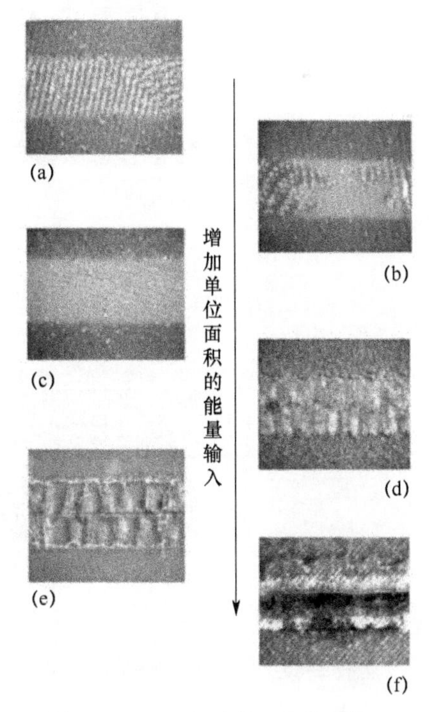

图 2-15　不同的连接处与能量输入之间的关系（俯视图聚合物是透明的）

研究 LTCC 零件表面形貌的影响，观察到以下结果。对于光滑的未经处理的 LTCC 表面，虽然可以在连接表面熔化聚合物，但没有观察到两部分之间的强锚定。如果表面粗糙度 R_a = 0.5 μm，那么像腔体这样的锚定点的数量和尺寸都不足以保证牢固的黏结。在此基础上，对各种不同花纹及两种花纹的组合进行了拉伸强度测试。研究还表明，这两种结构形式都适合实现机械强度、可靠和密封接头。两种结构体系的抗拉强度达到了相似值。此外，最近的研究表明，线形和点形结构结合的部件获得了最高的抗拉强度（$19N/mm^2$）。一般情况下，当激光产生的结构的深度和尺寸增加到一定程度时，拉伸强度呈上升趋势。当表面变得太粗糙时，接头再次变得脆弱。要熔化更多的高分子材料需要将其压制成粗糙的表面，但是粗糙的表面降低了热传导到聚合物部分的热传递，因此阻碍了连接过程。因此，必须找到一种折中的办法。

2.3.2 LTCC 传感器实例

研究人员设计并构建了图 2-16 所示的 LTCC 多层系统。每一层都包括芯片实验室系统的四个相同的组件。此外，还包括在堆叠时构成电池反应器的大圆形孔。在第 4 层的底部，实现了一个大的曲流状通道，该通道被调温流体冲洗以保持单元反应器内的恒定温度。在第 3 层，集成了基于 LTCC 的传感器以测量阻抗和温度。通过不同的钻孔，实现层内的电连接。阻抗测量用于监测分格生长的变化，例如单元反应器吸附在表面。此外，不同的介质可以通过第 2 层中的微通道进料。

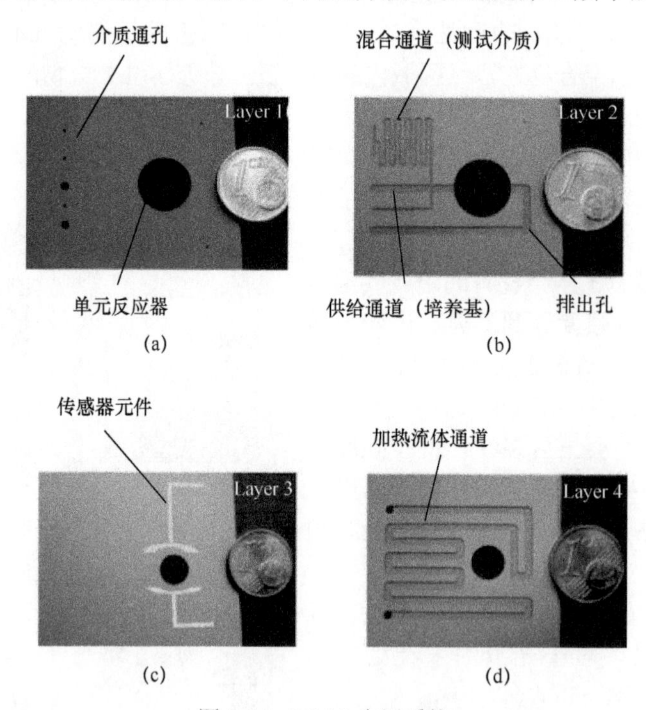

图 2-16　LTCC 多层系统

这种蜿蜒曲折的结构提供了两种不同测试液体或稀释液混合的机会。上层和底层（第 1 层和第 5 层）的通孔用于将芯片实验室系统连接到所需的电源单元和电子测量设备[12]。

2.3.3 本节小结

人们开发了一种新技术，无须任何额外的胶水或机械设备即可连接两种截然不同的材料（聚合物和陶瓷）。连接过程分为两个步骤：陶瓷的表面准备和基于激光的聚合物部件的部分熔化。连接结果受每单位面积的能量输入和激光结构化陶瓷表面形状的影响明显。实现了密封接头和 $19N/mm^2$ 的抗拉强度。基于该技术，首次开发了芯片实验室系统。

这种连接技术的基本原理也可以应用到聚合物与半导体或金属的连接上。在生物和化学分析领域，对连接技术提供了广阔的应用前景，也提出了要求。

这种新型连接技术适用于广泛的应用，如将基于 LTCC 的传感器与注塑聚合物微流体系统相结合，将透明聚合物窗口集成到非透明陶瓷系统中，或将 LTCC 系统与廉价聚合物连接器连接起来，以实现与供应单元的连接。为了举例说明所开发的连接技术的潜力，开发了芯片实验室系统。该系统旨在分析特定条件下微生物反应器内的细胞生长。

参考文献

1. Shen, B., Izquierdo, R., Meunier, M.: Laser fabrication of three-dimensional microstructures, cavities and columns. SPIE **2045**, 91–98 (1994)
2. Lorazo, P., Lewis, L.J., Meunier, M.: Picosecond pulse laser ablation of silicon: a molecular-dynamics study. Appl. Surf. Sci. **168**, 276–279 (2000)
3. Bonseo, J., Baudach, S., Krüger, J., Lenzner, M., Wrobel, J.M., Kautek, W.: Femtosecond pulse laser machining of semiconducting materials. In: Conference Digest. “Conference on Laser and Electro-Optics Europe”, Piscataway, NJ, USA (2000)
4. Kaspar, J., Luft, A.: Electron microscopic investigation of structural changes in single crystalline silicon induced by short pulse laser drilling. In: Proceedings of the Micro Materials Conference, p. 539, Hrsg. Michel, B., Winkler, T., Druckhaus Dresden GmbH, Dresden (1997)
5. Lenk, A.: Dissertation Komplexe Erfassung der Energie- und Teilchenströme bei der Laserpulse-Anblation von Aluminium. Department of mathematics and natural sciences, Technical University Dresden, Dresden (1996) (in German)
6. Palik, E.D.: Handbook of Optical Constants of Solids II (Palik, Hrsg.). Academic Press, Inc., New York (1997)
7. Crafer, R.C., Oaklay, P.J.: Processing in Manufacturing, p. 163. Chapman & Hall, London (1993)
8. Klotzbach, U., Hauptmann, J.: Potenzial der Mikromaterialbearbeitung mit UV-Lasern für-die Photovoltaik; Laserphotonics. Carl Hanser Verlag GmbH & Co. KG, München (2008) (in German)
9. Hesener, H.: Patent WO 0012/256 “method for processing and for joining, especially, for soldering a component or a component arrangement using electromagnetic radiation” (1999)
10. Patent, V.: Franke WO2008025351: “method for producing a bioreactor or lab-on-a-chip system and bioreactors or lab-on-a-chip systems produced therewith”
11. Franke, V., König, A., Klotzbach, U.: Fest gefügt über Materialgrenzen hinweg Mikroproduktion 4/2007. Carl Hanser Verlag GmbH & Co. KG, München (2007)
12. Klotzbach, U., Franke, V., Sonntag, F., Morgenthal, L., Beyer, E.: Requirements and potentialities for bioreactors with LTCC and polymer. Photonics West, San Jose, CA, USA (2007)

第3章　纳米尺度材料的图形和光学性质

3.1　概述

亚微米和纳米级结构的材料具备新的磁性[1]、化学[2]、机械[3]或光学[4]性质。在过去10年中，研究人员对这些性质做了大量的研究，因为它们可能应用于人类健康护理和诊断[5]、可持续能源[6]、纺织品[7]或自清洁和疏水表面等[8]。

为了能够将这些应用从实验室走向工业领域，有必要开发亚微米和纳米级的结构化技术，以低成本高分辨率实现。由于这种需求，许多科学家将他们的研究工作投入结构化技术的发展中，他们所研究的在亚微米和纳米级尺度的结构化技术，并具有扩展到工业制造的潜力。

在上述所有的新性质中，纳米级结构材料的光学性质由于其大量的应用而受到特别关注，主要是因为基于光子带隙和表面等离子体的存在。本章还将介绍这两种效应及正在开发的具有这些特性的材料的光学表征技术。本章还将对具有光子和等离子体特性的材料的应用进行简要回顾。

3.2　结构化技术

最常用的结构化技术是紫外（UV）光刻，可以实现小于90nm的分辨率[9]。然而，由于成本高和其他技术原因，这种技术在半导体工业之外并不普遍，因为电子[10]或离子束光刻[11,12]用于实验室以精确地构造不同类型的材料。它们提供高分辨率，但两者都是耗时的技术，使它们不适合大规模生产。有一些非传统技术，如激光干涉光刻（LIL）[13]、纳米压印光刻（NIL）[14]或纳米球光刻[15]，它们有可能以低于上述成本的规模扩展到工业生产。本节将简要介绍这些非传统技术。

3.2.1　纳米压印光刻

NIL是一种结构化技术，它使用硬模具来获得所需的结构。将模具压在抗蚀剂或聚合物上，产生图案，该图案可通过常规蚀刻技术转移到基板上，如反应离子蚀刻（RIE）。

图案可以通过下面两种不同的方法转移到材料上。第一种方法是热塑性NIL[14]。在这种方法中，在将模具压在聚合物材料上后，将其加热，直到它可以流动并填充硬模具中的几何形状。当材料冷却时，模具从其中释放并且材料保持图案化。第二种方法是紫外光辅助 NIL[16]，其中使用 UV 可固化抗蚀剂和透明模具。在这种情况下，在将模具压在抗蚀剂上后，用穿过模具的 UV 光固化。该技术相对于热塑性 NIL 的优点是，不需要纳米级材料的图案化和光学性质所需的高温。图 3-1 显示了 NIL 工艺全过程以及 PMMA 基底上的热塑性 NIL 工艺的结果。

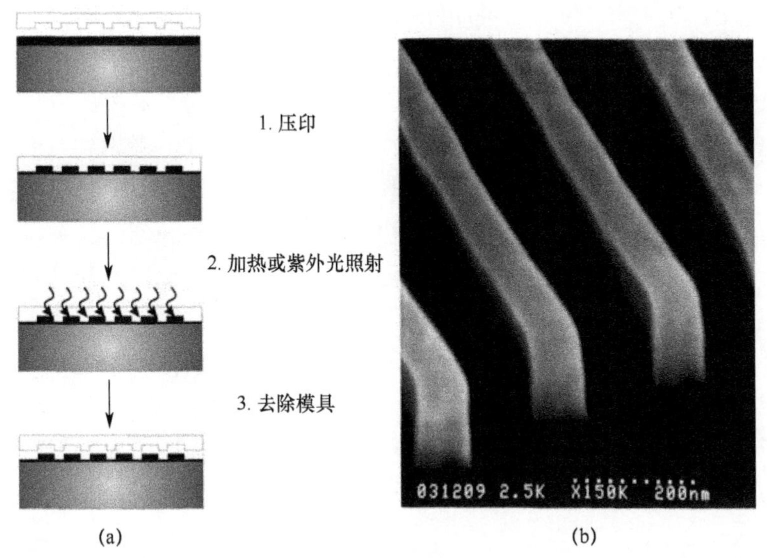

图 3-1　NIL 工艺全过程以及 PMMA 基底上的热塑性 NIL 工艺的结果
（a）NIL 工艺全过程；（b）由 PMMA 中的热塑性 NIL 图案化的 70nm 宽的条纹。
（经 Chou 等许可转载[14]，版权所有[1996]，AVS-科学技术学会）

NIL 的分辨率通常取决于电子束光刻制造的模具，这使得模具非常昂贵。而且，这些模具使用不到一百次后必须更换，也增加了该技术的成本。这种技术的亮点在于，可以在短时间内对大面积进行图案化，并且可以在模具中雕刻任何结构。

3.2.2　激光干涉光刻

LIL 基于材料的结构化，由两个或多个相干激光束干涉产生周期性图案。这种图案化可以通过直接烧蚀材料[17]或通过完整的光刻工艺，将 LIL 与传统的蚀刻或沉积技术相结合来完成。

LIL 是一种无掩模技术，具有构建大面积区域结构的潜力。其分辨率仅受激光源波长的限制，因此只需选择波长较短的激光束即可缩小可获得的最小尺寸。尽管该技术可用于全光刻工艺，但其主要优点之一在于使用高能激光束，该激光束提供直接烧蚀材料的能力。

由于 LIL 在第 1 章中有详细解释，本节不再详细介绍。但是，值得一提的是，这种技术可以扩展到工业应用。实际上，已经有商业系统允许用洛埃镜配置的两个激光束对材料进行图案化。然而，使用三个和四个光束的技术难度是费力的手动对准，这阻碍了该技术的工业应用。最新发明允许系统进行自动对准 [18]，使 LIL 技术更接近工业化。

3.2.3 纳米球自组装技术

在过去的 20 年中，为了获得红外和可见光的光子晶体，已经研究了胶体纳米球的自组装以获得所谓的人造蛋白石[19]。由于两个主要原因，这些蛋白石不符合获得完整光子带隙的必要需求[20]。第一个是填充因子，对于紧凑的六边形结构必须约是 20%，与人造蛋白石相反；第二个是折射率对比度，考虑到在大多数情况下使用二氧化硅或聚苯乙烯球，其折射率约为 1.5，这是不够的。因此，许多研究工作致力于原始结构的反演以获得反蛋白石[21,22]。纳米球光刻从这种自组装思想开始，目的是以低成本获得大面积的亚微米级和纳米级结构，通常具有二维的有序性。

接着，提出了制造三维反蛋白石的不同步骤，以及该技术向纳米球光刻的演变。

3.2.3.1 三维反蛋白石

反蛋白石的制备本身就是一种可以获得三维结构的构造技术。利用该技术可以获得三维结构。整个过程包括三个不同的步骤，如图 3-2 所示。

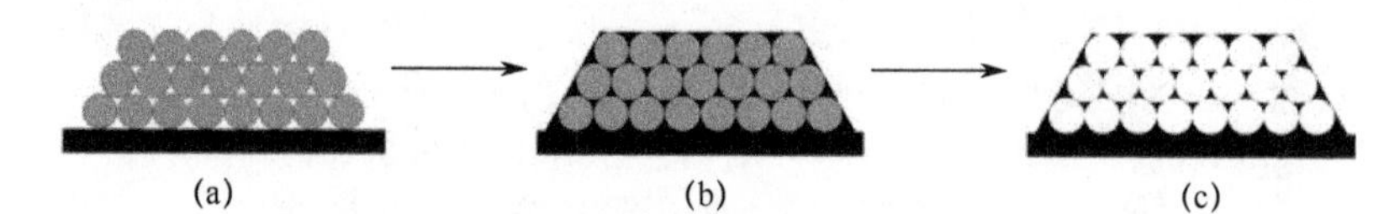

图 3-2 反蛋白石的制造过程
（a）第一步是胶体球自组装形成蛋白石；（b）第二步是蛋白石基质与所需材料的渗透；（c）第三步是去除蛋白石基质。

第一步是胶体纳米球的自组装，以获得所需材料即将被构造的三维基质。自组装问题本身已经产生了大量的研究，并且在这种情况下，已经开发出沉降[23,24]、垂直沉积[19]、旋涂[25]或电泳沉积[26]等技术。在所有情况下，所得的人工蛋白石在三维空间中均具有紧凑的大尺度六方结构。聚苯乙烯人造蛋白石如图 3-3 所示。

该技术存在的一个主要问题是基底亲水性，这对于纳米球的恰当黏附是至关重要的。一些作者使用这种性质通过定义疏水区域和亲水区域[27]来在某些区域获得蛋白石，如图 3-4 所示。

一旦获得蛋白石基质，第二步是其空隙与所需材料的渗透。根据材料的类型不同，使用许多不同的渗透技术。例如，锗[28]和硅[29,30]的半导体通过化学气相沉积渗透。溶胶-凝胶沉积技术用于渗透二氧化硅[31,32]、氧化铝[33]或钛酸钡[34]。自第一次通过电沉积渗透蛋白质[35]以来，它已成为不同金属（如金[36]、银[37]或铂、钯和钴[38]）的渗透选择技术。一些作者甚至报道了蛋白质基质与二氧化硅纳米粒子的渗透及其随后的烧结[39,40]。通过上述不同技术对反蛋白石的制作进行更深入的评论可以在参考资料[41-43]中找到。

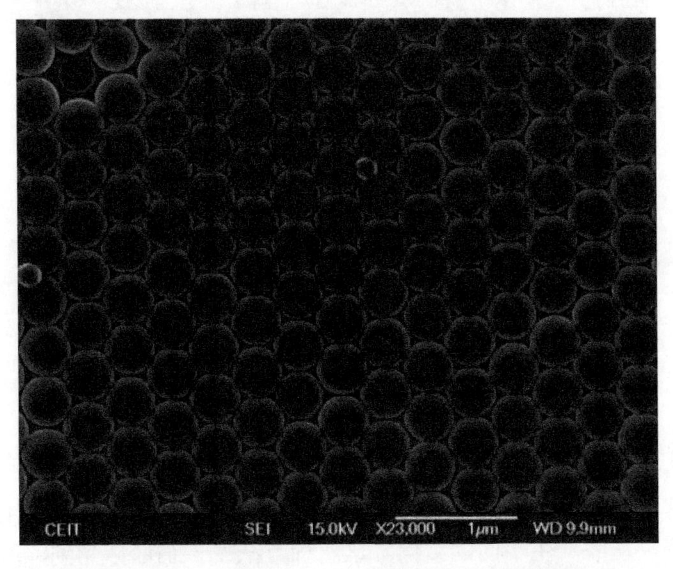

图 3-3　用 419nm 聚苯乙烯球垂直沉积制造的蛋白石图片

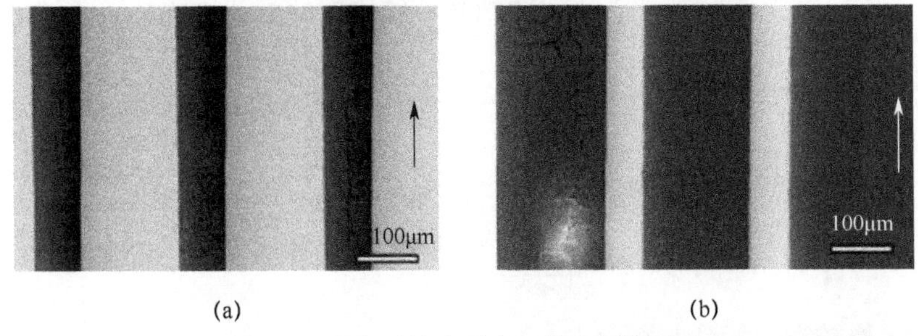

(a)　　(b)

图 3-4　亲水区域中蛋白石的选择性形成

（经 Fustin 等许可转载[27]，版权所有 Wiley-VCH Verlag GmbH＆Co.KGaA）

制造过程的最后一步是去除蛋白石基质以获得结构化材料。所使用的反演方法根据构成球体的材料不同而不同。如果球体是由二氧化硅制成的，那么可通过用氢氟酸化学溶解二氧化硅来去除[44]。如果球体是聚合物，通常是聚苯乙烯或聚甲基丙烯酸甲酯（PMMA），它们可以通过化学或物理方法除去。若用化学方法，聚合物球体用甲苯[35]或四氢呋喃（THF）溶解[45]。使用物理方法意味着在高温下煅烧聚合物球[46]。通过电沉积制备的银反蛋白石如图 3-5 所示。

3.2.3.2　纳米球光刻

上面只阐述了三维结构的制备，如果在第一个步骤中形成单层纳米球基质，也可以获得二维结构。有许多自组装技术可以获得单层球体；然而，由于其简单性和可重复性，旋涂通常是人们的首选技术[47,48]。

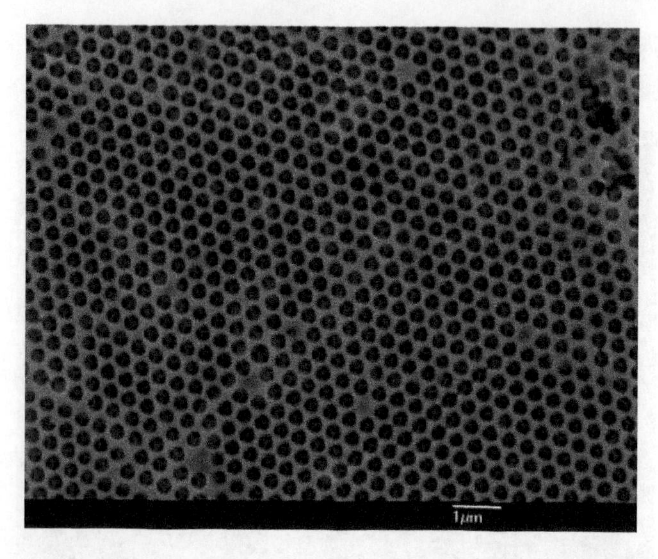

图 3-5　聚苯乙烯蛋白石通过电沉积和化学去除 419nm 聚苯乙烯球与甲苯制成的银反蛋白石

一旦形成该纳米球层，就可以将其用作两种不同方法中的掩模，用于随后的沉积或蚀刻步骤，从而产生不同的结构。这两种方法属于纳米球光刻，最初被称为自然光刻[49]。由于 NSL 的传播，一些研究者在处理三维反蛋白石的制作时也提到了它。

第一种 NSL 方法包括如上所述的纳米球结构的填充和去除。该方法如图 3-6

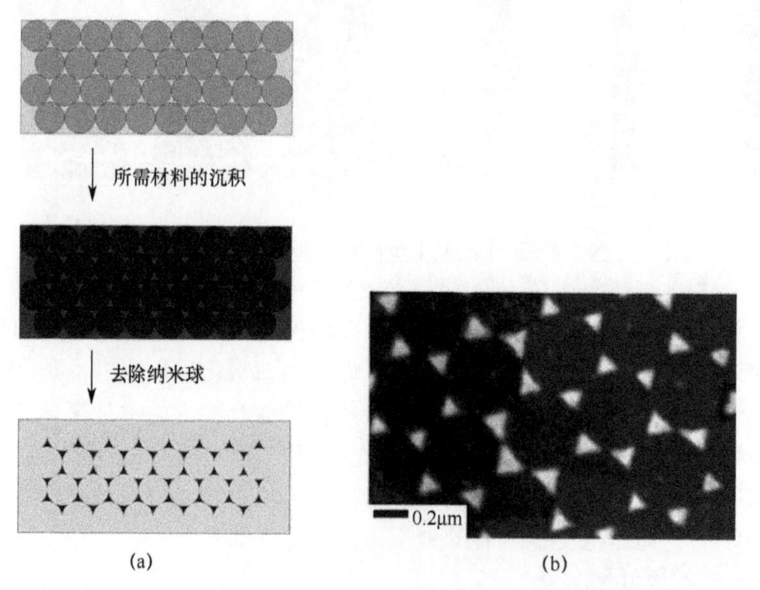

图 3-6　纳米球光刻工艺中纳米球结构的填充和去除工艺示意图

（a）用于制造非连接纳米颗粒的纳米球光刻工艺；（b）由 NSL 制造的金纳米粒子 。

（经 Canpean 和 Astilean 许可转载[55]，版权所有（2009），Elsevier）

所示，产生有序的三角形纳米颗粒。如果使用聚苯乙烯球，则可以通过氧反应离子刻蚀工艺来减小它们的尺寸[15,47,50,51]。用这种方式可以获得空隙的连接结构（图 3-7），并且可以通过改变球体的直径来改变空隙的直径。

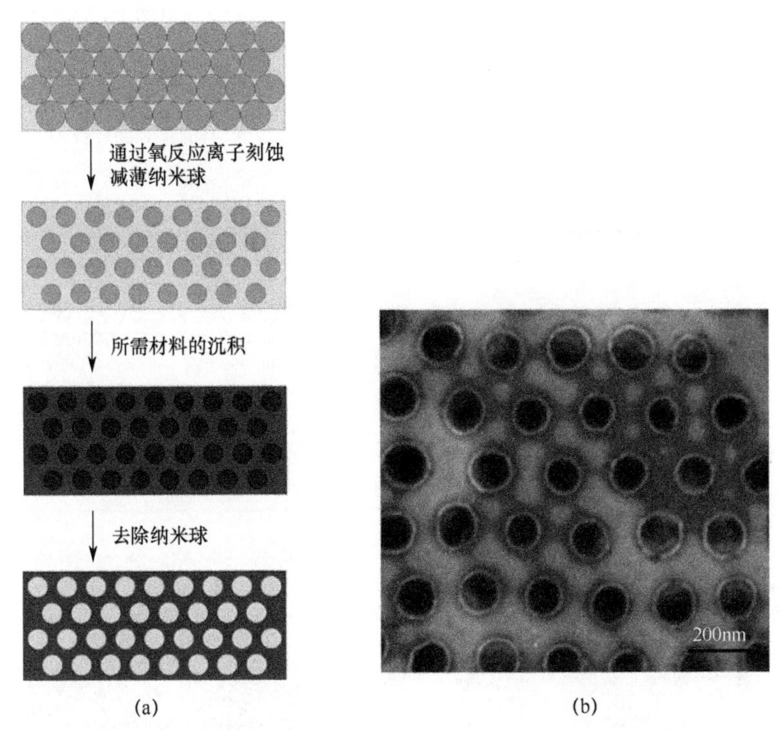

图 3-7　纳米球光刻工艺过程与获得空隙的连接结构

（a）纳米球光刻工艺，其 RIE 步骤可以减小球体的尺寸；（b）由 NSL 制造的金连接结构。
（经张等许可转载[51]，版权所有（2008），Elsevier）

原始 NSL 技术的改进又称为角度分辨纳米球光刻，可以控制纳米粒子的大小、形状和间距[52]。该方法通过控制支撑纳米球基质的基板与材料沉积方向之间的角度来产生不同量的纳米结构。

在第二种方法中，纳米球有序矩阵用作蚀刻掩模。在这种情况下获得的结构是纳米柱，并且可以通过两种不同的方式来改变它们的直径：一是在蚀刻之前使聚苯乙烯球变薄；二是与硅[53]一起使用，包括柱结构的氧化以在其表面上获得薄的氧化硅层。通过氢氟酸除去该氧化层，结果柱结构变薄。氧化硅层的厚度及纳米柱的最终厚度可以通过氧化时间来控制。用这种技术制造的一些结构连同该 NSL 方法如图 3-8 所示。

用纳米球光刻图案化的材料变化很大：硅[53,54]和氧化硅[47]纳米柱已用于制造纳米压印光刻的模具，不同的金属[15,51,55]（如银[15]或铂[50]）因其潜在的等离子体特性而纳米结构化。

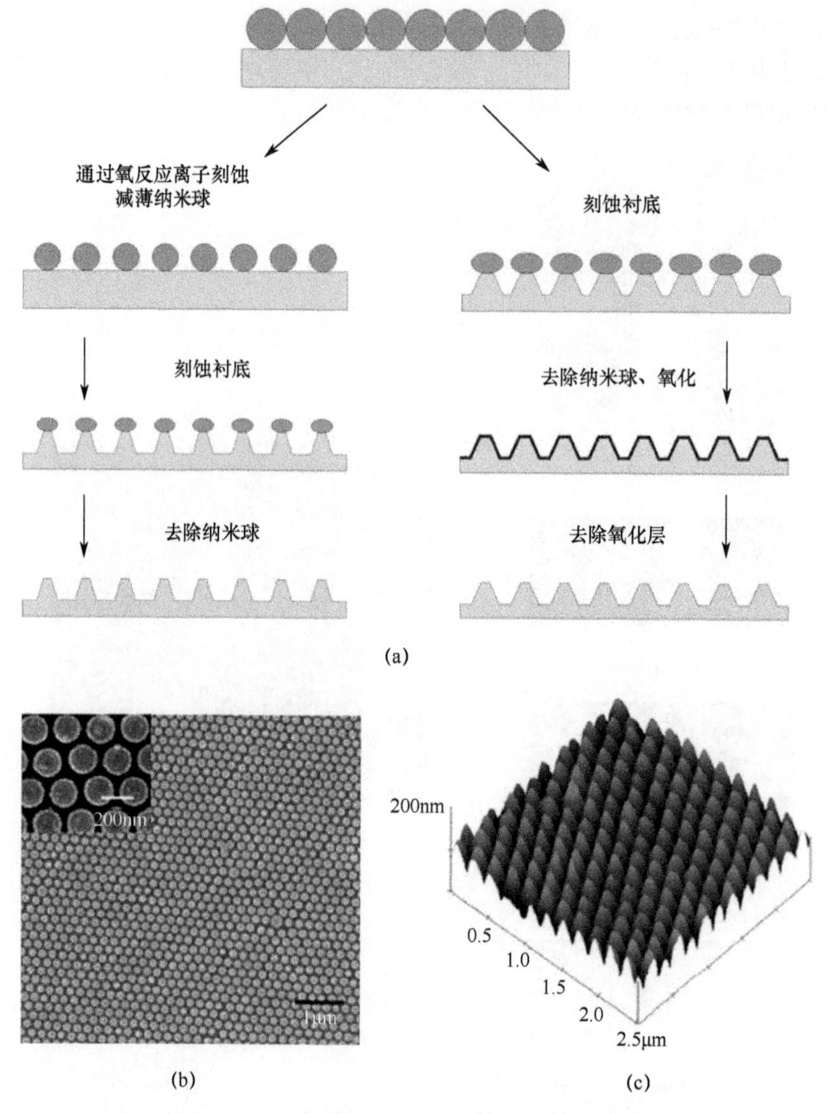

图 3-8 纳米球有序矩阵用作蚀刻掩模的过程与结构示意图

（a）用于制造支柱的纳米球光刻工艺；（b）由 NSL 制造并通过氧化方法减薄的硅纳米柱阵列的 SEM 显微照片；（c）由 NSL 制造并通过氧化方法减薄的硅纳米柱阵列的 AFM 形貌。

（经李等许可转载[53]，版权所有（2007），Elsevier）

3.3 结构材料的光学特性

本节介绍了光子晶体和表面等离激元的概念，以及用于表征具有这些光学特性的结构的不同技术。最后介绍了这种纳米结构材料的一些主要应用。

3.3.1　光子晶体

一些晶体材料（如半导体）对电子的完全控制是这类材料众所周知的特性，它基本上是周期性的原子排列。这种周期性是半导体中电子带隙形成的关键特征。

半导体的相似光学结构是光子晶体，它是具有不同介电常数（折射率）的材料的周期性排列。光子晶体呈现光子带隙，光子带隙定义为光子不能在其内部传播的能量。这种复杂的系统在自然界中找不到，因此必须人工制造。最简单的光子晶体是一维的，意味着它们具有一维周期性，因此具有一维光子带隙。与二维和三维光子晶体相反，这些一维结构很容易通过交替沉积两种不同材料的薄层来制造[56]。

从光子带隙的定义可以推断，如果光的能量低于其带隙值，则光子晶体将反射影响它的所有光。如果一束具有一定能量的光以任意偏振和任意入射角度从光子晶体反射回来，则该光子晶体在该能量下具有一个完整的光子带隙（CPBG）。由于需要三维空间中的周期性，因此制备这种结构具有挑战性。第一个带有 CPBG 的结构是在 1991 年[57]通过在具有一定方向的电介质板上钻孔而制造的。它首先以厘米级制造，用来研究微波在其内部的传播。结果是类似钻石的结构，在第二和第三波段之间具有 CPBG。三年后，一种具有完整光子带隙的结构被制造出来[58]。在这种情况下，它是一种堆垛结构，由水平柱的逐层结构构成。它是通过交替的标准沉积和光刻工艺制造的，与前面解释的结构相比，这代表了制造水平的进步。十年后，一种带有光子带隙的结构通过交替的棒和孔层制成[59]。每个双层（棒孔）都在一个工艺循环中制造，包括四个后续的沉积、光刻、蚀刻和平面化步骤。到目前为止，所有提到的方法都包含许多不同的步骤，这些步骤使得具有完全光子带隙的光子晶体的制造过程耗时，并且不适于大规模生产。使用反蛋白石方法创建三维有序结构，获得具有 CPBG 的硅[29]和金[60]光子晶体，因此可以证明 NSL 是制造三维光子结构的一种有力的竞争技术。

3.3.1.1　光子晶体的表征

当表征具有潜在光子性质的纳米结构材料时：首先确认光子带隙的存在与否；然后验证光子带隙是否完整。由于光束在带隙内的能量被光子晶体反射用于任何入射角和偏振，光子晶体可以通过相对简单的光学测量来表征。用于表征光子晶体光学响应的最常用技术是测量它们在不同入射角下的反射率[29,61-64]，通常称为角度分辨反射率。

虽然可以完成这种类型的测量有许多不同的设置，但它们都包括一个白光光源、一个光谱仪和一个与样品连接的测角仪。测角仪用于调整入射角和测量反射角，入射角与反射角必须相同。在图 3-9 所示的示例设置中，测角仪连接到平移台，该平台允许样品在三个不同的轴上移动。该平台还安装了 Glan-Thomson 偏振器，其允许研究纳米结构材料的光学响应对偏振的依赖性。从样品反射的光在500μm针孔的屏幕中成像，因此，每次成像仅表征样品的一小部分区域。来自选定区域的反射光进入光谱仪，然后光谱仪将反射光分解成不同波长的分量，并且用电荷耦合器件（CCD）相机对反射光进行成像。针对若干不同入射角的反射光表征所选纳米结构材料的光学响应。

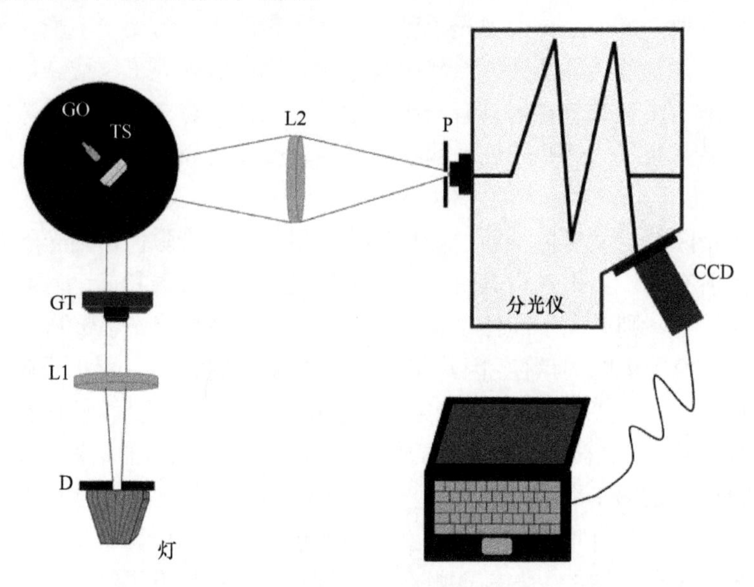

图 3-9　角度分辨反射率设置方案（D 是可变光阑，L1 和 L2 是 50mm 聚焦透镜，GT 是 Glan-Thompson 偏振器，TS 是平移台，GO 是测角仪，P 是一个有 500μm 针孔的屏幕

如果表征的材料呈现出对每个入射角重叠的反射峰，则可以推断该材料具有光子带隙。当非偏振光发生这种情况时，光子带隙就是完整的。具有完整光子带隙的金反蛋白石的反射率测量结果如图 3-10 所示。

当要表征具有不同取向的晶畴域的纳米结构材料时，表征单晶畴的光学特性是重要的。在这种情况下，单晶畴光谱的测试需要在显微镜的帮助下进行[65]。外部目镜连接到显微镜的输出端口，利用该外部目镜在光谱仪的入口狭缝处获得样品的反射图像。这些狭缝确定光子晶体的特征区域并允许选择单个域。另外，可以进行光子晶体的小区域扫描，以确定其光学性质的均匀性。

3.3.1.2　光子晶体的应用

光子带隙的存在和位置有两个决定因素：一个是形成光子结构的材料之间的折射率对比度；另一个是其几何形状。如果这两个参数中的任何一个在某种物质存在的情况下发生变化，它们都可以用作传感器。基于折射率对比度的变化，人们已经开发出了不同的传感器，例如水中有害有机物传感器[66]或蛋白质传感器[67]。使用几何修改方法，开发了一种创新的葡萄糖传感器[68]。它由聚合的晶体胶体阵列组成，具有包含分子识别元素的光子带隙。在葡萄糖存在时，聚合物阵列的恢复力增加，减小光子晶体的尺寸并将相应的反射峰移向更短的波长。

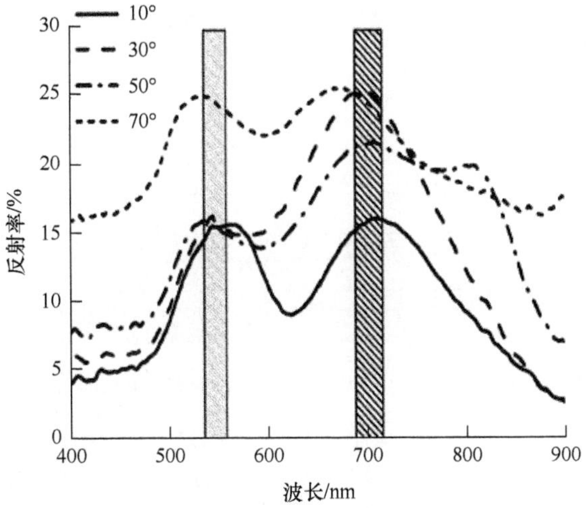

图 3-10　带有完全光子带隙的金反蛋白石的反射率测量（对于任何入射角，反射峰都重叠）

（经 Kuo 和 Lu 许可转载[60]，版权所有（2008），美国物理学会）

然而，光子晶体最广泛的应用是它们在光学电路中被用作波导[69-71]。对于这种类型的应用，仅需要二维光子晶体，主要通过电子束光刻制造。人们还提出了其他光学元件的应用，如镜子或分光器[72]。此外，正在研究使用光子晶体来定制激光器的发射光束图案[73]。

3.3.2　表面等离子体

金属和电介质之间的界面会发生一种有趣的效应，这种效应最初由 Ritchie 及其同事于 1957 年进行研究[74]。这种效应就是所谓的表面等离子体的产生，它是沿着金属表面传播的波[4,75]。简而言之，金属内部的电子以电子等离子体的形式存在，电子等离子体可以在存在电磁波的情况下振荡。在这种情况下，光在一定的共振频率下与金属内部的电子产生相互作用，从而产生波，因此它们的混合性质（光子等离子体）通常被称为表面等离子体极化子（SPP）。然而，大多数作者将它们简称为表面等离子体（SPs）。尽管 SPs 沿着金属表面传播波，但是垂直于表面的场是渐逝的，这意味着其幅度随着距离表面的距离增加而呈指数级减小。结果，表面等离子体不能从表面传播。需要指出的是，表面等离子体的动量大于相同频率的自由空间光子的动量。因此，为了激发表面等离子体，需要提供入射光子和等离子体之间的动量差异。这可以通过使用图 3-11 所示的棱镜来实现。如果白光以一定的入射角穿过金属表面（在这种情况下是金），则光线会耦合到金属表面。等离子体产生表面等离子体。生成的 SP 对金属层下面的电介质的任何变化都非常敏感，因此，近年来，SP 因其独特的传感特性而得到了广泛的研究，本节将进一步详细介绍。

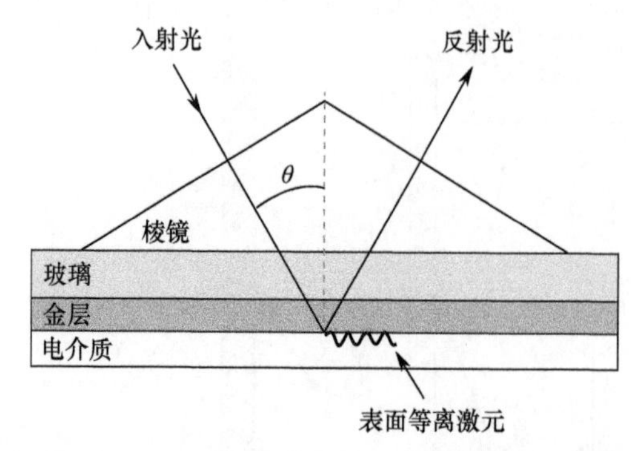

图 3-11　在金和电介质之间的界面处光的棱镜耦合和表面等离激元的激发

与平坦的金属表面相比，金属纳米结构材料的行为存在显著差异。法拉第在 1857 年首次注意到光与金属纳米粒子的不寻常耦合[76]，1968 年里奇及其同事[77]揭示了结构金属中存在等离子体及它们与光的耦合。简而言之，入射在金属图案化表面上的光可以散射到更高动量状态，并且在某个共振频率下激发表面等离子体，而不需要棱镜。对于金属纳米颗粒，它的共振频率的值取决于它们的形状、尺寸和组成。与在金属平坦表面中产生的 SPs 类似，它们对金属纳米颗粒周围材料的性质非常敏感。但这两种类型的相互作用存在差异。在平坦金属表面产生的表面等离子体可以传播，同时金属纳米颗粒中产生的 SPs 被限制，因此，这种现象称为局部表面等离子体共振（LSPR）。

纳米粒子不仅增强了光与等离子体的耦合，还增强了具有亚波长特征的任何结构化金属。Ebbesen 及其同事[78]在 1998 年首次发现了由于光与等离子体之间的耦合而增强了图案化金属层的光透射。他们观察到由亚波长孔阵列组成的金层透射的光比预期的要多，得到的结论是光与金属表面的等离子激元发生了耦合。由于结构化金属薄膜足够薄，两侧的等离子体结合在一起，使光的透射增强。在这种情况下，等离子体不是局部化的，并且能够沿着图案化的金属表面传播。虽然这一事件背后的理论已在 2001 年得到解释[79]，但由于这一发现的科学和技术意义很重要，许多科研工作者今天仍在研究这一现象[80]。

3.3.2.1　纳米结构材料中表面等离子体的表征

与光子晶体发生的情况类似，虽然控制表面等离子体产生的物理现象非常复杂，但是这种光-金属相互作用的存在可以通过相对简单的光学测量来确定。

粗略地，当光波激发金属纳米颗粒中的 SP 时，存在强烈的波长选择性吸收和来自纳米颗粒的能量散射。该能量可以通过三种不同的方式测量：通过测量纳米颗粒的消光光谱、通过测量它们的反射光谱或者通过利用它们散射的光对纳米颗粒成像。

表征金属纳米粒子（或金属纳米粒子阵列）的 LSPR 响应的最常见方式是测

量它们的消光光谱[81-85]，其定义为散射和吸收的总和。特别地，消光被定义为-log（I_t / I_0），式中 I_0 和 I_t 分别是光的入射和透射强度。LSPR 现象中光的吸收和散射主要发生在光谱的紫外和可见区域，因此，用紫外-可见光消光光谱来表征纳米颗粒的消光光谱。它包括测量光的强度（通常是白光），通过待表征的纳米颗粒或纳米颗粒阵列传输。这一般通过对非偏振白光源和光谱仪的简单设置来进行。显然，这种技术只能用于透明衬底。表征消光谱的参数是最大消光波长（λ_{max}），它通常通过计算一阶导数的过零点来定位[82]。通过激光干涉光刻制造的银纳米结构的消光光谱如图 3-12 所示。纳米结构首先在空气环境下表征；然后被乙醇包围。这可以引起最大消光波长的变化。

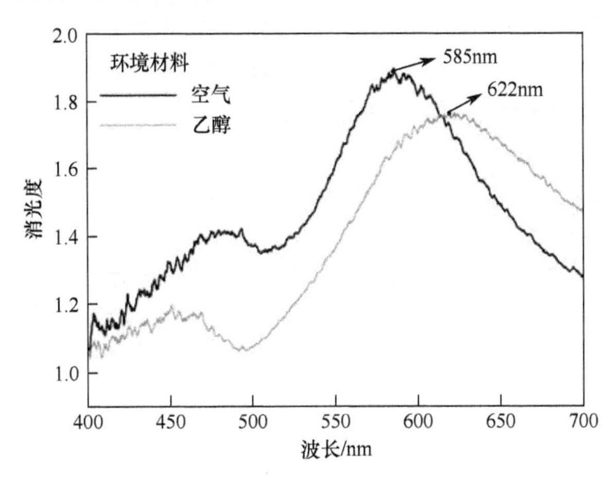

图 3-12　由两种不同介质包围的 LIL 制造的银纳米结构的消光光谱（空气和乙醇）

（经李等许可转载[86]，版权所有（2008），Elsevier）

如果纳米颗粒在不透明基底上形成图案，则不能测量消光系数，并且 LSPR 由反射光谱表征。当激发 LSP 时吸收大量的光，反射光谱在特定波长（λ_{min}）处呈现吸收峰，它是用于表征反射模式中的 LSPR 的参数。反射率的测量方法与之前对光子晶体的解释方法类似。

表征 LSPR 的最后一种方法是利用它们散射的光对纳米颗粒进行成像。然而，这些测量更复杂，因为需要显微镜和暗场照明器[87]。这些测量甚至可以测量共振瑞利散射光谱，其呈现散射强度峰值[88]。这些峰值的波长位置也用于表征纳米颗粒和纳米颗粒阵列的 LSPR 响应。

3.3.2.2　表面等离子体的应用

如前所述，在纳米颗粒中激发的表面等离子体的性质，主要是最大消光 λ_{max} 和反射峰 λ_{min} 的位置，对周围介电材料的性质变化高度敏感，因此，可以通过监测所述参数的变化来测量介质的变化。特别是，介电常数或周围材料厚度的增加会在最大消光位置产生红移[89]。因此，金属纳米颗粒（和纳米颗粒阵列）可用作换能器，将表面附近折射率的微小变化转换成可测量的波长漂移响应[85]。这种方法已得到广泛研究[90,91]，主要用于生物传感器[92-96]和气体传感装置[97-102]。考虑到纳米粒子的大小和形状等其他特征会改变 LSP 的响应，因而，正确选择这些参数可能会使等离子体传感器的响应更好[88]。

结构材料中 SPs 卓越的传播特性已应用于通信中，如光子电路[4,103]和器件[91,104]的制造。研究者们还提出了表面等离子体，用来提高发光器件[105,106]或太阳能电池[107]的效率，甚至用于制造激光器[108]。

由于表面等离子体激发引起的光的吸收和散射，在纳米颗粒的表面处产生高度放大的局部电磁场。因此，这种类型的纳米结构材料也用于放大表面增强拉曼散射（SERS）[109]。

3.4　本章小结

本章已经提出了亚微米级和纳米级的不同结构和光学表征技术。

目前有一些光刻技术，例如 UV、电子束和离子束光刻，利用这些技术可以实现纳米分辨率，但缺点是成本非常高。利用纳米压印光刻、激光干涉光刻和纳米球光刻等一些非常规技术，可以实现类似的分辨率，并且有效控制成本。

纳米球光刻技术从反蛋白石的制造发展而来，并可以制造不同的结构，例如纳米颗粒或纳米颗粒。

具有亚微尺度和纳米尺度特征的材料表现出不同的优异光学性能。在过去的 20 年里，人们在亚微尺度和纳米尺度特征的材料光学性能领域中取得了大量研究成果，例如周期性图案材料中光子带隙的存在，以及金属纳米粒子中比在平面金属中以更加容易的方式激发表面等离子体的可能性。这种情况是由于这两种现象在与传感相关的不同领域有潜在的应用。

参考文献

1. Thomas, G., Hutten, A.: Characterization of nano-magnetic structures. Nanostruct. Mater. **9**, 271–280 (1997)
2. Kung, H.H., Kung, M.C.: Nanotechnology: applications and potentials for heterogeneous catalysis. Catal. Today **97**, 219–224 (2004)
3. Ovid'ko, I.A.: Deformation of nanostructures. Science **295**, 2386 (2002)
4. Atwater, H.A.: The promise of plasmonics. Sci. Am. **296**(4), 56–63 (2007)
5. Sahoo, S.K., Parveen, S., Panda, J.J.: The present and future of nanotechnology in human health care. Nanomed. Nanotechnol. Biol. Med. **3**, 20–31 (2007)
6. Serrano, E., Rus, G., García-Martínez, J.: Nanotechnology for sustainable energy. Renew. Sustain. Energy Rev. **13**, 2373–2384 (2009)
7. Brown, P., Stevens, K.: Nanofibers and Nanotechnology in Textiles. Woodhead, Cambridge (2007)
8. Bhushan, B., Jung, Y.C.: Natural and biomimetic artificial surfaces for superhydrophobicity, self-cleaning, low adhesion, and drag reduction. Prog. Mater. Sci. doi: 10.1016/j.pmatsci.2010.04.003
9. ITRS: International technology roadmap for semiconductors (2007)

10. Rius, G.: Electron Beam Lithography for Nanofabrication. PhD thesis, Universidad Autónoma de Barcelona (2008)
11. Reyntjens, S., Puers, R.: A review of focused ion beam applications in microsystem technology. J. Micromech. Microeng. **11**, 287–300 (2001)
12. Matsui, S., Ochiai, Y.: Focused ion beam applications to solid state devices. Nanotechnology **7**, 247–258 (1996)
13. Kim, D.Y., Tripathy, S.K., Li, L., Kumar, J.: Laser-induced holographic surface relief gratings on nonlinear optical polymer films. Appl. Phys. Lett. **66**, 1166–1168 (1995)
14. Chou, S.Y., Krauss, P.R., Renstrom, P.J.: Nanoimprint lithography. J. Vacuum Sci. Technol. B **14**, 4129–4133 (1996)
15. Hulteen, J.C., Van Duyne, R.P.: Nanosphere lithography: a materials general fabrication process for periodic particle array surfaces. J. Vac. Sci. Technol. A **13**, 1553–1558 (1995)
16. Haisma, J., Verheijen, M., van den Heuvel, K., van den Berg, J.: Mold-assisted nanolithography: a process for reliable pattern replication. J. Vac. Sci. Technol. B **14**, 4124–4128 (1996)
17. Lasagni, A., Holzapfel, C., Mücklich, F.: Production of two-dimensional periodical structures by laser interference irradiation on bi-layered metallic thin films. Appl. Surface Sci. **253**, 1555–1560 (2006)
18. Rodriguez, A., Echeverria, M., Ellman, M., Perez, N., Verevkin, Y.K., Peng, C.S., Berthou, T., Wang, Z., Ayerdi, I., Savall, J., Olaizola, S.M.: Laser interference lithography for nanoscale structuring of materials: from laboratory to industry. Microelectron. Eng. **86**, 937–940 (2009)
19. Jiang, P., Bertone, J., Hwang, K., Colvin, V.: Single-crystal colloidal multilayers of controlled thickness. Chem. Mater. **11**, 2132–2140 (1999)
20. Sözüer, H.S., Haus, J.W., Inguva, R.: Photonic bands: convergence problems with the plane-wave method. Phys. Rev. B **45**, 13962–13972 (1992)
21. Norris, D.J., Vlasov, Y.A.: Chemical approaches to three-dimensional semiconductor photonic crystals. Adv. Mater. **13**, 371–376 (2001)
22. Galisteo López, J.F., García-Santamaría, F., Golmayo, D., Juárez, B., López, C., Palacios, E.: Self-assembly approach to optical metamaterials. J. Opt. A Pure Appl. Opt. **7**, S244–S254 (2005)
23. Xia, Y., Gates, B., Yin, Y., Lu, Y.: Monodispersed colloidal spheres: old materials with new applications. Adv. Mater. **12**, 693–713 (2000)
24. Vickreva, O., Kalinina, O., Kumacheva, E.: Colloid crystal growth under oscillatory shear. Adv. Mater. **12**, 110–112 (2000)
25. Mihi, A., Ocaña, M., Míguez, H.: Oriented colloidal-crystal thin films by spin-coating microspheres dispersed in volatile media. Adv. Mater. **18**, 2244–2249 (2006)
26. Trau, M., Saville, D.A., Aksay, I.A.: Field-induced layering of colloidal crystals. Science **272**, 706–709 (1996)
27. Fustin, C.A., Glasser, G., Spiess, H.W., Jonas, U.: Site-selective growth of colloidal crystals with photonic properties on chemically patterned surfaces. Adv. Mater. **15**, 1025–1028 (2003)
28. Míguez, H., Chomski, E., García-Santamaría, F., Ibisate, M., John, S., López, C., Meseguer, F., Mondia, J.P., Ozin, G.A., Toader, O., van Driel, H.M.: Photonic bandgap engineering in germanium inverse opals by chemical vapor deposition. Adv. Mater. **13**, 1634–1637 (2001)
29. Blanco, A., Chomski, E., Grabtchak, S., Ibisate, M., John, S., Leonard, S.W., López, C., Meseguer, F., Míguez, H., Mondia, J.P., Ozin, G.A., Toader, O., van Driel, H.M.: Large-scale synthesis of a silicon photonic crystal with a complete threedimensional bandgap near 1.5 micrometres. Nature **405**, 437–440 (2000)
30. Vlasov, Y.A., Bo, X.Z., Sturm, J.C., Norris, D.J.: On-chip natural assembly of silicon photonic bandgap crystals. Nature **414**, 289–293 (2001)
31. Velev, O.D., Tessier, P.M., Lenhoff, A.M., Kaler, E.W.: Materials: a class of porous metallic nanostructures. Nature **401**, 548 (1999)
32. Waterhouse, G.I.N., Waterland, M.R.: Opal and inverse opal photonic crystals: fabrication and characterization. Polyhedron **26**(2), 356–368 (2007)

33. Holland, B.T., Blanford, C.F., Stein, A.: Synthesis of macroporous minerals with highly ordered three-dimensional arrays of spheroidal voids. Science **281**, 538–540 (1998)
34. Lei, Z., Li, J., Zhang, Y., Lu, S.: Fabrication and characterization of highly-ordered periodic macroporous barium titanate by the sol–gel method. J. Mater. Chem. **10**, 2629–2631 (2000)
35. Braun, P.V., Wiltzius, P.: Microporous materials: electrochemically grown photonic crystals. Nature **402**, 603–604 (1999)
36. Xu, L., Wiley, J.B., Zhou, W.L., Frommen, C., Malkinski, L., Wang, J.Q., Baughman, R.H., Zakhidov, A.A.: Electrodeposited nickel and gold nanoscale metal meshes with potentially interesting photonic properties. Chem. Comm. **17**, 997–998 (2000)
37. Pérez, N., Hüls, A., Puente, D., González-Viñas, W., Castaño, E., Olaizola, S.M.: Fabrication and characterization of silver inverse opals. Sens. Actuators B **126**, 86–90 (2007)
38. Bartlett, P.N., Birkin, P.R., Ghanem, M.A.: Electrochemical deposition of macroporous platinum, palladium and cobalt films using polystyrene latex sphere templates. Chem. Commun. **17**, 1671–1672 (2000)
39. Subramania, G., Constant, K., Biswas, R., Sigalas, M.M., Ho, K.M.: Optical photonic crystals synthesized from colloidal systems of polystyrene spheres and nanocrystalline titania. J. Lightwave Technol. **17**, 1970–1974 (1999)
40. Chung, Y., Leu, I., Lee, J., Hona, M.: Fabrication and characterization of photonic crystals from colloidal processes. J. Cryst. Growth **275**, e2389–e2394 (2005)
41. Kulinowski, K.M., Jiang, P., Vaswani, H., Colvin, V.L.: Porous metals from colloidal templates. Adv. Mater. **12**, 833–838 (2000)
42. Velev, O., Lenhoff, A.: Colloidal crystals as templates for porous materials. Curr. Opin. Colloid Interface Sci. **5**, 56–63 (2000)
43. Braun, P.V., Wiltzius, P.: Macroporous materials-electrochemically grown photonic crystals. Curr. Opin. Colloid Interface Sci. **7**, 116–123 (2002)
44. Kuai, S.L., Bader, G., Hache, A., Truong, V.V., Hu, X.F.: High quality ordered macroporous titania films with large filling fraction. Thin Solid Films **483**, 136–139 (2005)
45. Yu, X., Lee, Y.J., Furstenberg, R., White, J.O., Braun, P.V.: Filling fraction dependent properties of inverse opal metallic photonic crystals. Adv. Mater. **19**, 1689–1692 (2007)
46. Subramanian, G., Manoharan, V.N., Thorne, J.D., Pine, D.J.: Ordered macroporous materials by colloidal assembly: a possible route to photonic bandgap materials. Adv. Mater. **11**, 1261–1265 (1999)
47. Wang, B., Zhao, W., Chen, A., Chua, S.J.: Formation of nanoimprinting mould through use of nanosphere lithography. J. Cryst. Growth **288**, 200–204 (2006)
48. Lipson, A.L., Comstock, D.J., Hersam, M.C.: Nanoporous templates and membranes formed by nanosphere lithography and aluminum anodization. Small **5**(24), 2807–2811 (2009)
49. Deckman, H.W., Dunsmuir, J.H.: Natural lithography. Appl. Phys. Lett. **41**, 377–379 (1982)
50. Li, W., Zhao, W., Sun, P.: Fabrication of highly ordered metallic arrays and silicon pillars with controllable size using nanosphere lithography. Phys. E **41**, 1600–1603 (2009)
51. Zhang, Y., Wang, X., Wang, Y., Liu, H., Yang, J.: Ordered nanostructures array fabricated by nanosphere lithography. J. Alloys Compd. **452**, 473–477 (2008)
52. Haynes, C.L., McFarland, A.D., Smith, M.T., Hulteen, J.C., Van Duyne, R.P.: Angle-resolved nanosphere lithography: manipulation of nanoparticle size, shape, and interparticle spacing. J. Phys. Chem. B **106**, 1898–1902 (2002)
53. Li, W., Xu, L., Zhao, W.M., Sun, P., Huang, X.F., Chen, K.J.: Fabrication of large-scale periodic silicon nanopillar arrays for 2D nanomold using modified nanosphere lithography. Appl. Surface Sci. **253**, 9035–9038 (2007)
54. Jeong, G.H., Park, J.K., Lee, K.K., Jang, J.H., Lee, C.H., Kang, H.B., Yang, C.W., Suh, S.J.: Fabrication of low-cost mold and nanoimprint lithography using polystyrene nanosphere. Microelectron. Eng. **87**, 51–55 (2006)
55. Canpean, V., Astilean, S.: Extending nanosphere lithography for the fabrication of periodic arrays of subwavelength metallic nanoholes. Mater. Lett. **63**, 2520–2522 (2009)
56. Patrini, M., Galli, M., Belotti, M., Andreani, L.C., Guizzetti, G., Pucker, G., Lui, A.,

Bellutti, P., Pavesi, L.: Optical response of one-dimensional (Si/SiO_2)m photonic crystals. J. Appl. Phys. **92**, 1816–1820 (2009)
57. Yablonovitch, E., Gmitter, T.J., Leung, K.M.: Photonic band structure: the face-centered-cubic case employing nonspherical atoms. Phys. Rev. Lett. **67**, 2295–2298 (1991)
58. Özbay, E., Abeyta, A., Tuttle, G., Tringides, M., Biswas, R., Chan, C.T., Soukoulis, C.M., Ho, K.M.: Measurement of a three-dimensional photonic band gap in a crystal structure made of dielectric rods. Phys. Rev. B **50**, 1945–1948 (1994)
59. Qi, M., Lidorikis, E., Rakich, P.T., Johnson, S.G., Joannopoulos, J.D., Ippen, E.P., Smith, H.I.: A three-dimensional optical photonic crystal with designed point defects. Nature **429**, 538–542 (2004)
60. Kuo, C.Y., Lu, S.Y.: Opaline metallic photonic crystals possessing complete photonic band gaps in optical regime. Appl. Phys. Lett. **92**, 121919–121921 (2008)
61. Eradat, N., Huang, J.D., Vardeny, Z.V., Zakhidov, A.A., Khayrullin, I., Udod, I., Baughman, R.H.: Optical studies of metal-infiltrated opal photonic crystals. Synth. Metals **116**, 501–504 (2001)
62. Allard, M., Sargent, E.H., Kumacheva, E., Kalinina, O.: Characterization of internal order of colloidal crystals by optical diffraction. Opt. Q. Electron. **34**, 27–36 (2002)
63. López, C., Vázquez, L., Meseguer, F., Mayoral, R., Ocaña, M., Míguez, H.: Photonic crystal made by close packing SiO_2 submicron spheres. Superlattices Microstruct. **22**, 399–404 (1997)
64. Mizeikis, V., Juodkazis, S., Marcinkevicius, A., Matsuo, S., Misawa, H.: Tailoring and characterization of photonic crystals. J. Photochem. Photobiol. C **2**, 35–69 (2001)
65. Vlasov, Y.A., Deutsch, M., Norris, D.J.: Single-domain spectroscopy of self-assembled photonic crystals. Appl. Phys. Lett. **76**, 1627–1629 (2000)
66. Luo, D.H., Levy, R.A., Hor, Y.F., Federici, J.F., Pafchek, R.M.: An integrated photonic sensor for in situ monitoring of hazardous organics. Sens. Actuators B Chem. **92**, 121–126 (2003)
67. Block, I.D., Chan, L.L., Cunningham, B.T.: Photonic crystal optical biosensor incorporating structured low-index porous dielectric. Sens. Actuators B Chem. **120**, 187–193 (2006)
68. Alexeev, V.L., Das, S., Finegold, D.N., Asher, S.A.: Photonic crystal glucose-sensing material for noninvasive monitoring of glucose in tear fluid. Clin. Chem. **50**, 2353–2360 (2004)
69. Johnson, S.G., Villeneuve, R.L., Fan, S., Joannopoulos, J.D.: Linear waveguides in photonic-crystal slabs. Phys. Rev. B **62**, 8212–8222 (2000)
70. Assefa, S., Petrich, G.S., Kolodziejski, L.A., Mondol, M.K., Smith, H.I.: Fabrication of photonic crystal waveguides composed of a square lattice of dielectric rods. J. Vac. Sci. Technol. B **22**, 3363–3365 (2004)
71. O'Faolain, L., Yuan, X., McIntyre, D., Thoms, S., Chong, H., De La Rue, R.M., Krauss, T.F.: Low-loss propagation in photonic crystal waveguides. Electron. Lett. **42**, 1454–1455 (2006)
72. Joannopoulos, J.D., Johnson, S.G., Winn, J.N., Meade, R.D.: Photonic Crystals: Molding the Flow of Light, 2nd edn. Princeton University Press, Princeton (2008)
73. Miyai, E., Sakai, K., Okano, T., Kunishi, W., Ohnishi, D., Noda, S.: Photonics: lasers producing tailored beams. Nature **441**, 946 (2006)
74. Ritchie, R.H.: Plasma losses by fast electrons in thin films. Phys. Rev. **106**, 874–881 (1957)
75. Barnes, W.L., Dereux, A., Ebbesen, T.W.: Surface plasmon subwavelength optics. Nature **424**, 824–830 (2003)
76. Faraday, M.: Experimental relations of gold (and other metals) to light. Philos. Trans. R. Soc. Lond. **147**, 145–181 (1857)
77. Ritchie, R.H., Arakawa, E.T., Cowan, J.J., Hamm, R.N.: Surface-plasmon resonance effect in grating diffraction. Phys. Rev. Lett. **21**, 1530–1533 (1968)
78. Ebbesen, T.W., Lezec, H.J., Ghaemi, H.F., Thio, T., Wolff, P.A.: Extraordinary optical transmission through sub-wavelength hole arrays. Nature **391**, 667–669 (1998)
79. Martín-Moreno, L., García-Vidal, F.J., Lezec, H.J., Pellerin, K.M., Thio, T., Pendry, J.B., Ebbesen, T.W.: Theory of extraordinary optical transmission through subwavelength hole arrays. Phys. Rev. Lett. **86**, 1114–1117 (2001)

80. Sauvan, C., Billaudeau, C., Collin, S., Bardou, N., Pardo, F., Pelouard, J.L., Lalanne, P.: Surface plasmon coupling on metallic film perforated by twodimensional rectangular hole array. Appl. Phys. Lett. **92**, 011125–011127 (2008)
81. Billaud, P., Huntzinger, J.R., Cottancin, E., Lermé, J., Pellarin, M., Arnaud, L., Broyer, M., Del Fatti, N., Vallée, F.: Optical extinction spectroscopy of single silver nanoparticles. Eur. Phys. J. D **43**, 271–274 (2007)
82. Chan, G.H., Zhao, J., Schatz, G.C., Van Duyne, R.P.: Localized surface plasmon resonance spectroscopy of triangular aluminum nanoparticles. J. Phys. Chem. C **112**, 13958–13963 (2008)
83. Hicks, E.M., Lyandres, O., Hall, W.P., Zou, S., Glucksberg, M.R., Van Duyne, R.P.: Plasmonic properties of anchored nanoparticles fabricated by reactive ion etching and nanosphere lithography. J. Phys. Chem. C **111**, 4116–4124 (2007)
84. Haynes, C.L., Van Duyne, R.P.: Nanosphere lithography: a versatile nanofabrication tool for studies of size-dependent nanoparticle optics. J. Phys. Chem. B **105**, 5599–5611 (2001)
85. Haes, A.J., Chang, L., Klein, W.L., Van Duyne, R.P.: Detection of a biomarker for Alzheimer's Disease from synthetic and clinical samples using a nanoscale optical biosensor. J. Am. Chem. Soc. **127**, 2264–2271 (2005)
86. Li, H., Luo, X., Du, C., Chen, X., Fu, Y.: Ag dots array fabricated using laser interference technique for biosensing. Sens. Actuators B, **134**, 940–944 (2008)
87. Bingham, J.M., Willets, K.A., Shah, N.C., Andrews, D.Q., Van Duyne, R.P.: Localized surface plasmon resonance imaging: simultaneous single nanoparticle spectroscopy and diffusional dynamics. J. Phys. Chem. C **113**, 16839–16842 (2009)
88. McFarland, A.D., Van Duyne, R.P.: Single silver nanoparticles as real-time optical sensors with zeptomole sensitivity. Nano Lett. **3**, 1057–1062 (2003)
89. Yonzon, C.R., Stuart, D.A., Zhang, X., McFarland, A.D., Haynes, C.L., Van Duyne, R.P.: Towards advanced chemical and biological nanosensors—an overview. Talanta **67**, 438–448 (2005)
90. Homola, J., Yeea, S.S., Gauglitzb, G.: Surface plasmon resonance sensors: review. Sens. Actuators B Chem. **54**, 3–15 (1999)
91. Hutter, E., Fendler, J.H.: Exploitation of localized surface plasmon resonance. Adv. Mater. **16**, 1685–1706 (2004)
92. Liedberg, B., Nylander, C., Lundstrom, I.: Biosensing with surface plasmon resonance-how it all started. Biosens. Bioelectron. **10**, i–ix (1995)
93. Vikinge, T.P., Askendal, A., Liedberg, B., Lindahl, T., Tengvall, P.: Immobilized chicken antibodies improve the detection of serum antigens with surface plasmon resonance (spr). Biosens. Bioelectron. **13**, 1257–1262 (1998)
94. Carlsson, J., Gullstrand, C., Westermark, G.T., Ludvigsson, J., Enander, K., Liedberg, B.: An indirect competitive immunoassay for insulin autoantibodies based on surface plasmon resonance. Biosens. Bioelectron. **24**, 876–881 (2008)
95. Lee, K.L., Wang, W.S., Wei, P.K.: Sensitive label-free biosensors by using gap plasmons in gold nanoslits. Biosens. Bioelectron. **24**, 210–215 (2008)
96. Dostalek, J., Homola, J.: Surface plasmon resonance sensor based on an array of diffraction gratings for highly parallelized observation of biomolecular interactions. Sens. Actuators B Chem. **129**, 303–310 (2008)
97. Nylander, C., Liedberg, B., Lind, T.: Gas detection by means of surface plasmon resonance. Sens. Actuators **3**, 79–88 (1982–1983)
98. Liedberg, B., Nylander, C., Lunstrom, I.: Surface plasmon resonance for gas detection and biosensing. Sens. Actuators **4**, 299–304 (1983)
99. Chadwick, B., Tann, J., Brungs, M., Gal, M.: A hydrogen sensor based on the optical generation of surface plasmons in a palladium alloy. Sens. Actuators B Chem. **17**, 215–220 (1994)
100. Arakawa, T., Miwa, S.: Selective gas detection by means of surface plasmon resonance sensors. Thin Solid Films **281–282**, 466–468 (1996)
101. Manera, M., Spadavecchia, J., Buso, D., de Julian Fernandez, C., Mattei, G., Martucci, A., Mulvaney, P., Perez-Juste, J., Rella, R., Vasanelli, L., Mazzoldi, P.: Optical gas sensing of

TiO_2 and TiO_2/Au nanocomposite thin films. Sens. Actuators B Chem. **132**, 107–115 (2008)
102. de Julian Fernandez, C., Manera, M., Pellegrini, G., Bersani, M., Mattei, G., Rella, R., Vasanelli, L., Mazzoldi, P.: Surface plasmon resonance optical gas sensing of nanostructured ZnO films. Sens. Actuators B Chem. **130**, 531–537 (2008)
103. Özbay, E.: Plasmonics: merging photonics and electronics at nanoscale dimensions. Science **311**, 189–193 (2006)
104. Atwater, H., Maier, S., Polman, A., Dionne, J., Sweatlock, L.: The new "p–n junction": plasmonics enables photonic access to the nanoworld. MRS Bull. **30**, 385–389 (2005)
105. Hobson, P., Wedge, S., Wasey, J., Sage, I., Barnes, W.: Surface plasmon mediated emission from organic light-emitting diodes. Adv. Mater. **14**, 1393–1396 (2002)
106. Okamoto, K., Niki, I., Shvartser, A., Narukawa, Y., Mukai, T., Scherer, A.: Surface plasmon-enhanced light emitters based on InGaN quantum wells. Nat. Mater. **3**, 601–605 (2004)
107. Westphalen, M., Kreibig, U., Rostalski, J., Luth, H., Meissner, D.: Metal cluster enhanced organic solar cells. Sol. Energy Mater. Sol. Cells **61**, 97–105 (2000)
108. Tredicucci, A., Gmachl, C., Capasso, F., Hutchinson, A.L., Sivco, D.L., Cho, A.Y.: Single-mode surface-plasmon laser. Appl. Phys. Lett. **76**, 2164–2166 (2000)
109. Campion, A., Kambhampati, P.: Surface-enhanced Raman scattering. Chem. Soc. Rev. **27**, 241–250 (1998)

第 4 章　离子束溅射

4.1　概述

离子束溅射，即由于高能带电粒子的撞击而从固体基板上除去原子，用于若干处理和分析技术中。由于离子与基底的相互作用，表面形貌发生了改变，在一定条件下可以通过自组织过程演化出规则的纳米结构。纳米结构的多样性可以在多种材料（例如元素和化合物半导体、单晶和多晶金属、电介质）中一步形成，这一性质，使得该技术成为生产纳米图案表面的一个值得做的替代途径。

Navez 于 1962 年观察到，在空气离子照射后，玻璃表面会出现波状结构（波纹）[1]。可以观察到，波纹的方向取决于入射角。对于接近法线的离子束入射，波纹垂直于离子束在表面上的投影（平行于离子束投影的波矢量），并且当入射角接近时，掠射角是平行的（波矢量是垂直的）。

从此以后，研究人员对这种现象进行了深入研究，并对自组织纳米结构进行了一定程度的控制。但是，从理论和实验的角度看，仍有许多问题需要解决。控制形貌演变的工艺参数有离子种类、离子能量、入射角、通量、通量、衬底温度等。最新研究报告也证明了辐照过程中金属共沉积的重要性。确定形貌演变的很多操作参数表明，控制表面形貌有很多自由度，但也使对该现象的理解存在一定困难。

有各种各样的纳米结构可以通过不同材料上的离子诱导自组织来制造。在不同的实验条件下，硅和锗上形成的一些不同的形貌如图 4-1 所示。两种有趣的图案类型是点和波纹状特征（这里称为波纹），在某些条件下可以非常规则。

我们对表面的形态演变背后的物理机制进行了深入研究。通常，在溅射期间，衬底的表面远离平衡，许多原子表面工艺变得有效。有许多理论模型试图解释由此产生的形貌。然而，这些理论模型尚未完全理解物理过程。目前大多数的理论模型都是基于 Bradley 和 Harper（BH）模型[2]。

这种线性方法可以在短时间内解释一些实验观察。更多考虑离子到达衬底的随机性质的广义理论包括高阶线性和非线性效应，并考虑额外的弛豫机制[3-9]。根据广泛接受的 BH 模型，基于 Sigmund 理论[10]，纳米结构是曲率相关溅射引起的粗糙作用和表面扩散过程引起的光滑作用的相互影响而形成的。

在本章中，将介绍离子束溅射自组织的可能性。通过选择适当的实验条件，实现对地形演变的控制。在第 2 节中，将给出自组织发生的各种实验条件，即离子种类、靶材料、离子源等。在第 3 节中，将重点介绍硅的图案化和效果，以及不同的实验参数。此外，为了解决目前正在深入研究的重要问题，还将讨论金属结合的作用。在第 4 节中，将介绍其他材料的一些示例。

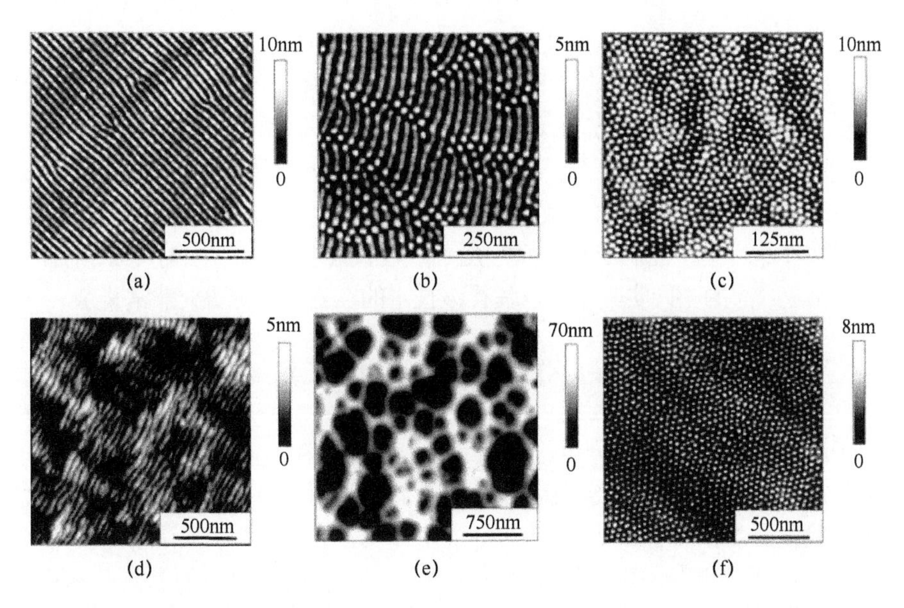

图 4-1　不同实验条件下通过低能离子束侵蚀在 Si 和 Ge 表面上产生的不同形貌的 AFM 图像

4.2　实验条件

通过离子束溅射的自组织图案化，通常使用惰性气体的离子。在某些情况下，使用 Ar^+、Kr^+和 Xe^+在 Si 和 Ge 上形成的自组织纳米结构的差异不显著，并且不大可能与离子的原子序数和原子量的差异相关。然而，离子与衬底物质量的关系存在一定的局限性。当离子比衬底原子更轻时，似乎没有结构演变。这可能是 Ar 不能实现 Ge 表面上的图案化的原因，并且 Ne 不适用于 Si 的图案化[11]。这种效应可能与沉积能量的分布有关。使用较重的离子，能量分布更集中在靠近表面的位置，因此产生更多的反作用。另一个原因可能与以下事实有关：为了减少离子质量，从衬底射出的原子和反向散射的射弹离子变得更加重要，并且两者都有助于图案中的峰比谷优先侵蚀，从而使得表面更加平滑。

根据已发表的研究文献，在离子溅射工艺中可以使用具有不同直径的聚焦和未聚焦的离子束。使用宽光束源（离子束直径为 3～20cm 或更大）代表了潜在工业应用的优势。使用的光源不仅可以改变所产生光束的大小，还可以改变离子的形成方式。广泛使用的离子源是所谓的考夫曼源，其中热灯丝通过交流或直流加热产生电子发射来电离工作气体[12]。另一方面，在 ECR 离子源中，微波能量通过电子回旋共振与离子发生放电耦合[13]。在其他类型的离子源中，离子可以通过射频、电子束和激光产生。

即使主要使用低能量（高达 2 keV）[14-24]，也可以在更高能量（4～50 keV）下观察到自组织[1,25-27]。

通过离子束溅射形成自组织图案可以应用于多种材料。已经研究过单晶半导体（Si、Ge、化合物半导体）[15-18,24,26,28-30]、单晶金属（Cu、Ag）[31-34]、多晶金属（Ag、Au、Pt）[35-37]和无定形材料（SiO_2）[19,38-40]。

由此产生的形貌受实验条件的影响很大：离子的入射角、通量、衬底温度、离子能量、通量、光束内离子的发散等。照射过程中的样品操作也会影响形貌演变，即同步旋转样品。由于控制形貌演变的几个参数和最近发现的金属掺入的潜在重要性，很难比较公布的不同实验结果，使得该技术的实验和理论研究非常复杂。

4.3　Si 上的自组织图案

由于其技术重要性和作为单组分材料的简单性，Si 已经被深入研究。在过去的几十年中，已经研究了由离子诱导的 Si 上的自组织过程形成的不同形貌，以及它们对实验参数的依赖性。研究 Si 的另一个原因是，在照射几分钟后，即使在低离子能量下，结晶材料的表面层非晶化也可以消除可能与材料的晶体结构相关的影响。对于温度高达几百摄氏度的半导体材料，这通常是有效的。下面介绍一些实验参数对 Si 上的图案形成的影响。

4.3.1　离子入射角

众所周知，由于首先观察到离子束溅射的自组织，入射角 α（由离子束和基板法线形成的角度）在形貌演变中起重要作用[1,2,26]。在图 4-2 显示了室温下用离子能量 E_{ion} 为 2keV 的 Kr^+以不同入射角照射在 Si（001）上形成多种形貌，实验中没有使用考夫曼源和同时进行样品旋转，离子电流密度 j_{ion} 为 300μA • cm^{-2}（对应于 1.87×10^{15} cm^{-2} • s^{-1} 的离子通量 J），总通量 Φ 为 6.7×10^{18} cm^{-2}。对于宽光束离子源（如考夫曼型），存在与工艺相关的附加实验参数：加速电压 U_{acc}。这些源具有由两个或三个网格组成的提取系统，这些网格处于不同的电压下。这里使用的源有两个网格，还有屏幕和加速器网格。在第一栅极处施加的电势确定离子能量，并且在第二栅极处施加的加速电压确定离子在束内的发散和角度分布。U_{acc} 可在−1～−0.2kV 之间变化。图 4-2 中，U_{acc}= −1kV 对应最高发散度。关于所使用的宽光束离子源的更多细节在它处给出介绍[41]。正如在图 4-2 中可以观察到的那样，在接近垂直入射，即 5°～25°时，形成波纹（图 4-2（a）、（b）中的（I））。这些波纹显示出相对较高的规律性，并且选择适当的操作参数，波长和幅度最高可分别在 30～70nm 和 8nm 调节。在接近 45°的入射角处，表面由于溅射而平滑（图 4-2 III）。35°～60°之间的精加工与所使用的离子和离子种类几乎无关，我们还进行了深入研究[42,43]。它代表了这种技术的重要应用。图 4-2（II）所示的点状结构仅在一个狭窄的操作条件窗口中逐渐形成，在某些情况下呈现为点和波纹的混合物。在更高的角度形成波纹和柱状结构（图 4-2（IV）和（V））。

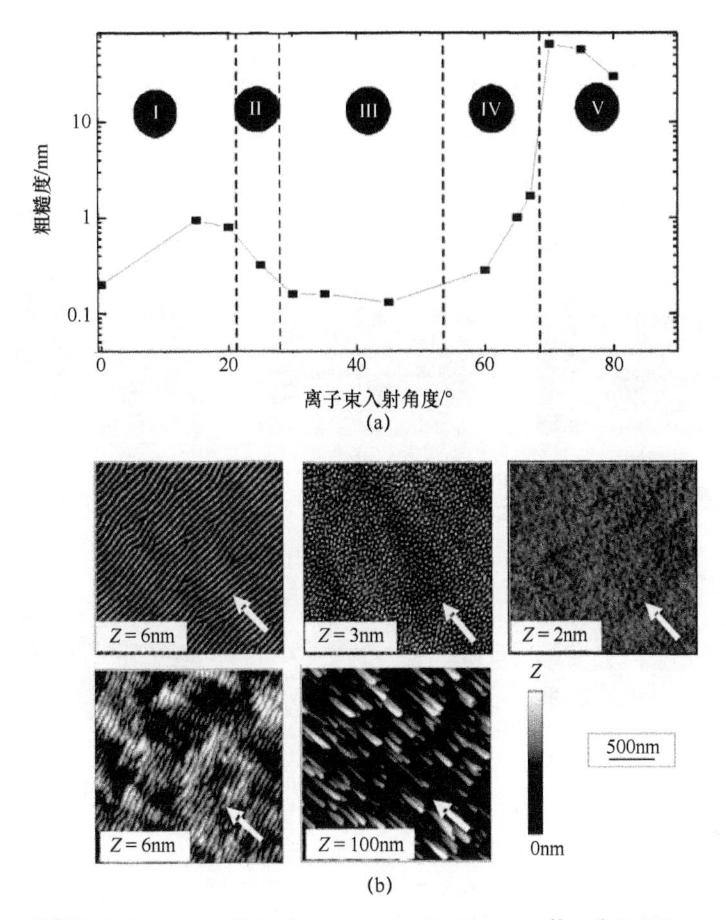

图 4-2　在没有样品旋转、$E_{ion} = 2keV$、$U_{acc} = -1kV$、$\Phi = 6.7\times10^{18}cm^{-2}$ 的条件下，用 Kr^+轰击 Si（001）的表面所形成的粗糙度与离子束入射角的关系

（图中不同图形的 AFM 图像（示例），I：接近垂直入射的波纹；II：点；III：光滑表面；IV：高入射角处的波纹；V：柱状结构。白色箭头表示离子束在表面上的投影）

各向异性纳米结构的方向由离子束的方向决定。波纹（图 4-2（I）和（IV））垂直于光束在表面上的投影，而以掠射角形成的柱状结构（图 4-2（V））是平行的。对于这一现象，即使在不同照射条件下，通过较高入射角度得到的波纹和柱状结构(图 4-2(IV)和(V))已经在首次发表的关于这种现象的研究中报道过[1,26]。1977 年，Carter 等报道了通过用 40keV 的 Ar^+的离子束在 Si 上溅射，并在 $\alpha = 45°$ 处形成垂直模式波纹，在 $\alpha = 75°$处形成平行柱状结构。Bradley—Harper 模型成功预测了结构方向的这种变化[2]。关于在大角度上获得 Si 上的波纹和柱状结构也有许多报道[16,17,24,27,44,45]。

与 BH 模型和其他理论预测相反的是，不同类型的纳米结构之间的过渡是连续的。在 Si（001）上从垂直模式波纹到平行柱状结构的转变如图 4-3 所示。在 $\alpha = 65°$ 处观察到垂直模式波纹（图 4-3（a））。增加入射角，出现平行于离子束方向的高振幅结构，并且它们在高角度处支配地形（图 4-3（f））。在图 4-4 中，显示了在 $\alpha = 70°$（图 4-4（a））和 $\alpha = 75°$（图 4-4（b））轰击后 Si（001）的 SEM 图像。在 $\alpha = 75°$ 时，与离子束平行的柱状结构是观察到的唯一特征，但是在 $\alpha = 70°$时，柱状结构和垂直模式波纹共存。

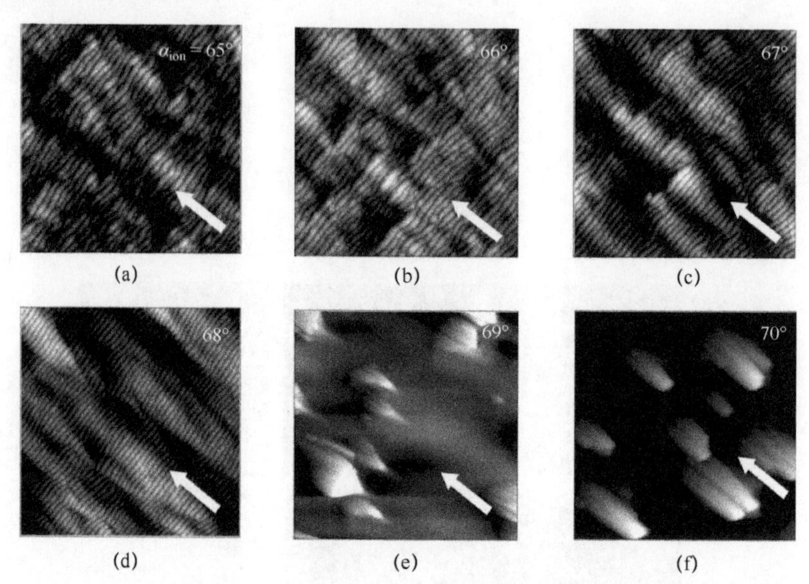

图 4-3　在 $E_{ion} = 2keV$、$U_{acc} = -1kV$、$\Phi = 6.7\times10^{18}cm^{-2}$、$\alpha = 65～70°$的条件下，用 Kr^+照射后的 Si（001）表面的 AFM 图像（所有图像均为 2μm×2μm）

（a）垂直比例尺为 8 nm；（b）、（c）垂直比例尺为 10 nm；

（d）垂直比例尺为 13 nm；（e）垂直比例尺为 170 nm；（f）垂直比例尺为 250 nm。

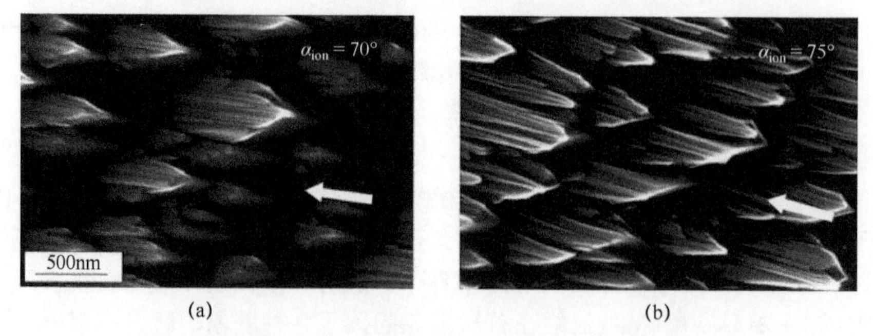

图 4-4　在 $E_{ion} = 2keV$、$U_{acc} = -1kV$、$\Phi = 6.7\times10^{18}cm^{-2}$ 和不同 α 的条件下，用 Kr^+照射后的 Si（001）表面的 SEM 图像（顶视图）

（a）α 是 70°；（b）α 是 75°。

对于上述包括 Ar^+、Kr^+和 Xe^+在内的实验条件，图 4-2 中所示的结果在离子能量属于 1～2keV 的范围内是有效的。然而，文献中关于入射角效应存在差异。Ozaydin-Ince 等[46]报道了 Ar^+的离子能量为 0.5 keV 和 1 keV 在 $\alpha = 45°$及不光滑的表面照射后在 Si 上形成波纹的情况。Madi 等人[47]观察到，在入射角为 10°时，

Ar^+为 1keV 照射期间 Si 表面平滑化而不是形成波纹。根据 Zhang 等的研究[27]，在具有不同离子能量（1～50keV）、α = 30°的 Xe^+轰击的 Si 上没有形成模式演变。这些只是一些例子，显示了对所报告的实验结果的不同意见。

在正常入射时用 Ar^+轰击 Si 的观察结果也存在差异。Ziberi 等人发现在正常入射时用 Ar^+溅射的 Si（001）上，在 E_{ion} = 0.5keV 下可以观察到没有规则分布的孔洞的形成[48]。这些观察结果与 Madi 等[49]的报告一致，后者报道了 E_{ion}<600 eV 的孔洞形成。然而，虽然 Ozaydin 等人[50]在相同的实验条件下，通过 Ar^+溅射 Si（001）和 E_{ion} = 1keV 观察到没有图案演变，但 Gago 等人[51]报道了纳米点的形成，在 E_{ion} = 1.2keV [15]和 E_{ion} = 1.8keV [48]时也观察到点的形成。

Habenicht 等人报道了在 α = 30°的 Si 上形成垂直模式波纹[52]但条件非常不同；他们使用 30keV 的 Ga^+聚焦离子束产生波纹。Ziberi 在 Si 和 Ge 上[11,20,53]，以及 Carbone 等人在 Ge 上[18]，通过近似垂直入射角度溅射惰性，气体离子形成的波纹的研究结果已经发表。对于这一事实和正入射时形貌演变的差异，可能的解释是与溅射过程中金属原子的非故意结合有关联。

4.3.2　样本旋转

在 Si 表面上生产纳米点阵列对于许多技术应用而言非常有吸引力。在 4.3.1 节中，讨论了在不旋转样品的情况下，在不同入射角下离子束溅射下 Si 的形貌演变。选择适当的操作参数，可以在垂直入射[15,48]或在 α 接近 30°的 Si 表面上形成点（图 4-2（II））。另外，已经发现，在 Si 上形成的六边形有序点的畴以较高的离子入射角（如 α = 75°）照射，同时进行样品旋转。这些点具有高度有序性。图 4-5 显示了在 E_{ion} = 2keV、U_{acc} = −1kV、Φ= 6.7×10^{18}cm^{-2}、α = 75°同时旋转（12r/min）的条件下用 Kr^+照射后 Si（001）上的形貌。环状傅里叶光谱（图 4-5（b））显示了各个域的随机方位角分布，相邻的环显示了点的窄尺寸分布。PSD 图中的第一个峰（图 4-5（c））表示 50nm 的平均点距离。

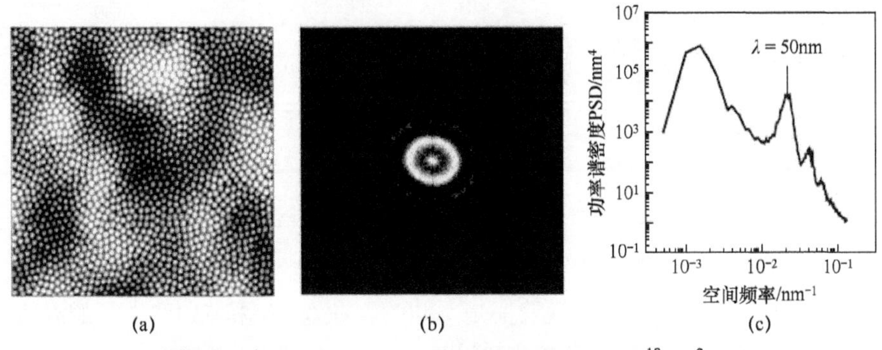

图 4-5　在 E_{ion} = 2keV、U_{acc} = −1kV、Φ= 6.7×10^{18}cm^{-2}、α = 75°同时旋转（12r/min）的条件下用 Kr^+照射后的 Si（001）

（a）AFM 图像，2μm×2μm，垂直标度是 30 nm；

（b）环状快速傅里叶变换图像，频率标度为-128～128μm^{-1}；（c）功率谱密度图。

4.3.3 影响因素

根据大多数实验研究，室温下 Si 上的垂直模式波纹和点的幅度随着时间的增加而增加[20,24,48,54]。图 4-6 显示出在室温下用 Kr^{+}轰击的 Si（001）上的粗糙度的时间演变，与波纹的幅度成比例，其中 E_{ion} = 2keV 且 U_{acc} = −1kV。数据对应于形成波纹的不同离子束入射角（α 为 20°、35°、39°和 65°），可以清楚地观察到表面粗糙度（如幅度）的饱和现象。另外，特征的波长不受注入量的影响。在其他材料（Ge、化合物半导体、Cu）上也观察到幅度饱和现象，并且这可能与在一定溅射时间后非线性效应发生作用有关。由于 BH 模型中没有考虑非线性效应，因此该模型不能预测饱和度。

在饱和后增加注入量，在 Si 上形成的波纹大小是恒定的，有序性增加。这在图 4-7 中可以看出，其中呈现了室温下用 Kr^{+}照射的 Si（001）的 AFM 图像和功率谱密度（PSD）图，其中 E_{ion} = 2keV 且 U_{acc} = −1kV 且在 α = 35°。通过直接观察 AFM 图像，可以看出，随着注入量的增加，纳米结构显示出更高的有序性，这也可以从 PSD 图中推断出来。峰值频率随时间几乎保持不变，即波纹的波长不会发生显著变化。此外，峰值的变窄表明相关性顺序随着注入量而增加。作为顺序的度量，可以使用相关长度，并且可以通过 PSD 曲线的一阶峰值的半峰全宽计算得到[55]。

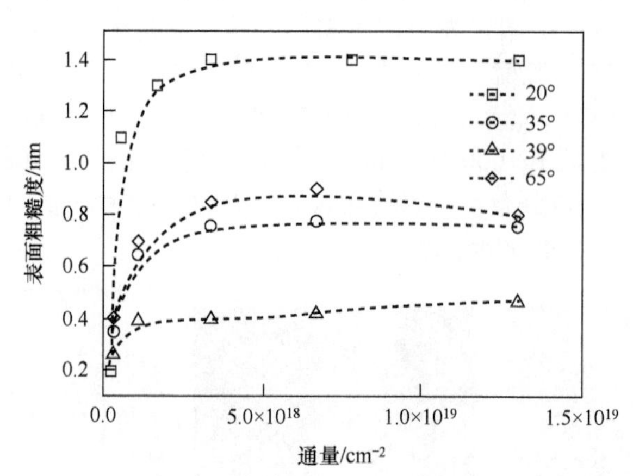

图 4-6　Kr^{+}照射后 Si（001）的表示粗糙度随时间的演变

（E_{ion} = 2keV 且 U_{acc} = −1kV，α 为 20°、35°、39°和 65°）

在高温下，纳米结构的时间演变是不同的。在 600℃和 750℃之间的温度下，在 Si 上观察到平行和垂直模式波纹的粗化（E_{ion} = 0.25～1.2keV，α = 60°）[24]。用 1 keV 的 Ar^{+}垂直入射溅射在 Si（001）的表面[50]，在高于 400℃的温度下也发现了特征长度尺度随着注入量的增加而增加的现象。

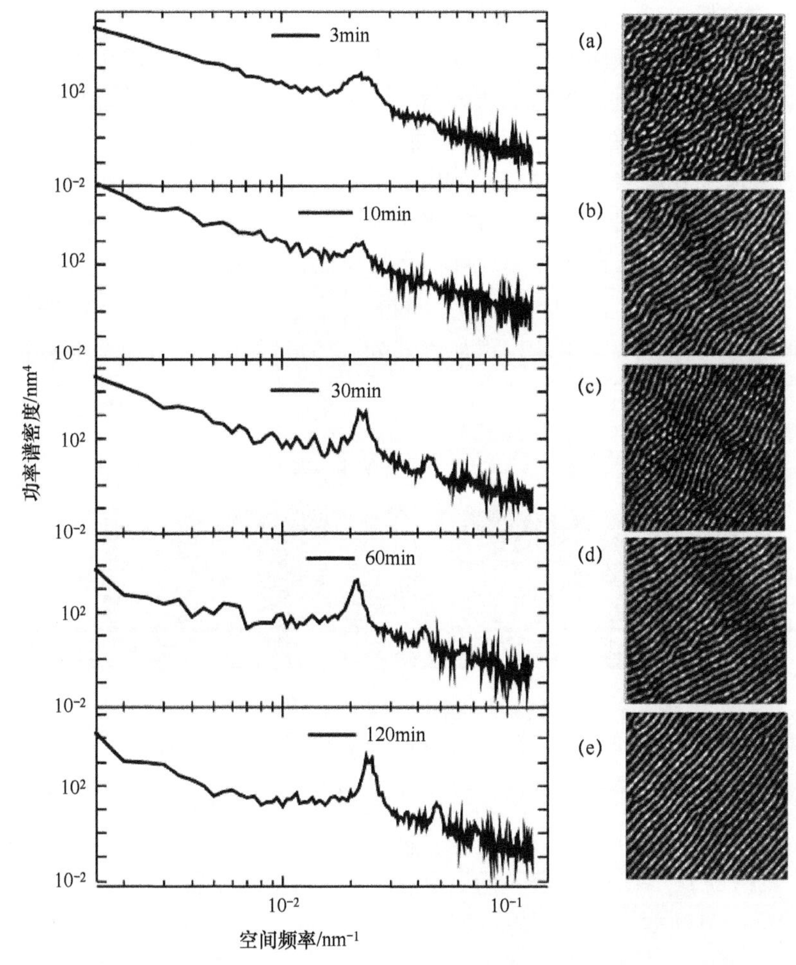

图 4-7　波纹的时间演化（照射 Kr^+后，Si（001）的功率谱密度图和 AFM 图像，E_{ion} = 2keV，U_{acc} = −1kV，α = 35°，AFM 图像面积为 $2\times2\mu m^2$）

（a）注入量为 3.4×10^{17} cm^{-2}，垂直比例尺为 2.5nm；（b）注入量为 1.1×10^{18} cm^{-2}，垂直比例尺为 3nm；（c）注入量为 3.4×10^{18} cm^{-2}，垂直比例尺为 3.5nm；（d）注入量为 6.7×10^{18} cm^{-2}，垂直比例尺为 4nm；（e）注入量为 1.3×10^{19} cm^{-2}，垂直标度为 4nm。

4.3.4　离子能量

离子能量的影响还取决于衬底温度。在室温和低能量下，接近正常形成的波纹的波长或周期随着 E_{ion} 的增加而增加；波长可以从 35～75nm 调整，E_{ion} 从 0～2 keV 变化[20]。另外，Brown 和 Erlebacher [24]观察到，在高温（700℃）下，当 E_{ion} 从 0.25 keV 增加到 1.2 keV（Ar^+）时，Si（111）上的波纹幅度和波长显著减小。在 α = 60°时，Brown 和 Erlebacher 的观察结果与 BH 模型一致。使用更高的离子能量（E_{ion} = 60～100 keV），Hazra 等[56]发现随着 E_{ion} 的增加，在 α = 60°时，Si（001）

上形成的波纹振幅减小，而波长增加。

与高温下的离子束溅射相反，其衬底表面保持晶体状，低温下的衬底表面被非晶化。首先当注入量达到非晶化阈值时，非晶化开始；然后非晶层的厚度在短时间后增加并饱和。与 α 一样，E_{ion} 对非晶层厚度有很强的影响；当 E_{ion} = 2 keV 时，该层深度为几纳米（5～8 nm）[11]；当 E_{ion} = 120 keV 时，深度可以达到大于 250 nm[45]。在图 4-8 中，显示了在接近垂直入射时用 1.2keV 的 Kr^+照射的 Si（001）的高分辨率透射电子显微镜（HRTEM）横截面图像。波纹波长为 50nm，振幅为 5nm。在这种情况下，非晶层的深度为 6nm。由于表面层的非晶化，在不同晶体取向的低温下的形貌演变中未发现显著差异。还可以观察到波纹是非对称的，面向梁的一侧比另一侧陡峭。

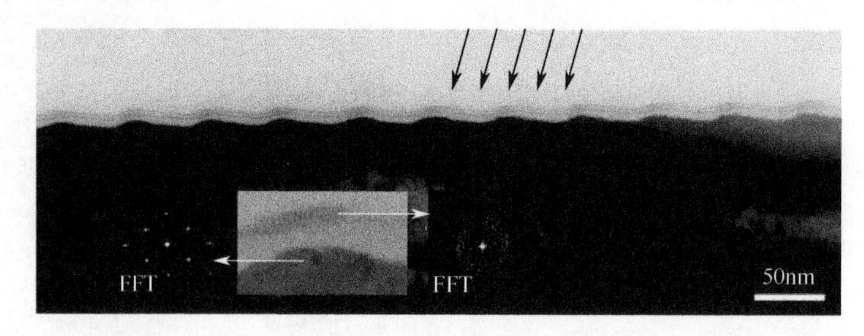

图 4-8　纹波图案的横截面 HRTEM 图像（Si（001），Kr^+，E_{ion} = 1.2keV，α =15°，箭头表示离子束的方向）

离子能量的变化不仅影响演化特征的大小，而且在某些条件下也会导致不同类型的结构。在图 4-9 中，给出了用 Kr^+照射的 Si（001）上所得形貌的 AFM 图像，α = 65°，总通量 U_{acc} = −1kV，Φ= 6.7×10^{18}cm^{-2}，使用了不同的 E_{ion}。虽然 E_{ion} = 2 keV 垂直模式波纹是观察到的唯一类型的特征（图 4-9（a）），但在 E_{ion} = 1 keV 时，它们与平行于离子束的波共存（图 4-9（b））。将 E_{ion} 降低至 0.75 keV 和 0.5keV，高振幅并联模式结构占主导地位。

离子能量的类似效果如图 4-10 所示。当 Si（001）用 Kr^+激发时，在 α = 20° 时，总通量 Φ= 6.7×10^{18}cm^{-2}，U_{acc} = −1kV，E_{ion} = 2 keV（图 4-10（a））垂直模式波纹演变。然而，降低 E_{ion} 时会出现一些平行模式波（图 4-10（c）），并且在较低的 E_{ion} 时有垂直和平行模式波纹同时存在（图 4-10（d）），并且在 E_{ion} = 0.3keV 时仅用 AFM 观察到平行模式波纹（图 4-10（e））。在功率谱密度图（图 4-10（f））中，观察到对应于两种波纹的峰。垂直模式的波纹峰值（用完整箭头表示）随着 E_{ion} 的增加而变得更加明确，而平行模式的波纹峰值（用完整箭头表示）变弱。缺乏峰的定义使平行模式波纹波长的量化更加复杂。使用来自 AFM 图像的幅度信号的二维快速傅里叶变换（FFT）图，（图 4-10（g）），图中显示出了两种类型波纹的波长随离子能量的演变。随着 E_{ion} 变化，垂直模式波纹的波长增加。对于平行模式波纹观察到相同的效果，然而由于幅度减小，对于 E_{ion} > 1keV 难以确定波长。

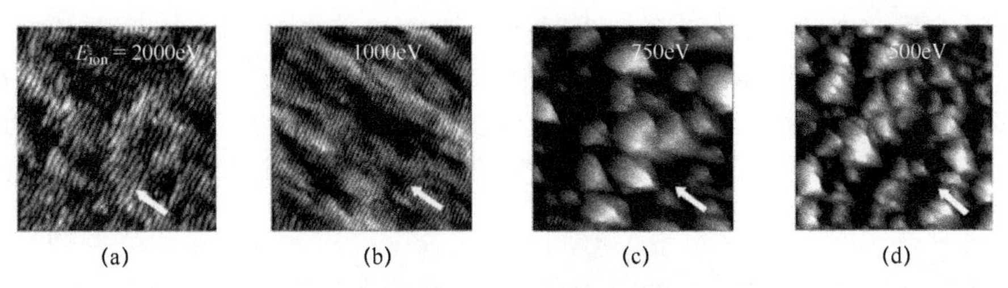

图 4-9　用 Kr^+照射后的 Si（001）表面的 AFM 图像

（$\Phi = 6.7\times10^{18}cm^{-2}$，$U_{acc} = -1kV$，$\alpha = 65°$，$E_{ion}$ 为 0.5～2keV，图像面积为 2μm×2μm）

（a）、（b）垂直比例尺为 6 nm；（c）垂直比例尺为 230 nm；（d）垂直比例尺为 120 nm。

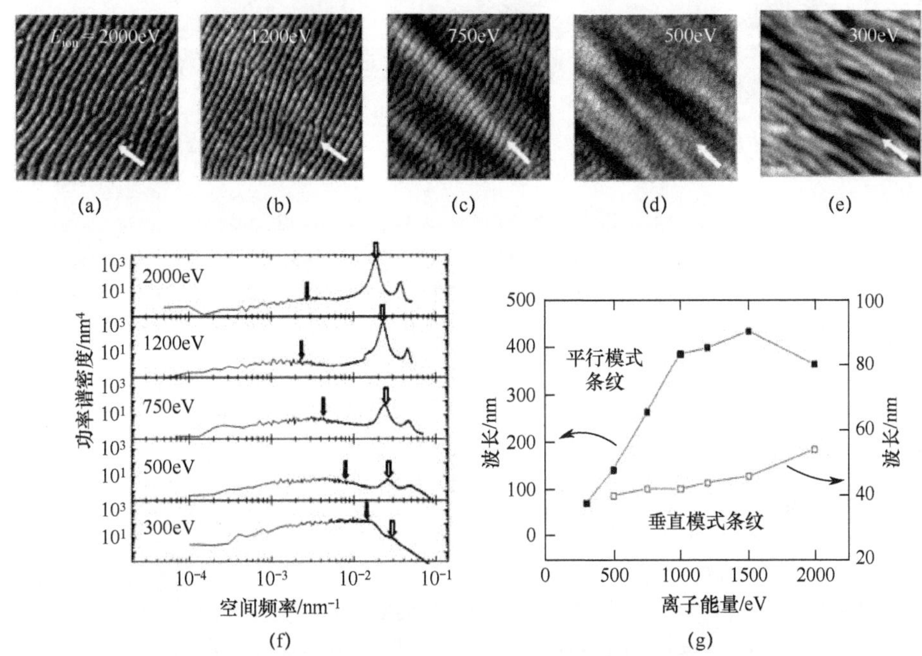

图 4-10　用 Kr^+照射后的 Si（001）表面的 AFM 图像

（a～e）（$\Phi = 6.7\times10^{18}cm^{-2}$，$U_{acc} = -1kV$，$\alpha = 20°$，$E_{ion}$ 为 0.3～2keV。所有图像面积均为 2μm×2μm）

（a）、（b）、（c）垂直比例尺为 3nm；（d）垂直比例尺为 5nm；（e）垂直比例尺为 12nm；

（f）从 AFM 图像 a～e 获得的功率谱密度图，闭合和空心箭头分别表示平行和垂直模式波纹的峰值位置；（g）脉冲波长的离子能量依赖性。

4.3.5　同时掺入金属

几十年前，人们首次观察到在杂质存在下通过离子束溅射进行的结构化[57]。微米尺寸的锥体或金字塔可以通过离子轰击形成，同时供应晶种材料[57-61]。即使本研究中提出的结构小得多，也有人认为无意中掺入杂质可能在所研究结构的形成中也发挥着重要作用。Ozaydin 等人研究了在垂直入射的 Si 表面的离子溅射期间掺入 Mo[46,62,63]的相关性。他们发现，通过同时掺入 Mo，可以形成纳米点而不是平滑表面。Sánchez-García 等人也研究了同时掺入金属的作用[64,65]。他们表明，同时掺入金属（Fe 和 Mo）的垂直入射溅射导致在 Si 表面上形成纳米孔或纳米点。他们观察到，通过增加离子电流密度或增加低离子电流密度下的注入量，可以将形貌从纳米孔改变为纳米点。他们将这种从孔到点的变化与基板表面上金属含量的减少相关联。

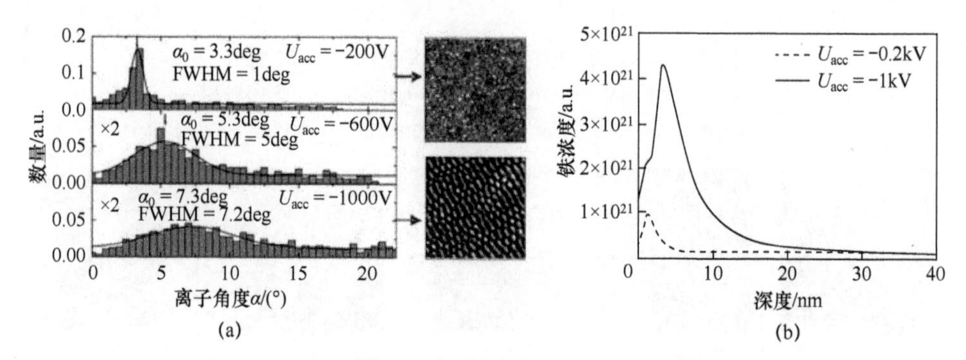

图 4-11　小射束[21]内离子角分布的模拟与铁浓度深度剖面

（a）小射束[21]内离子角分布的模拟，其中$-U_{acc}$为 0.2kV、0.6kV 和 1kV，等离子体密度为 $n_p = 2\times10^{10}cm^{-3}$，实曲线表示直方图的高斯拟合。右侧的 AFM 图像显示在用 Kr^+照射后的 Si（001）形貌，E_{ion} = 2keV，α = 15°，$\Phi = 3.4\times10^{18}cm^{-2}$，$U_{acc}$为−0.2kV（顶部）和−1kV（底部），AFM 图像为 1μm×1μm，垂直比例尺为 2 nm（顶部）和 6 nm（底部）；（b）相应的铁浓度深度剖面（SIMS 测量）。

除了垂直入射的形貌演变，Fe 的掺入似乎也在近垂直入射的 Si 上的波纹图案形成中发挥了作用（图 4-2（I））。通过我们的实验装置，不能完全避免来自腔室部件溅射的外来原子的掺入。特别是，距离提取系统（下游）几厘米处的不锈钢板衬里的溅射是金属（主要是 Fe）掺入的原因。使用高 U_{acc} 会导致更高的光束发散。因此，预计还会导致钢衬里产生更多的溅射量，并且反过来更多的 Fe 到达基板。在图 4-11（a）中，示出了 U_{acc} 对离开网格系统的孔径的离子角度分布的影响（模拟结果），模拟是使用 IGUN 代码完成的[66]，并观察到$|U_{acc}|$从 0.2kV 增加到 1kV，这增加了离子束的发散（甚至影响整个离子束），并且导致 Si 上的纳米图案形成（图 4-11 右侧的 AFM 图像）。正如预期的那样，根据卢瑟福背散射光谱（RBS）测量，$U_{acc} = -1$ kV 时，Fe 的浓度比 $U_{acc} = -0.2$ kV（1.92×10^{15} at · cm^{-2} 和 0.55×10^{15} at · cm^{-2}）分别高出三倍以上。图 4-11（b）中的二次离子质谱（SIMS）深度剖面图还显示，对于 $U_{acc} = -1$kV，Fe 的浓度显著高于 $U_{acc} = -0.2$kV，并且 Fe 主要在最初的 3nm 或 4nm 中，然后浓度降低。根据这些结果，Fe 的掺入似乎在这些实验条件下增强了纳米结构的形成。

Macko 等人的结果[67]与这些观察结果一致。他们发现，由于用 Kr^+照射，E_{ion} = 2keV，在 $\alpha\leqslant45°$时，在纯 Si 表面上没有形成图案，而在不锈钢靶的共溅射下，形成波纹和点。

通过其同时溅射抵消了 Fe 向基板的连续到达。在照射开始后不久，达到这两个过程之间的稳定状态，并且 Fe 浓度保持恒定。还必须考虑 Fe 的溅射。众所周知，溅射产率受入射角的影响很大。在图 4-12（a）中，用 1keV 的 Kr^+，U_{acc} 为 −1kV 和−0.2kV，$\Phi = 7.8\times10^{17}cm^{-2}$，$\alpha = 0$～75°轰击后 Si（001）上的 Fe 浓度。对于用于该研究的实验装置，U_{acc} 代表一种控制到达基质的 Fe 量的方法。在图 4-12（a）的曲线图中观察到这一事实；当 U_{acc} 从−0.2kV 变化到−1kV 时，Fe 浓度显著增高。此外，观察到 Fe 浓度随光束入射角的减小，在掠射角下 U_{acc} = −1kV 略微增加。为了理解这种趋势，应考虑溅射产率（Y）的入射角依赖性。在图 4-12（b）中，使用利用 TRIM.SP 代码[68]计算的溅射屈服值显示了这种依赖性。当入射角增加时，Y_{Fe} 和 Y_{Si} 都增加，达到最大值，然后在掠射角处再次减小。Y_{Fe} 在 α =65°附近达到最大值，Y_{Si} 在 α = 70°附近达到最大值。图 4-12（b）所示的曲线中的虚线表示 Y_{Fe} 与 Y_{Si} 的比率。该图显示 Y_{Fe} 在 0°～70°之间高于 Y_{Si}，并且在该入射角范围内 Y_{Fe} / Y_{Si} 的比率连续降低。在 α＞70°时，Y_{Fe} 低于 Y_{Si}。这些观察结果将解释图 4-12（a）中的曲线所示的趋势。稳态下 Fe 浓度的变化也与 H.Hofsäss 和 K.Zhang [69]的表面活性剂溅射模型一致。Hofsäss 和 Zhang 研究了同时共溅射的离子溅射，他们称为表面活性剂溅射。他们将不同的底物和表面活性剂结合起来，并提出了一个简单的模型来解释，具有表面活性剂原子实验观察和模型可以在文献[69,70]中找到。

Fe 增强图案形成的方式仍不清楚。共沉积的金属原子可能局部影响离子碰撞的能量分布和溅射产率。有人提出，溅射会在表面产生应力，其缓解会导致图案形成[71]。然而，我们发现溅射没有引入表面应变[72]。

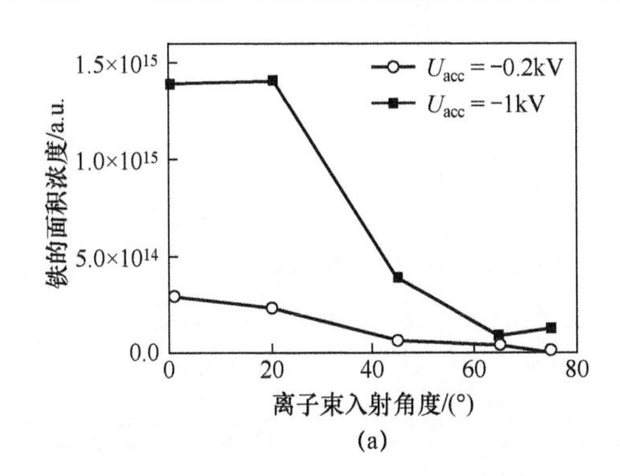

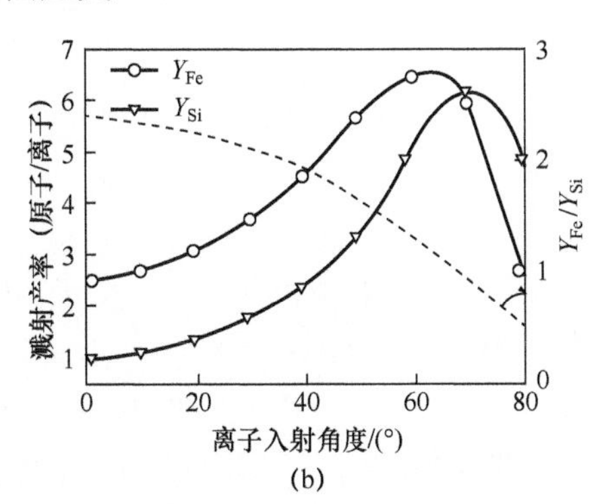

图 4-12　溅射得到的铁面积浓度和溅射产率与离子入射角度的关系

（a）用 1 keV Kr^+，U_{acc}= −1kV 和−0.2kV，$\Phi = 7.8\times10^{17}cm^{-2}$，$\alpha = 0$～75°轰击后的离子束入射角与 Fe 面积浓度（由 RBS 测定）对 Si（001）的影响；（b）用 TRIM.SP 代码[68]计算的 Fe 和 Si 溅射产率的入射角依赖性，不连续线表示 Y_{Fe} / Y_{Si} 随离子入射角的变化。

图 4-13 显示了在 α 为 20°和 65°的 Kr^+照射后表面的 HRTEM 横截面图以及 Si（001）的 AFM 图像。在这两种情况下，垂直于离子束投影的波纹进化，在 α = 20°处形成的规律性较高（图 4-13（c）和图 4-13（d））。α =65°处的波纹的波长和

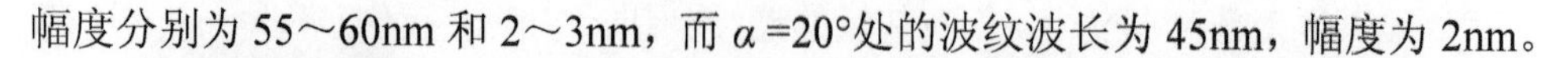

幅度分别为 55～60nm 和 2～3nm，而 α =20°处的波纹波长为 45nm，幅度为 2nm。

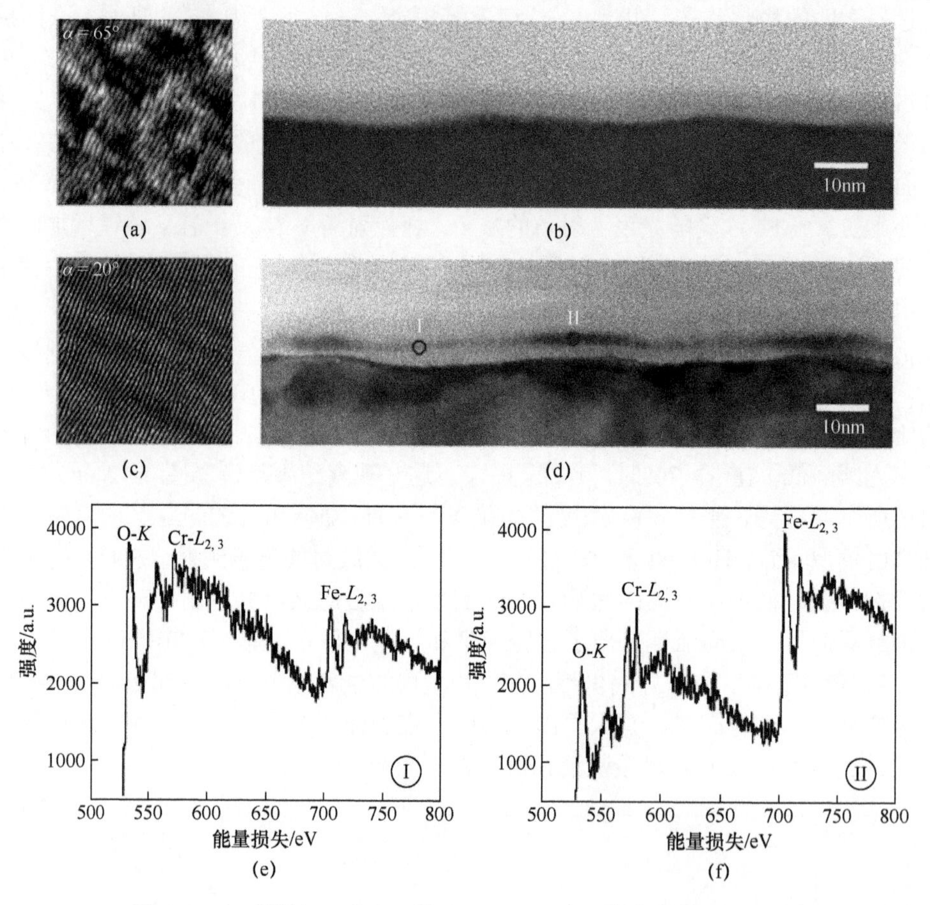

图 4-13 Kr$^+$溅射 Si（001）的 AFM、HRTEM 图像和 EELS 光谱

（a）～（d）Kr$^+$溅射 Si（001）的 AFM 和 HRTEM 图像

（Φ = 8.7×10^{17}cm^{-2}，U_{acc} = −1kV，AFM 图像面积为 2×2μm^2）

（a）（b）E_{ion} =2 keV，α=65°；（c）（d）E_{ion} =1.5 keV，α=20°；（a）Z 方向的比例尺为 6nm；

（c）Z 方向的比例尺为 3nm；(e)（f）EELS 光谱对应于图（d）中所示的位置 I 和 II。

如图 4-13 所示，稳态下的 Fe 浓度受离子束入射角的影响很大。根据以前的结果，α = 20°时，Fe 浓度约高 7 倍。在 HRTEM 微图中，对于两个样品都观察到结晶 Si 衬底，并且在其上面区分了一层。该层对应于由于离子溅射而形成的非晶 Si，以及在暴露于空气之后形成的 SiO_2。此层中也发现了大多数污染物。清楚地观察到两个样品的该层看起来不相同，对于在 α =65°处溅射的样品（图 4-13（b）），该层看起来是均匀的；而对应于 α = 20°的样品层（图 4-13（d））在裂缝的顶部具有一些暗区。使用电子能量损失光谱（EELS）分析波纹波峰处的暗区的组成，并与谷的组成进行比较。在图 4-13（e）和图 4-13（f）中，示出了图 4-13（d）中所示的位置 I 和 II 的 EELS 光谱。可以清楚地看到，Fe 和 Cr 的浓度在波纹（暗区）的波峰处比在波谷处更高。

根据本节中提供的实验观察结果，在接近正常离子束入射的 Si 上形成图案可能与 Fe 掺入在本质上相关。

4.3.6　其他实验参数

我们还研究了衬底温度对图案形成的影响。同样，由于涉及许多实验参数，所报告的实验观察结果的比较并不简单。例如，Erlebacher 等人的观察结果[17]提到，与预测波纹波长随温度增加的 BH 模型一致，他们观察到温度从 460℃升高到 600℃，Si（001）上的波纹波长增加，在 $\alpha = 67.5°$时用 0.75keV Ar^+轰击。另外，Gago 等人[51]研究了在正常入射时用 1keV Ar^+溅射对 Si（001）中的点形成温度的影响，发现该图案不受衬底温度高达 425K 的影响；在 425～525K，点高度和波长随温度降低，最后在 550K 以上没有形成图案。

大多数实验所得结果都认为，对于 Si，当衬底温度低时，温度没有显示出影响。在低温下，Si 表面通过离子轰击而非晶化，而在高温下它保持结晶。从一种情况到另一种情况的转变取决于溅射条件。对于用 1keV 的 Ar^+轰击 Si（001），观察到在 400～500℃的转变[50]。

4.4　其他材料

作为图案化技术的离子束溅射可以应用于除 Si 外的各种材料。接下来我们将给出一些例子。

4.4.1　锗

到目前为止，关于通过低能离子束溅射在 Ge 表面上形成图案的报道很少[18,28,53]。在图 4-14 中展示了以 2keV 的 Xe^+照射离子束入射角 α 为 0°、5°和 10°之后的 Ge（001）的形貌。在 $\alpha = 0°$处形成横向排序不良的点（图 14（a）），而在 $\alpha = 5°$处形成垂直模式波纹（图 4-14（b））。增加离子束入射角，观察到从图形到点的过渡，并且在 30°以上的角度没有形成图案演变。在 $\alpha = 10°$处观察到垂直模式波纹和点的混合（图 4-14（c））。Carbone 等人[18]观察到在 $\alpha = 10°$时用 1keV 的 Xe^+照射 Ge（001）后同时存在波纹和点。与其他半导体材料的情况一样，由于室温下的离子溅射，Ge 被非晶化。Chason 等人[28]研究了用 1 keV 的 Xe^+照射 Ge（001），并观察到在 250℃以上表面保持结晶并且形貌发生变化。

由于 Si 和 Ge 的图案形成的相似性，应该研究 Fe 在 Ge 的形貌演变中的潜在作用。

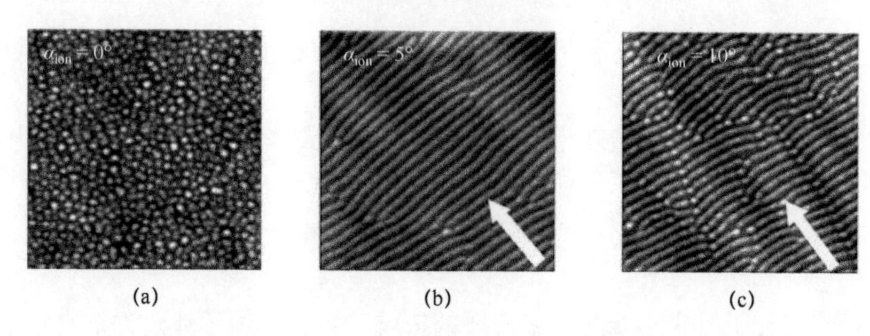

(a) (b) (c)

图 4-14 用 Xe^+照射后的 AFM 图像

（Ge（001），$E_{ion}=2keV$，$\Phi=6.7\times10^{18}cm^{-2}$，$U_{acc}=-1kV$，AFM 图像面积为 1.5μm×1.5μm）

（a）垂直比例尺是 8 nm；（b）垂直比例尺是 12 nm；（c）垂直比例尺是 10 nm。

4.4.2 III–V 族化合物

我们已经研究了在 III-V 族半导体上的离子诱导的自组织。研究表明，在许多情况下，由于组分的溅射产率不同，存在优先溅射，这导致表面富集一种组分。因此，InP 和 GaAs 的离子溅射分别导致 In 和 Ga 元素的富集[73,74]。优先溅射使得对所涉及过程的理解比基本材料更难。

举一个关于通过离子溅射形成的纳米结构的例子，通过低能 Ar^+溅射在垂直入射下形成的 GaSb 上的纳米点。Facsko 等[75]在正常入射时用 0.42 keV Ar^+轰击，在 GaSb 上产生具有六边形排序的纳米点。他们研究了注入量的影响，观察到在 4×10^{17}～4×10^{18} cm^{-2} 的注量范围内，点的周期从 18 nm 增加到 50 nm，呈现有序增加，特征稳定。他们还表明，点（或锥）保持体 GaSb 的晶体结构，并且它们被 2nm 的非晶层覆盖。在一项相关研究中，Facsko 等人[29]发现正常入射时产生的 GaSb 上的纳米点的波长随着 E_{ion}（与离子能量的平方根成比例）在大范围的能量上增加。

Ar^+轰击后，在 InP 上观察到六角形域中有序组织的纳米点，但是在倾斜离子入射下同时旋转样品[30]。在图 4-15 中，示出了溅射的 InP 表面。在室温下用 Ar^+照射，$E_{ion}=0.5keV$，$\alpha=40°$。在这些条件下，点的波长在 λ=85nm 处饱和。Frost 等研究了在这些溅射条件下离子束入射角的影响。六角形排列的点的区域在 $\alpha=50°$处形成；随着离子束入射角的进一步变大，周期性图案消失，并且再次观察到 $\alpha=80°$时点形成但点尺寸小于 $\alpha\leqslant50°$时的尺寸。在 $\alpha=40°$处，点的高度和波长随着 E_{ion} 的增加而增加（能量范围：0.35～1.2keV）。在这些条件下，样品温度似乎对 InP 至关重要。在 $T_s=285$～375K 范围内，波长和粗糙度随温度而增加。这些点具有与 InP 块状材料相同的晶体结构，仅被薄的非晶层覆盖。如上所述，由于优先溅射效应，非晶层显示 In 的富集。关于 InP 上点的形成的更多细节可以在文献[23,30]中找到。通过离子束溅射也可以在 InAs 和 InSb 上产生自组织图案[42]。

图 4-15　Ar^+溅射 InP 的 AFM 图像和放大区域的二维自相关函数

（a）Ar^+溅射的 InP 表面 $\alpha = 40°$的 AFM 图像，$E_{ion} = 0.5keV$，$\Phi = 1.34\times10^{19}cm^{-2}$。图像的横向尺寸为 1.5μm，高度尺度为 70nm；（b）（a）的放大区域的二维自相关函数 C（r，t）（图像大小为 1μm）。

4.4.3　熔融石英

科学工作者研究了 SiO_2 的离子束溅射。在图 4-16 中，示出了当用 Ar^+轰击 SiO_2 时，离子束入射角的影响，$E_{ion} = 1.2keV$，$U_{acc} = -1kV$，$\Phi = 6.7\times10^{18}cm^{-2}$。据观察，在这些条件下，表面在 $\alpha < 40°$（图 4-16（I））处保持平滑，垂直模式波纹

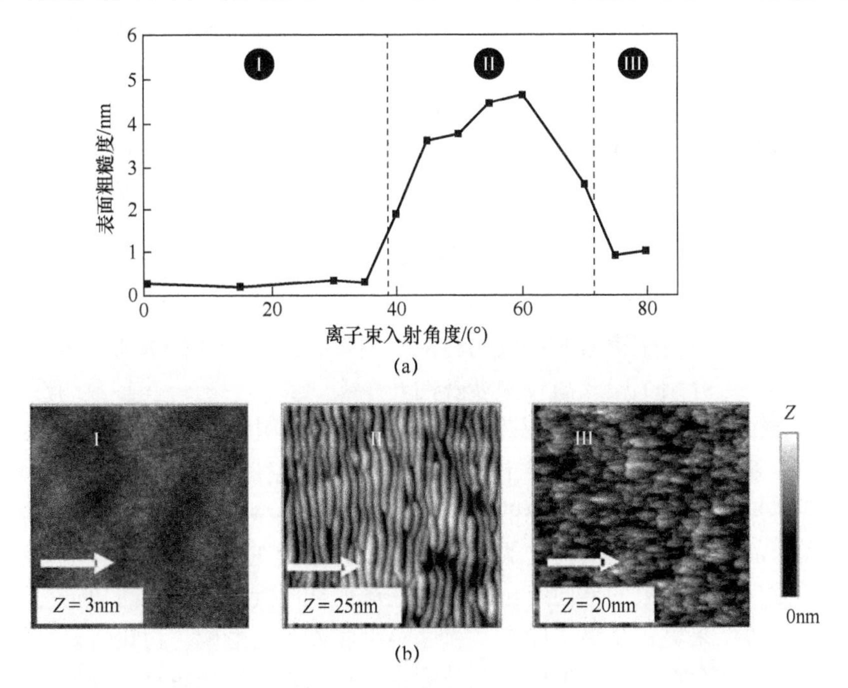

图 4-16　用 Ar^+离子轰击的 SiO_2 的表面粗糙度与离子束入射角的关系

（$E_{ion} = 1.2keV$，$U_{acc} = -1kV$，$\Phi = 6.7\times10^{18}cm^{-2}$，没有样品旋转，2μm×2μm AFM 不同形貌图像）

I：光滑表面；II：垂直模式波纹；III：平行模式波纹，箭头表示离子束在表面上的投影。

在 α=40°～70°的范围内形成（图 4-16（II）），并且在 α=80°处，特征方向旋转 90°（图 4-16（III））。Mayer 等人[40]观察到，在 α = 55°时，用 1keV Xe^+轰击后，每个垂直于离子束方向形成波纹。在用 1 keV Ar^+轰击 α = 45°[39]轰击后，也观察到 SiO_2 上的垂直模式波纹形成。Toma 等人[19]研究了由于用 0.8keV Ar^+轰击而在 SiO_2 上形成的图案，并发现在 α 为 35°和 75°处分别形成垂直和平行模式的波纹。

我们研究了波纹的时间演变，并观察到波纹波长和幅度随着注入量的增加[19,38,40]。波纹尺寸（波长和幅度）也随着 E_{ion}[38]的增加而增加。相反，没有观察到波长和离子通量之间的相关性[38]。发现波纹波长的温度在 T < 200℃时可忽略不计，而在较高的 T 时，观察到波长的阿列纽斯式的增加[39]。

4.4.4 金属

晶体金属对离子轰击的响应不同于半导体和非晶材料。行为的差异主要是由于金属中较高的扩散性和金属键的无方向性。通常，金属的离子轰击并不意味着非晶化。因此，Bradley 和 Harper 模型无法解释这种行为。在晶态金属中，必须考虑另一种可能代表模式驱动力的不稳定机制，即 Ehrlich-Schwoebel（ES）能量势垒的效果。

ES 能量势垒可以阻碍向减小方向的扩散。根据实验条件，单晶金属上的纳米结构取向可以通过结晶取向（当扩散区域占优势时）或离子束的方向（在掠入射角和低衬底温度下以增强侵蚀方案）给出，可以产生隆起、平行和垂直模式的波纹。在多晶金属上，如果侵蚀体系占主导地位，则晶界不会阻碍相干波纹模式的形成。在文献[33,37,76-79]中可以找到许多金属离子束溅射的例子和完整描述。

4.5 本章小结

本章重点介绍离子束溅射形成的自组织图案。给出了该技术的描述和选定的实验观察结果。介绍了模式演化中涉及的几个实验参数中的一些参数的影响，主要关注 Si 表面的图案化。在可以生产的众多纳米结构中，有两个非常令人感兴趣的特征是波纹和点，在某些条件下可能具有高度的规律性。结果表明，离子的入射角在图案形成中起着至关重要的作用，导致不同类型的结构。当表面在溅射开始后变得非晶态时，晶体取向的影响就消失了，至少在低温下是这样的。各向异性结构的方向由离子束的方向给出。通过在溅射期间旋转衬底，可以产生各向同性图案。实验结果显示了离子能量、衬底温度和能量的影响。讨论了金属掺入对溅射的影响。这个涉及图案形成的额外因素长期以来一直被忽视。在这里，提出了 Fe 在 Si 上波纹形成的重要性的证据。最后给出了该技术在半导体化合物、Ze、Si 和晶体金属中的应用实例。

根据本章提供的信息，离子束溅射的自组织图案可以成为生成图案化表面的

“创造性”光刻技术的替代方案。这种“不均匀”的底部方法使得能够在各种材料上只需一步即可生产纳米结构。通过使用宽束离子源，该技术可适用于工业用途。但是，由于对这一现象仍存在许多悬而未决的问题，因此应进一步开展调查，以更好地了解所涉及的过程。这将通过选择适当的实验条件来更好地控制形貌演变。特别是，应进一步研究金属掺入的作用。

参考文献

1. Navez, M., Sella, C., Chaperot, D.: Microscopie electronique-étude de lattaque du verrepar bombardement ionique. CR Acad. Sci. **254**, 240 (1962)
2. Bradley, R.M., Harper, J.M.E.: Theory of ripple topography induced by ion bombardment. J. Vac. Sci. Technol. A **6**(4), 2390–2395 (1988)
3. Castro, M., Cuerno, R., Vázquez, L., Gago, R.: Self-organized ordering of nanostructures produced by ion-beam sputtering. Phys. Rev. Lett. **94**, 016102 (2005)
4. Cuerno, R., Makse, H.A., Tomassone, S., Harrington, S.T., Stanley, H.E.: Stochastic model for surface erosion via ion sputtering: dynamical evolution from ripple morphology to rough morphology. Phys. Rev. Lett. **75**, 4464 (1995)
5. Facsko, S., Bobek, T., Stahl, A., Kurz, H., Dekorsy, T.: Dissipative continuum model for self-organized pattern formation during ion-beam erosion. Phys. Rev. B **69**, 153412 (2004)
6. Makeev, M.A., Cuerno, R., Barabási, A.-L.: Morphology of ion-sputtered surfaces. Nucl. Instrum. Methods Phys. Res. B **197**, 185–227 (2002)
7. Park, S., Kahng, B., Jeong, H., Barabási, A.-L.: Dynamics of ripple formation in sputter erosion: nonlinear phenomena. Phys. Rev. Lett. **83**, 4 (1999)
8. Rost, M., Krug, J.: Anisotropic Kuramoto-Sivashinsky equation for surface growth and erosion. Phys. Rev. Lett. **75**, 3894–3899 (1995)
9. Vogel, S., Linz, S.: Continuum modeling of sputter erosion under normal incidence: Interplay between nonlocality and nonlinearity. Phys. Rev. B **72**, 035416 (2005)
10. Sigmund, P.: A mechanism of surface micro-roughening by ion bombardment. J. Mater. Sci. **8**, 1545–1553 (1973)
11. Ziberi, B.: Ion beam induced pattern formation on Si and Ge surfaces. PhD Thesis, Leipzig (2006)
12. Kaufman, H.R., Cuomo, J.J., Harper, J.M.E.: Technology and applications of broad-beam ion sources used in sputtering. Part I. Ion source technology. J. Vac. Sci. Technol. **21**, 725–736 (1982)
13. Cuomo, J.J., Rossnagel, S.M., Kaufman, H.R.: Handbook of Ion Beam Processing Technology. Noyes Publications, USA (1989)
14. Ludwig, F.J., Eddy, C.R.J., Malis, O., Headrick, R.L.: Si(100) surface morphology evolution during normal-incidence sputtering with 100–500 eV Ar^+ ions. Appl. Phys. Lett. **81**, 2770–2772 (2002)
15. Gago, R., Cuerno, R., Varela, M., Ballesteros, C., Albella, J.M.: Production of ordered silicon nanocrystals by low-energy ion sputtering. Appl. Phys. Lett. **78**, 3316–3318 (2001)
16. Gago, R., Vázquez, L., Cuerno, R., Varela, M., Ballesteros, C., Albella, J.M.: Nanopatterning of silicon surfaces by low-energy ion-beam sputtering: dependence on the angle of ion incidence. Nanotechnology **13**, 304–308 (2002)
17. Erlebacher, J., Aziz, M.J., Chason, E., Sinclair, M.B., Floro, J.A.: Spontaneous pattern formation on ion bombarded Si(001). Phys. Rev. Lett. **82**(11), 2330–2333 (1999)
18. Carbone, D., Alija, A., Plantevin, O., Gago, R., Facsko, S., Metzger, T.H.: Early stage of ripple formation on Ge(001) surfaces under near-normal ion beam sputtering. Nanotechnology **19**, 035304 (2008)
19. Toma, A., Buatier de Mongeot, F., Buzio, R., Firpo, G., Bhattacharyya, S.R., Boragno, C., Valbusa, U.: Ion beam erosion of amorphous materials: evolution of surface morphology.

Nucl. Instrum. Methods Phys. Res. B **230**, 551–554 (2005)

20. Ziberi, B., Frost, F., Höche, T., Rauschenbach, B.: Ripple pattern formation on silicon surfaces by low-energy ion beam erosion: Experiment and theory. Phys. Rev. B **72**, 235310 (2005)
21. Ziberi, B., Frost, F., Neumann, H., Rauschenbach, B.: Ripple rotation, pattern transitions, and long range ordered dots on silicon by ion beam erosion. Appl. Phys. Lett. **92**, 063102 (2008)
22. Ziberi, B., Frost, F., Tartz, M., Neumann, H., Rauschenbach, B.: Importance of ion beam parameters on self-organized pattern formation on semiconductor surfaces by ion beam erosion. Thin Solid Films **459**, 106–110 (2004)
23. Frost, F., Rauschenbach, B.: Nanostructuring of solid surfaces by ion-beam erosion. Appl. Phys. A **77**, 1–9 (2003)
24. Brown, A.D., Erlebacher, J.: Temperature and fluence effects on the evolution of regular surface morphologies on ion-sputtered Si(111). Phys. Rev. B **72**, 075350 (2005)
25. Chini, T.K., Sanyal, M.K., Bhattacharyya, S.R.: Energy-dependent wavelength of the ion-induced nanoscale ripple. Phys. Rev. B **66**, 153404 (2002)
26. Carter, G., Nobes, M.J., Paton, F., Williams, J.S., Whitton, J.L.: Ion bombardment induced ripple topography on amorphous solids. Radiat. Eff. Defects Solids **33**, 65–73 (1977)
27. Zhang, K., Rotter, F., Uhrmacher, M., Ronning, C., Hofsäss, H., Krauser, J.: Pattern formation of Si surfaces by low-energy sputter erosion. Surf. Coat Technol. **201**, 8299–8302 (2007)
28. Chason, E., Mayer, T.M., Kellermann, B.K., McIlroy DN, J.H.A.: Roughening instability and evolution of the Ge(001) surface during ion sputtering. Phys. Rev. Lett. **72**(19), 3040–3043 (1994)
29. Facsko, S., Kurz, H., Dekorsy, T.: Energy dependence of quantum dot formation by ion sputtering. Phys. Rev. B **63**, 165329 (2001)
30. Frost, F., Schindler, A., Bigl, F.: Roughness evolution of ion sputtered rotating InP surfaces: pattern formation and scaling laws. Phys. Rev. Lett. **85**(19), 4116–4119 (2000)
31. Boragno, C., Buatier de Mongeot, F., Constantini, G., Molle, A., de Sanctis, D., Valbusa, U.: Time evolution of the local slope during Cu(110) ion sputtering. Phys. Rev. B **68**, 094102 (2003)
32. Valbusa, U., Boragno, C., Buatier de Mongeot, F.: Nanostructuring by ion beam. Mater. Sci. Eng. C **23**, 201–209 (2003)
33. Rusponi, S., Constantini, G., Boragno, C., Valbusa, U.: Ripple wave vector rotation in anisotropic crystal sputtering. Phys. Rev. Lett. **81**, 2735–2738 (1998)
34. van Dijken, S., De Bruin, D., Poelsema, B.: Kinetic physical etching for versatile novel design of well ordered self-affine nanogrooves. Phys. Rev. Lett. **86**, 4608–4611 (2001)
35. Toma, A., Šetina Batič, B., Chiappe, D., Boragno, C., Valbusa, U., Godec, M., Jenko, M., Buatier de Mongeot, F.: Patterning polycrystalline thin films by defocused ion beam: the influence of initial morphology on the evolution of self-organized nanostructures. J. Appl. Phys. **104**, 104313 (2008)
36. Ghose, D.: Ion beam sputtering induced nanostructuring of polycrystalline metal films. J. Phys: Condens. Matter **21**, 224001 (2009)
37. Karmakar, P., Ghose, D.: Ion beam sputtering induced ripple formation in thin metal films. Surf. Sci. **554**, L101–L106 (2004)
38. Flamm, D., Frost, F., Hirsch, D.: Evolution of surface topography of fused silica by ion beam sputtering. Appl. Surf. Sci. **179**, 96–102 (2001)
39. Umbach, C.C., Headrick, R.L., Chang, K.-C.: Spontaneous nanoscale corrugation of ion-eroded SiO_2: the role of ion-irradiation-enhanced viscous flow. Phys. Rev. Lett. **87**, 246104 (2001)
40. Mayer, T.M., Chason, E., Howard, A.J.: Roughening instability and ion-induced viscous relaxation of SiO_2 surfaces. J. Appl. Phys. **76**, 1633–1643 (1994)
41. Frost, F., Ziberi, B., Schindler, A., Rauschenbach, B.: Surface engineering with ion beams: from self-organized nanostructures to ultra-smooth surfaces. Appl. Phys. A **91**, 9 (2008)
42. Frost, F., Fechner, R., Flamm, D., Ziberi, B., Frank, W., Schindler, A.: Ion beam assisted smoothing of optical surfaces. Appl. Phys. A **78**, 651–654 (2004)
43. Frost, F., Fechner, R., Ziberi, B., Völlner, J., Flamm, D., Schindler, A.: Large area smoothing of surfaces by ion bombardment: fundamentals and applications. J. Phys.: Condens. Matter

21, 224026 (2009)
44. Keller, A., Roßbach, S., Facsko, S., Möller, W.: Simultaneous formation of two ripple modes on ion sputtered silicon. Nanotechnology **19**, 135303 (2008)
45. Chini, T.K., Datta, D.P., Bhattacharyya, S.R.: Ripple formation on silicon by medium energy ion bombardment. J. Phys.: Condens. Matter **21**, 224004 (2009)
46. Ozaydin-Ince, G., Ludwig, K.F.J.: In situ X-ray studies of native and Mo-seeded surface nanostructuring during ion bombardment of Si(100). J. Phys.: Condens. Matter **21**, 224008 (2009)
47. Madi, C.S., Bola George, H., Aziz, M.J.: Linear stability and instability pattern in ion-sputtered silicon. J. Phys.: Condens. Matter **21**, 224010 (2009)
48. Ziberi, B., Frost, F., Höche, T., Rauschenbach, B.: Ion-induced self-organized dot and ripple patterns on Si surfaces. Vacuum **81**, 155–159 (2006)
49. Madi, C.S., Davidovitch, B., Bola George, H., Norris, S.A., Brenner, M.P., Aziz, M.J.: Multiple bifurcation types and the linear dynamics of ion sputtered surfaces. Phys. Rev. Lett. **101**, 246102 (2008)
50. Ozaydin, G., Ludwig, F.J., Zhou, H., Zhou, L., Headrick, R.L.: Transition behavior of surface morphology evolution of Si(100) during low-energy normal-incidence Ar^+ ion bombardment. J. Appl. Phys. **103**, 033512 (2008)
51. Gago, R., Vázquez, L., Plantevin, O., Sánchez-García, J.A., Varela, M., Ballesteros, C., Albella, J.M., Metzger, T.H.: Temperature influence on the production of nanodot patterns by ion beam sputtering of Si(001). Phys. Rev. B **73**, 145414 (2006)
52. Habenicht, S., Lieb, K.P., Koch, J., Wieck, A.D.: Ripple propagation and velocity dispersion on ion-beam eroded silicon surfaces. Phys. Rev. B **65**, 115327 (2002)
53. Ziberi, B., Frost, F., Rauschenbach, B.: Pattern transition on Ge surfaces during low-energy ion beam erosion. Appl. Phys. Lett. **88**, 173115 (2006)
54. Erlebacher, J., Aziz, M.J., Chason, E., Sinclair, M.B., Floro, J.A.: Nonlinear amplitude evolution during spontaneous patterning of ion-bombarded Si(001). J. Vac. Sci. Technol. A **18**, 115–120 (2000)
55. Pelliccione, M., Lu, T.-M.: Evolution of thin-film morphology: modeling and simulations. Springer, Berlin-Heidelberg (2008)
56. Hazra, S., Chini, T.K., Sanyal, M.K., Grenzer, J., Pietsch, U.: Ripple structure of crystalline layers in ion-beam-induced Si wafers. Phys. Rev. B **70**, 121307 (2004)
57. Güntherschulze, A., Tollmien, W.: Neue Untersuchungen über die Kathodenzerstäubung der Glimmentladung. Z Phys. **119**, 685–695 (1942)
58. Ma, X.L., Shang, N.G., Li, Q., Lee, I., Bello, I., Lee, S.T.: Microstructural characterization of Si cones fabricated by Ar^+- sputtering Si/Mo targets. J. Cryst. Growth **234**, 654–659 (2002)
59. Wehner, G.K.: Cone formation as a result of whisker growth on ion bombardment metal surfaces. J. Vac. Sci. Technol. A **3**, 1821–1835 (1985)
60. Wehner, G.K., Hajicek, D.J.: Cone formation on metal targets during sputtering. J. Appl. Phys. **42**(3), 1145–1149 (1971)
61. Morishita, S., Fujimoto, Y., Okuyama, F.: Morphological and structural features of copper seed cones. J. Vac. Sci. Technol. A **6**, 217–222 (1988)
62. Ozaydin, G., Özcan, A.S., Wang, Y., Ludwig, F.J., Zhou, H., Headrick, R.L.: Real-time X-ray of the growth of Mo-seeded Si nanodots by low-energy ion bombardment. Nucl. Instrum. Methods Phys. Res. B **264**, 47–54 (2007)
63. Ozaydin, G., Özcan, A.S., Wang, Y., Ludwig, K.F.J., Zhou, H., Headrick, R.L., Siddons, D.P.: Real-time x-ray studies of Mo-seeded Si nanodot formation during ion bombardment. Appl. Phys. Lett. **87**, 163104 (2005)
64. Sánchez-García, J.A., Gago, R., Caillard, R., Redondo-Cubero, A., Martin-Gago, J.A., Palomares, F.J., Fernández, M., Vázquez, L.: Production of nanohole/nanodot patterns on Si(001) by ion beam sputtering with simultaneous metal incorporation. J. Phys.: Condens. Matter **21**, 224009 (2009)
65. Sánchez-García, J.A., Vázquez, L., Gago, R., Redondo-Cubero, A., Albella, J.M., Czigány, Z.: Tuning the surface morphology in self-organized ion beam nanopatterning of Si(001) via metal incorporation: from holes to dots. Nanotechnology **19**, 355306 (2008)

66. Becker, R., Herrmannsfeldt, W.B.: IGUN: a program for the simulation of positive ion extraction including magnetic fields. Rev. Sci. Instrum. **63**, 3 (1992)
67. Macko, S., Frost, F., Ziberi, B., Förster, D., Michely, T.: Is keV ion-induced pattern formation on Si(001) caused by metal impurities? Nanotechnology **21**, 085301 (2010)
68. Eckstein, W.: Backscattering and sputtering with the Monte-Carlo program TRIM.SP. Radiat. Eff. Defects Solids **130**, 239–250 (1994)
69. Hofsäss, H., Zhang, K.: Surfactant sputtering. Appl. Phys. A **92**, 517–524 (2008)
70. Hofsäss, H., Zhang, K.: Fundamentals of surfactant sputtering. Nucl. Instrum. Methods Phys. Res. B **267**, 2731–2734 (2009)
71. Ozaydin, G., Ludwig, F.J., Zhou, W., Headrick, R.L.: Effects of Mo seeding on the formation of Si nanodots during low-energy ion bombardment. J. Vac. Sci. Technol. B **26**, 551 (2008)
72. Carbone, D., Biermanns, A., Ziberi, B., Frost, F., Plantevin, O., Pietsch, U., Metzger, T.H.: Ion-induced nanopatterns on semiconductor surfaces investigated by grazing incidence x-ray scattering techniques. J. Phys.: Condens. Matter **21**, 224007 (2009)
73. Nozu, M., Tanemura, M., Okuyama, F.: Direct evidence for In-crystallite growth on sputter-induced InP cones. Surf. Sci. Lett. **304**, L468–L474 (1994)
74. Tanemura, M., Aoyama, S., Fujimoto, Y., Okuyama, F.: Structural and compositional analyses of coned formed on ion-sputtered GaAs surfaces. Nucl. Instrum. Methods Phys. Res. B **61**, 451–456 (1991)
75. Facsko, S., Dekorsy, T., Koerdt, C., Trappe, C., Kurz, H., Vogt, A., Hartnagel, H.L.: Formation of ordered nanoscale semiconductor dots by ion sputtering. Science **285**, 1551–1553 (1999)
76. Buatier de Mongeot, F., Valbusa, U.: Applications of metal surfaces nanostructured by ion beam sputtering. J. Phys.: Condens. Matter **21**, 224022 (2009)
77. Toma, A., Chiappe, D., Šetina Batič, B., Godec, M., Jenko, M., Buatier de Mongeot, F.: Erosive versus shadowing instabilities in the self-organized ion patterning of polycrystalline-metal films. Phys. Rev. B **78**, 4 (2008)
78. Stepanova, M., Dew, S.K.: Ion beam sputtering nanopatterning of thin metal films: the synergism of kinetic self-organization and coarsening. J. Phys.: Condens. Matter **21**, 224014 (2009)
79. Zhang, K., Uhrmacher, M., Hofsäss, H., Krauser, J.: Magnetic texturing of ferromagnetic thin films by sputtering induced ripple formation. J. Appl. Phys. **103**, 083507 (2008)

第 5 章　三维开放单元结构

5.1　概述

蜂窝结构是许多生物材料（如木材、小梁骨、海洋骨骼[1-4]）的基本设计要素之一。蜂窝结构设计有几个优点：所产生的结构可以使用最小体积的材料来承受机械载荷，从而能够使用轻量级的设计原则。这些结构的内部可以让液体进入，从而提供所需的营养。此外，蜂窝结构可以通过添加、去除单个支柱，或改变组成元素的形状来有机地生长。所有这些事实使蜂窝结构的使用成为自然的合理选择。利用添加剂制造技术（AMT）可以制造几乎任意复杂的蜂窝结构，AMT 被直接[5-9]和间接[10,11]用来制造蜂窝结构，其最有吸引力的应用是作为生物医学工程的支架材料。由 AMT 制成的蜂窝结构如图 5-1 所示。

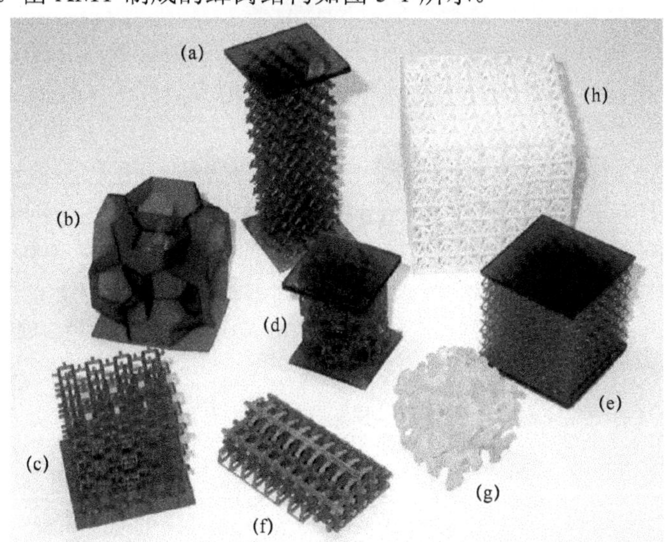

图 5-1　用各种快速成型工艺制作的样品结构

（a）～（e）采用数字光处理制造；（f）用蜡印刷制造；（g）用选择性激光烧结制造。

生物医学应用的最终目标是制造具有特定结构和功能特性的结构。以生物为灵感的材料为开发这些特性提供了很大的潜力。与蜂窝结构（如桁架结构）相比，生物细胞结构表现出明显的不规则结构。由于许多生物材料（例如放射虫的骨架，图 5-2（b），或深海海绵的骨架[1]）表现出非常规则且定义明确的微观结构，因此，缺乏制造技能无法证明天然生物材料的不规则性。然而，大多数细胞生物材料的微观结构（例如松质骨，图 5-2（a）显示了人类股骨的横截面）不是完全规则的。

在显微结构层面上，小梁骨由杆或板（小梁）组成，小梁主要沿施加机械应力的轨迹定向，沿应力方向的小梁与垂直于应力方向的另一类小梁相连，以机械地稳定细胞网络，如图所示 5-2（a）。在微观结构层面上，存在着严重的不规则性。

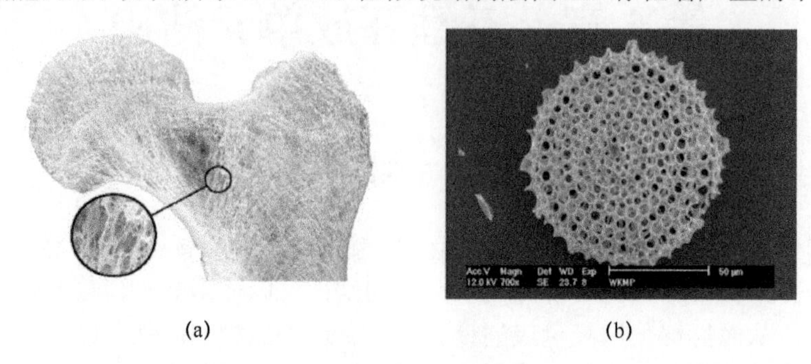

(a) (b)

图 5-2 小梁骨或硅藻生物材料是以细胞结构为基础的显微图像

（a）小梁骨；（b）硅藻。

在关于整体非线性响应的研究[12,13]中，对规则和无序的简单立方结构 Kelvin（KV）结构进行了研究。

不同结构的缺陷对二维和三维多孔固体有效力学性能的影响已经得到了广泛的研究。利用有限元模型研究了非周期微结构和缺失细胞壁对二维多孔固体弹性模量、塑性塌陷强度和变形局部化的影响[14]。利用有限元方法研究了有缺陷和无缺陷的二维蜂窝的局部化行为[15]。

对规则的、无序的、低密度的、大变形的二维开放孔泡沫模型进行了数值研究[16]。在文献[17]中，作者利用 Voronoi 镶嵌技术和有限元方法分析了细胞型无序和细胞壁厚度不均匀对二维蜂窝弹性性能的影响。

对于三维结构，主要采用 Voronoi 泡沫利用有限元法研究了三维随机泡沫的弹性行为[18]。分析了细胞无序对三维、低密度、开孔 Voronoi 泡沫模型弹性性能的影响[19]，研究了低密度三维开孔聚合物泡沫模型的高应变压缩，并用三维有限元 Voronoi 模型研究了线性弹性开孔泡沫的力学行为[20]。

5.2 有限元建模

5.2.1 方法

所有的数值研究都是用 ABAQUS/Standard 有限元软件包（Version6.5.3，Abaqus，Inc.，Providers，ri）进行的，本节采用了基于梁单元的模型，其相对密度为 12.5%。

5.2.1.1 基础单元

在此工作中，我们选取了六种通用的三维结构，试图选择各种拓扑结构，并对它们的行为进行各种机制的控制。首先，它们都表现出规则的几何图形，在各个主要方向上周期性地重复。在本工作中，结构的最小周期单元被称为“基单元”。

图 5-3 显示了要研究的六个不同的基单元。它们包括文献[21]介绍的简单立方（SC）、吉布森阿什比（GA）、增强体中心立方（RBCC）、体心立方（BCC）、开尔文（KV）和韦伊尔·费兰（WP）结构。每个结构的相对密度都为 12.5%，由直径恒定的圆形截面柱组成，各基单元的尺寸为 4 mm×4 mm×4mm，各基单元均具有立方材料对称性。

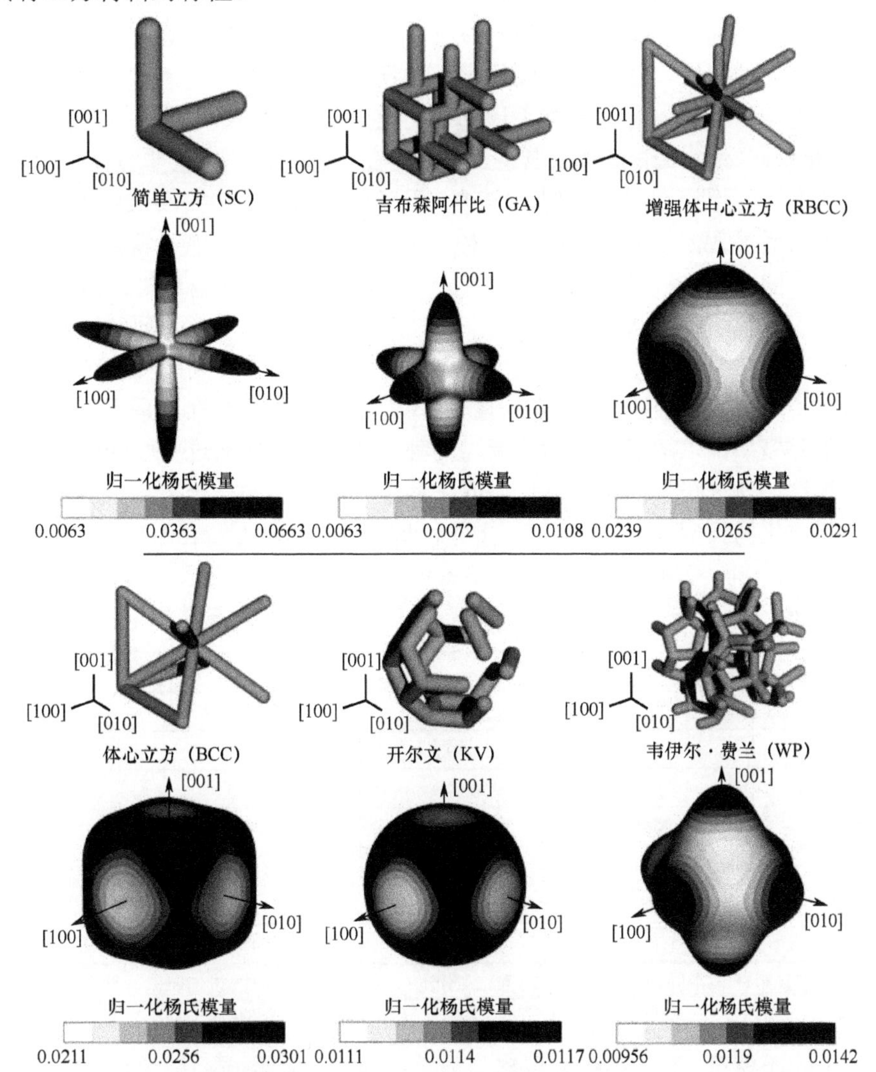

图 5-3　被调查结构的基单元，其相对密度为 12.5%（在每一行上）和它们在所有空间方向上的个别标准化杨氏模量（见下文），归一化杨氏模表示的不同比例。

5.2.1.2　有限样本模型

在六种结构中，选择简单立方结构是因为它具有明显的各向异性和不同方向上的各种变形模式。因为变形的局部化不能排除为变形模式，为了克服基单元模型[12]的局限性，允许任意定位模式，对有限结构进行了建模。

具有晶格取向的立方体样品[001]、[021]、[011]和[111]是通过排列相应的旋转基底单元产生的。立方体样品的尺寸约为 32 mm×32 mm×32 mm。

5.2.2 线性弹性行为

采用周期微场方法研究了上述结构的线性弹性特性，基于三维周期单元模型，对六种具有规则几何形状的通用结构进行了整体弹性张量的预测，给出了各向异性刚度和方向敏感性。在这六种结构中，选择了各向异性程度最高和最低的两种结构作为进一步研究的对象，在大周期单元上引入了不同水平的几何无序，研究了它们对线性弹性行为的影响。其次，详细研究了这两种结构的非线性力学行为。由于这通常不能用周期单元模型来实现，所以采用单轴压缩加载的大样本，实现了结构格点对加载方向的不同取向，对于线性情况，首先考虑了规则结构，然后对结构无序的影响进行了系统的研究。一方面，重点研究了总体非线性响应，特别是峰值荷载和超负荷状态下的整体应力-应变行为；另一方面，研究了结构紊乱对空间变形分布的影响，即是否发生变形局部化及变形发生到何种程度。

研究了所有六种情况下规则结构线性弹性刚度的各向异性，采用了单基单元的周期单元模型，求解了每个结构所需的独立载荷情况，从这些响应中组装了整个弹性张量，通过张量的旋转变换提取了各个空间方向的杨氏模量。图中给出了结构的归一化杨氏模 $E^{※}/E_s$ 量。E_s 指体积材料的杨氏模量。[001]、[021]、[011]和[111]方向的归一化杨氏模量列于表 5-1 中。

表 5-1　多种结构的归一化杨氏模量（$E^{※}/E_s$）

	$E^{※}/E_s$			
	[001]	[021]	[011]	[111]
SC	6.630	1.193	0.816	0.631
GA	1.080	0.551	0.432	0.360
RBCC	2.906	2.632	2.499	2.389
BCC	2.106	2.462	2.716	3.007
KV	1.109	1.140	1.158	1.174
WP	1.421	1.152	1.041	0.956

注：上述杨氏模量计算是简单立方（SC）、吉布森阿什比（GA）、增强体中心立方（RBCC）、体心立方（BCC）、开尔文（KV）和威尔费兰（WP）结构在选定方向、相对密度为 12.5% 时得到的数据。

对于杨氏模量，SC 结构表现出最显著的各向异性和方向敏感性。它在主方向上表现出很强的刚性，除了主方向，刚度也有很大的降低。相反，KV 结构是最各向同性的结构，在所有方向上的归一化杨氏模量几乎都是相等的。[111]方向出现最大值，由于其各向异性存在显著性差异，本章选择了 SC 结构和 KV 结构作为后续的研究对象，由此可以知道，结构对不同方向载荷的弹性响应可以在很大程度上通过选择特定的基底单元设计来进行调整。

5.2.2.1　无序结构

在本工作中，无序一词是用随机移动的顶点位置表示的，而在拓扑方面，结构仍然是有序的。在文献[13]中，我们详细研究了其他形式的不规则性（如缺支柱）的影响。

对于下面的研究，正则几何图形的顶点被移动到一个固定距离的随机位置，δ：对于平移方向，采用空间随机分布。移动距离 δ 表示为规则参考结构的支柱长度 l 的分数。注意，规则 SC 和 KV 结构的所有支柱都具有相同的长度。位移幅度 δ/l=1/16、1/8、1/4 和 3/8，如图 5-4 和图 5-5 的上列。

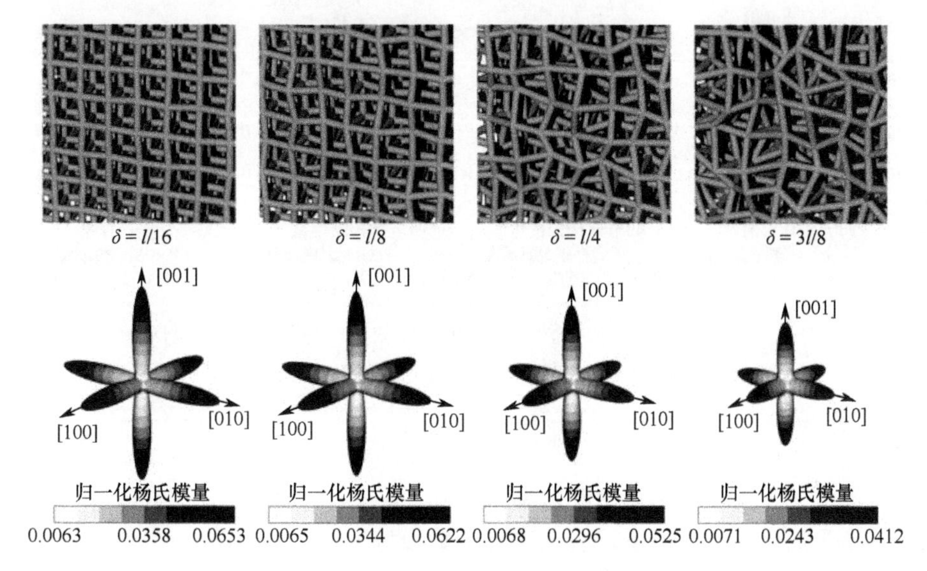

图 5-4　结构无序 δ；相对密度为 12.5%的 SC 结构的弹性行为的影响；无序结构（顶部）和预测的、同样尺度的、各个方向的杨氏模量（底部）

这种在结构中的无序，增加了支撑长度，所以影响密度。因此，为了表征期望的密度，必须相应地调整支柱直径。由于结构紊乱的随机性，单个单元结构已经不够用了。仍然采用单位单元模型，但现在约有 8×8×8 个基单元。为了便于应用周期边界条件，位于单元边界的顶点保持不变。分析了四种不同程度的无序。每种无序程度都有五种不同的模型（具有相同的统计描述符）。但产生了不同的离散实现，并对弹性张量进行了预测。

图 5-4 和图 5-5 显示了无序结构（顶部）和所有方向的归一化杨氏模量（底部）的详细信息。后者显示了每个无序程度对应的五种模型中的一种。每个图的等高线缩放是不同的，但图中所有图的长度缩放是相同的。

可以看出，在简单立方结构中，随着无序程度的增加，归一化杨氏主方向的模量减小，而其他方向的归一化杨氏模量增加，即使在最无序的情况下，各向异性也是明显的，极值方向与规则结构相比没有变化。KV 结构显示出所有方向的归一化杨氏模量的下降。注意，在最无序的情况下，杨氏模量在方向上几乎是均匀的，即接近各向同性，并且极值不再与规则结构的主方向一致。

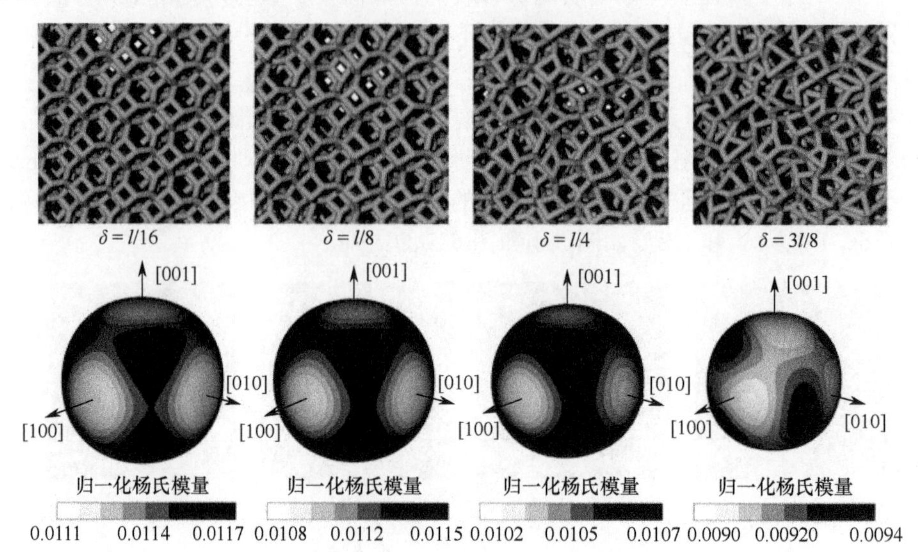

图 5-5　无序程度 δ；相对密度为 12.5%的 Kelvin 结构的弹性行为的影响；无序结构（顶部）和预测的、同样尺度的、所有方向的杨氏模量的细节（底部）

5.2.3　非线性行为：变形局部化

利用上述方法可以估算多孔支架的刚度，在组织工程支架中，可以将支架的刚度调整为周围组织的刚度，有利于人工结构与生物环境的融合。为了确定蜂窝结构所能承受的最大载荷，必须将弹性模型扩展到非线性区域，必须特别注意变形局部化的开始，这往往是结构破坏的起点。

到目前为止，考虑了线性弹性特性，其中周期单元（不同尺寸）是合适的工具，它们也能在一定程度上处理非线性变形，但必须采用其他方法来模拟变形局部化。下面的研究是基于单轴压缩加载的有限样本，给出了关于晶格方向的加载方向，以及关于正则母结构晶格的无序情况。

在图 5-6 中（第一列）不缩放变形的情况下，给出了规则 SC 结构在四种不同晶格取向下的变形模式。对于载荷情况[001]和[021]，局部化分别发生在一层以上和两层以上的主结构平面上。然而，这些变形模式只是局部化的一个特征。充分描述局部化所需的第二个参数场是该平面内位移的分量，即支柱倾斜的方向。这被称为以下的局部化位移。对于荷载情况[001]和[021]，局部化位移是沿着主结构方向发生的。在[011]方向上，局部化是以[011]方向进行的，放置在两个垂直的平面上，形成一个“X”，也显示主方向的局部化位移。注意，在这里，局部化是在自由面和固定面相遇的边缘触发的，这样其他的样本大小可能会产生不同的变形模式。对于常规的[111]情况，没有明显的局部化，变形集中在（011）面，但延伸到整个区域，不受顶部和底部约束（代表刚性板）的影响。

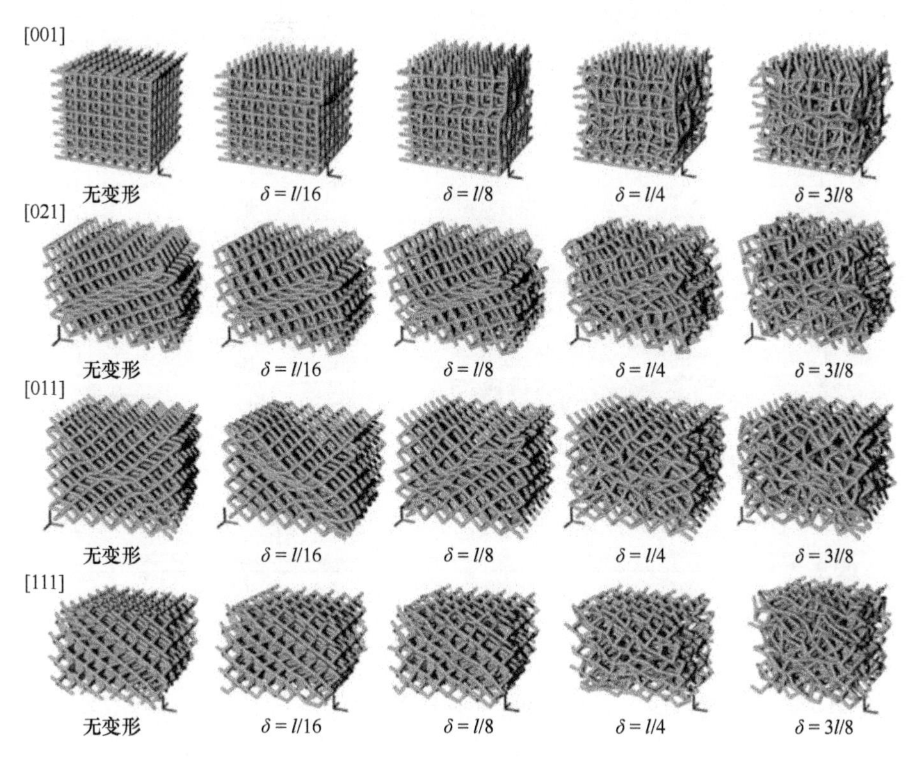

图 5-6　预测的简单立方有限结构在单轴竖向压缩作用下的变形模式（无变形标度）（无序度 δ（从左到右）和晶格取向[001]、[021]、[011]、[111]（自上而下））

图 5-7 中示出了与上述情况相对应的整体应力-应变曲线。在所有情况下，塑性屈服都是在[001]变形局部化开始之前就开始了。[001]压缩在最小的总应变处达到最高峰值，然后在局部化时急剧下降。在[021]和[011]加载时，其行为相似，但总体应变较高时峰值明显降低，局部化后仅略有减少。最后，在[111]加载时，在高总应变的情况下，峰值载荷最低，之后几乎没有下降。

图 5-8 中的实线给出了所选方向常规 KV 结构的性能。对于峰值载荷和相应的整体应变及相对平滑的曲线形状，所有的预测都是非常相似的。类似于弹性行为，KV 结构的强度方向依赖性很小。预测的最小峰值在[111]方向，预测的最大峰值在[011]方向。这与目前的弹性预测相反，在弹性预测中，[111]的杨氏模量最高，[011]方向存在一个中间值。

5.2.3.1　结构紊乱的影响

图 5-6 显示了在选定的晶格取向的单轴压缩作用下，具有不同程度的结构无序（与规则结构）的简单立方模型的预测变形。

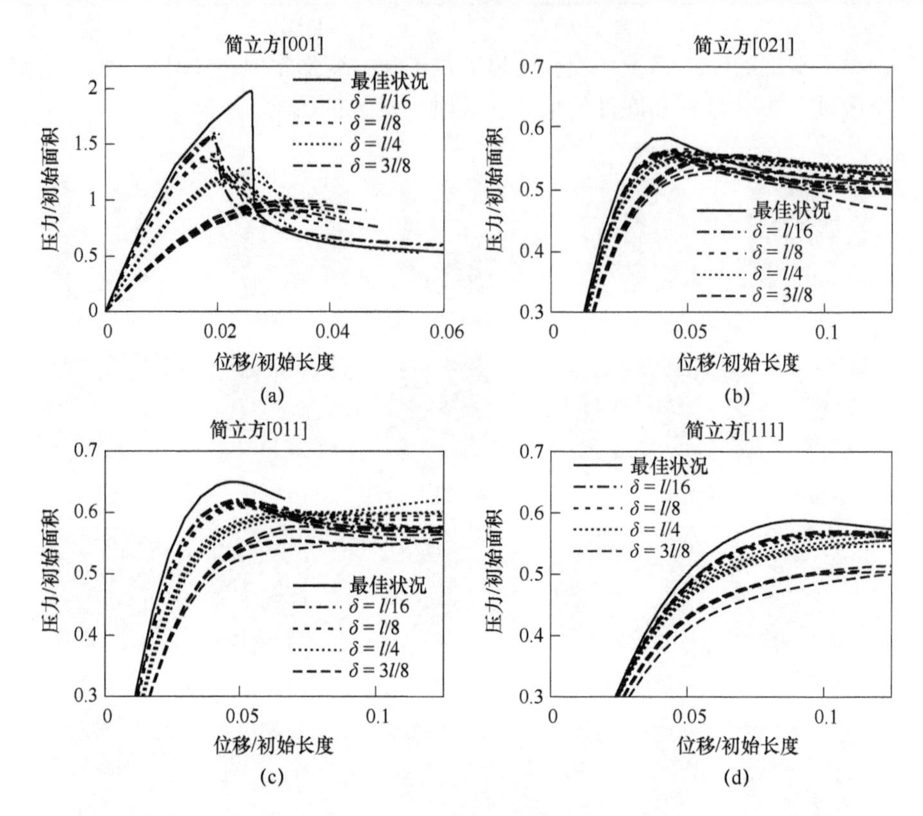

图 5-7　预测的具有不同无序程度 δ 的简单立方有限结构的总应力-应变曲线

（预测条件：晶格取向为[001]、[021]、[011]和[111]，在单轴压缩时[21]）

对于小程度的紊乱行为与规则结构相似，变形局部化以同一方式发生。随着无序程度的增加，局部化不明显，在明显无序时，所有取向的变形结构均未见局部化。

图 5-7 显示了这些情况下相应的应力-应变曲线，并对每一种情况的所有五种实现情况进行了预测。对[001]方向的检验表明，最初，由于无序程度的增加，结构的刚度减小。随着顶点在规则结构中位置的偏差增大，其控制变形机制从压杆中的纯轴向压缩转变为弯曲贡献增加的混合模式。在刚度方面，峰值载荷降低并向高应变方向移动，随着最大载荷的增加，载荷下降不明显，导致在较大位移下的承载能力较高。对于[021]、[011]和[111]方向的变化趋势是相同的，但以一种不太明显的方式。这些结构往往表现出更多的柔顺性和较低的强度。更多的无序，以及峰值后的负荷下降不那么明显。需要注意的是，前面讨论过的线性弹性行为是由非线性效应叠加的。

对于 KV 结构，图中给出了不同无序程度的整体应力应变。图 5-8 在所有方向上，引入的无序都会导致峰值载荷的适度下降，定性行为不受扰动的影响，这些结果支持了先前的发现，即 KV 结构一般不容易发生变形局部化。

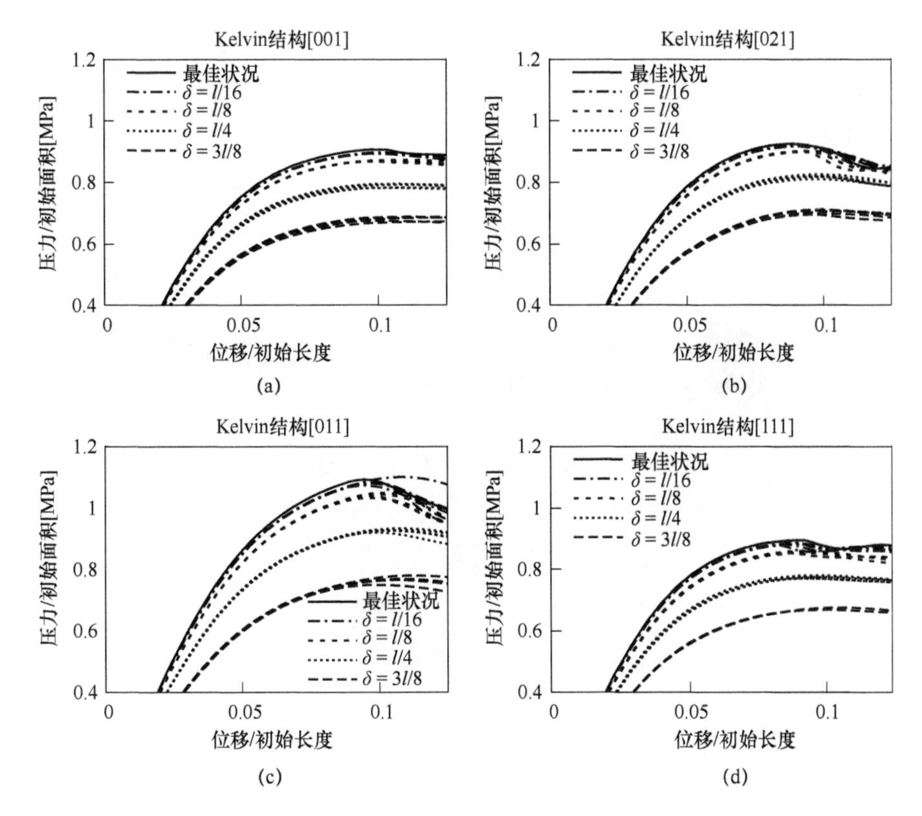

图 5-8　预测的具有不同无序程度 δ 的 Kelvin 有限结构的总应力-应变曲线
（预测条件为晶格取向为[001]、[021]、[011]和[111]在单轴压缩 时[21]）

5.2.3.2　总能量分布

利用能量直方图讨论了规则结构和无序结构中单个有限元单元的空间能量分布，当结构承受超过其弹性极限的载荷时，结构就会发生损伤。生物材料如骨骼能够自我再生，只要组织的损伤足够小，并给出整体结构的完整性。当误差载荷超过弹性极限时，蜂窝状结构将弹性形变能量分布在尽可能多的承载单元上。如果局部化发生，形变能量的很大一部分被几个相邻元素所吸收，形变就会发生局部化，结构很容易失效。

利用上述方法，可以用数值方法测量每个梁单元的总能量相对于外部作用力带入试样的机械能。图 5-9 结构无序 $d=l/16$ 的 SC 结构的梁单元按每个梁单元所含的变形能进行分组，z 轴（p）表示在实验的给定时刻包含一定总能量的元素的分数，x 轴 $U_{\mathrm{elment}}/U_{\mathrm{overall}}$ 指由归一化整体功的总能量。

当结构进一步变形时，某些元素在 $\varDelta\approx0.6$ 时开始占用更多的能量；表明在图的内嵌中开始了变形的局部化。图 5-9 结构中的一层完全坍塌，结构失效，因为大量相邻的支柱承受超过弹性极限的载荷。

当结构进一步变形时，某些元素在 $\Delta \approx 0.6$ 时开始消耗更多的能量，表明变形开始局部化。可以看出，在图 5-9 的内部结构中的一层完全坍塌，结构失效，因为大量相邻的支柱承受超过了弹性极限的载荷。

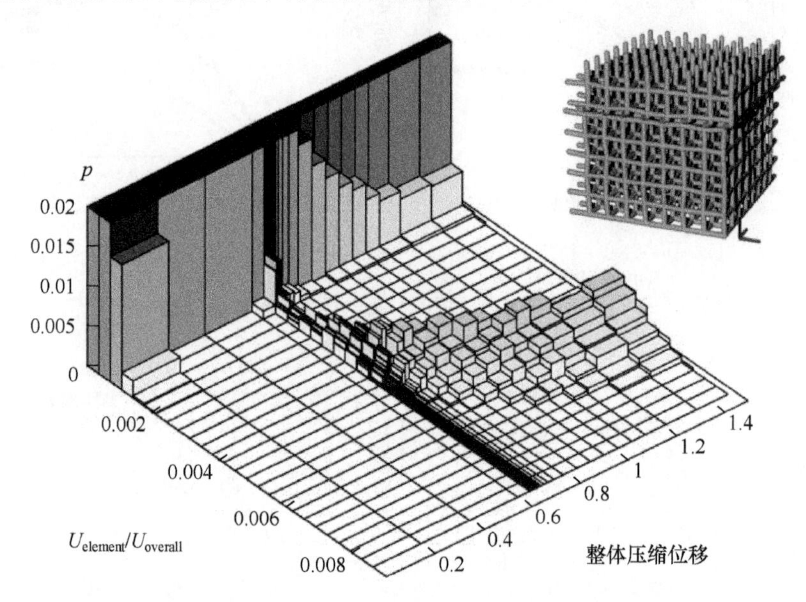

图 5-9 预测的无序 $\delta=l/16$ 具有[001]晶格取向的简单立方有限结构的单轴压缩过程中的能量分布，每个有限元单元内的总能量由归一化整体功，$U_{\text{elment}}/U_{\text{overall}}$ 和单元的百分数 p（在 $p=0.02$ 处截断）

引入较大的结构紊乱 $\delta=3l/8$，会导致一种截然不同的行为（图 5-10）：在 $\Delta \approx 0.6$ 的变形范围内，直方图看起来与上一次相似。但随着变形的进一步增加，柱状图中没有出现明显的次级峰，相反，主峰的肩宽表明几个单元的总能量在增加，由于能量的增加是适度的，没有一个单元的载荷明显超过弹性极限和变形的局部化，虽然上述结果仅适用于简单立方结构。在主方向加载时，在相关情况下可以观察到类似的行为。

这对生物材料的影响是显而易见的：无序结构的峰值性能（最大载荷或刚度）与完全有序结构相比有所降低，但在出现错误载荷的情况下，无序结构只受到轻微的破坏，而有序结构由于变形局部化而灾难性地失效。由于生物材料（如骨骼）具有一定程度的自我再生能力，只要结构的完整性不丧失，由错误载荷引起的局部损伤就可以修复。

这表明，从力学的观点来看，生物组织可以从许多天然材料中观察到的不规则性中获益。

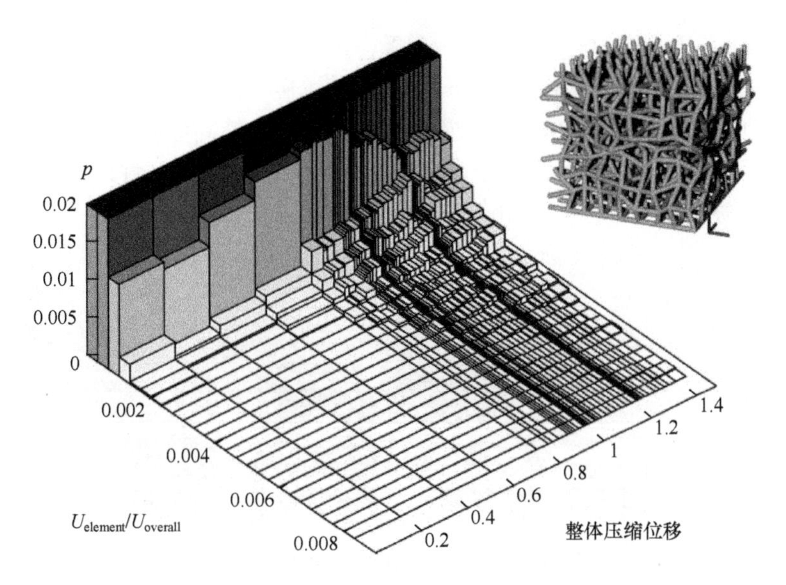

图 5-10 预测具有 δ=3l/8[001]晶格取向的无序简单立方有限结构的单轴压缩过程中的能量分布；每个有限元单元内由归一化整体功的总能量，$U_{element}/U_{overall}$ 与单元的百分数 p 三者之间的关系（在 p=0.02 处截断）

5.3 多孔结构的制造

除了下面描述的基于光刻的系统，几种添加剂的制造工艺也得到了广泛的关注，并在商业基础上得到了应用。熔融沉积模型（FDM）[23]、选择性烧结（SLS）[24]和 3D 打印[6,25]由于其安装基础很大，必须加以提及。这些工艺中的大多数都可以制造多孔结构。然而，基于光刻的添加剂制造系统有几个优点：一是特征分辨率明显优于所有其他现有技术；二是通过改变聚合物的交联密度和使用的活性稀释剂与交联剂，可以很容易地调节所获得的光解聚合物的功能特性。

5.3.1 基于激光的立体光刻

激光立体光刻技术在服务业领域占有 42%的市场份额，仍然占据着高端市场的主导地位。自 20 世纪 80 年代发明以来，立体光刻（SLA）的基本工作原理没有发生变化，该系统的光源由一台 UV 激光器（典型的固态 Nd-YAG-激光器）组成。利用电流示波器，光束根据 CAD 文件记载的几何形状进行偏转。当激光束入射到树脂表面时，发生聚合反应，液体树脂凝固。在完成一层后，将零件放入凹槽内，涂层机构将在零件顶部沉积一层新的树脂。该过程反复进行，直到构建完成所有层。

如果零件的几何形状有严重的咬边，由于液体树脂不能稳定与主部件不相连的几何形状，所以支撑结构是必要的，通过现代 AMT 软件自动实现支撑结构的生成。

当必须机械地移除支架时，可能会出现问题，因为它们必须脱离微妙的特性。

商用SLA系统通常采用层厚50～100 μm。由于扫描速度高(扫描速度为500～1000 mm/s)，而且体积很大，SLA主要用于服务业中的高吞吐量工作。通过适当的光学设置，可以显著提高特征分辨率和最小层厚度，并使用微SLA系统实现了5μm以下的横向分辨率[26]。用此工艺制作的样品结构如图5-11所示。

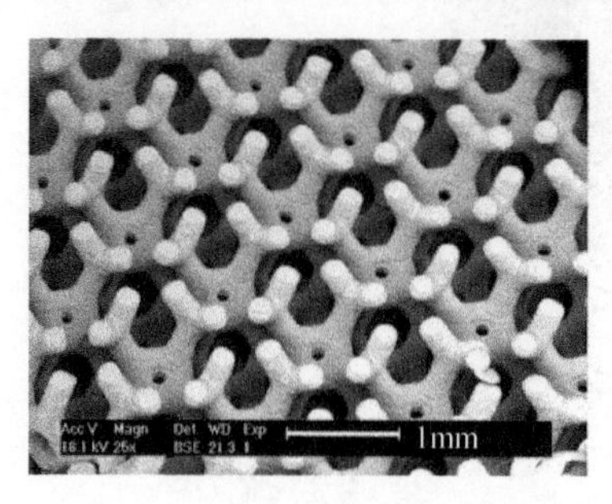

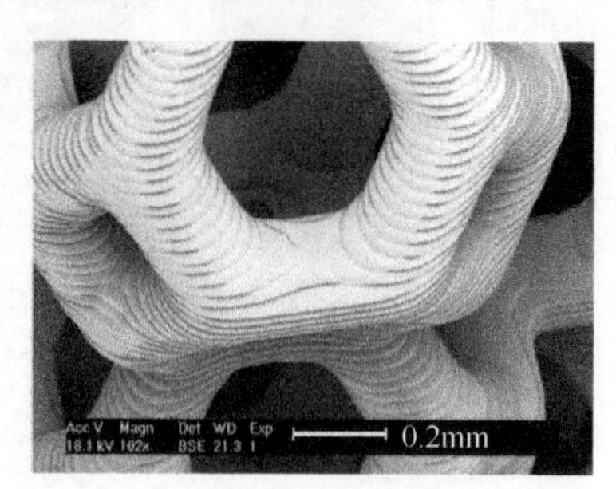

图5-11　微SLA制备的多孔结构[26]

5.3.2　基于动态掩模的立体光刻

为了克服昂贵的紫外激光系统的价格限制，人们开发了可见光和动态掩模相结合的光刻工艺。这些系统的主要优点是它们可以依赖广泛应用于消费产品（如视频光束）的组件。

与基于激光的立体光刻相比，基于动态掩模的立体光刻（DMS）系统具有明显的优点和缺点：由于整个层是一步曝光的，所以制作速度更快。又由于大多数DMS系统使用的是高压汞灯而不是紫外激光器，所以一层膜的典型曝光时间为3～12s，更换和维护光源的成本相对适中。高压汞灯和微镜阵列的使用需要通过可见光来聚合树脂，大多数微镜阵列不能与紫外线结合使用，尽管可用光源的光强低于紫外激光器的光强，但这两个限制都导致了已建立和广泛使用的SLA树脂不能与DMS结合使用。

另一个缺点与芯片可用的像素数有关。在给定的构建体积中，可实现的像素分辨率由芯片上的镜像数提供。对于1400×1500像素的系统，目标分辨率为50μm；构建大小为70 mm×50 mm：因此，DMS系统主要用于制作精细的系统小部件。如果所需的构建尺寸非常大，可能分辨率会太低。

图5-12中给出了DMS系统的典型原理图。光源发出由数字光处理芯片上的微镜选择性偏转的光线，适当的镜头将图像聚焦在透明基板的底部表面。白色像素导致感光树脂的凝固。在黑色像素区域，树脂保持液态。凝固后，平台朝z方向。

液体树脂流入现在空旷的空间，这个过程被重复进行。与传统的基于激光的曝光过程相比，底部曝光提供了几个优势。从经济的角度来看，与顶部曝光相比，运行底层曝光过程所需的树脂要少得多。在图5-12中，必要的树脂水平仅为几毫米的高度，独立于部件的高度。在顶部曝光设置中，树脂水平必须足够高，以适应最终的最终部分。

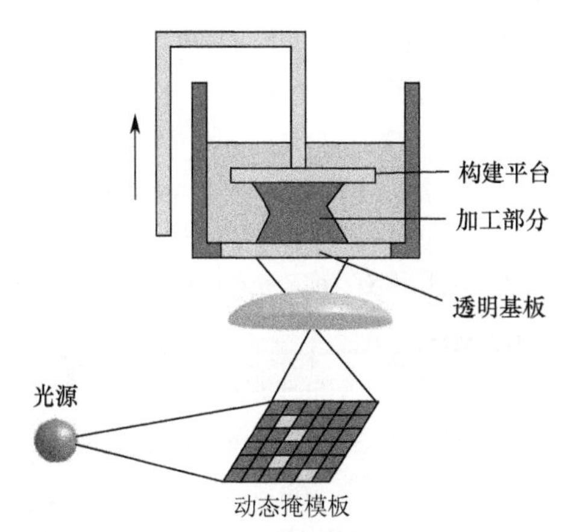

图 5-12　动态掩模立体光固化的工作原理

从工程的角度来看，主要的优点是可以用很少的加工工作来曝光非常薄的层。通过界定前一层和透明的底部之间的间隙，可以很容易地调整层厚。不需要特殊的涂层机制，甚至可以将小层厚度降低到 10～20μm。

底部曝光的缺点之一是聚合树脂与透明缸之间的黏附问题。罐体必须涂上硅酮和/或透明的聚四氟乙烯层，以防止聚合体与缸分离时产生很大的拉力。如果树脂含有引发剂分子或分子量较低的单体，这些化合物往往会扩散到桶中，导致在分离层内发生不必要的聚合。

由于整个层是一步曝光的，DMS 系统工作速度相当快，一般可以达到 10～20mm/h 的垂直成型速度。由于硬件成本适中，具有优良的特征分辨率制造复杂零件的能力，DMS 系统被广泛应用于珠宝（熔模铸造）和助听器制造等领域。

5.3.3　双光子聚合

双光子聚合（2PP）[27,28]提供了相对于其他 AMT 不同的两个优点：①双光子聚合可获得的图形分辨率比其他添加物制造方法高大约一个数量级。目前可实现的最小壁厚约为 100 nm[29]，②可以直接在给定的体积内写入。相比之下，所有其他 AMT 都是通过塑造单独的二维层，然后将这些层堆叠起来，从而制造出三维模型。由于这种叠加过程不可能将现有组件嵌入传统 AMT 制造的部件中。但 2PP 能够围绕预先嵌入的组件进行编写。尽管 2PP 具有这些明显的优势，但目前还没有商业化的 2PP 应用，这主要是由于 2PP 系统的低书写速度和所需激光器的复杂性。随着更高效的启动器[30]和更强大的飞秒激光器的发展，这种情况有望在不久的将来得到改善。

5.3.3.1　光源和光学装置

为了触发非线性双光子吸收，需要具有很高光子密度的光源。超短脉冲激光器能够提供所需的强度。同时，由于激光脉冲之间的强度为零，所以超短脉冲激光器的平均功率可以保持在相当小的范围内。因此，目前使用的 2PP 激光器都依赖脉宽在 50～150 fs 的飞秒激光器。

最通用的 fs 激光器是允许波长、脉冲持续时间和强度很容易调谐的放大系统。放大系统的最大重复频率是有限的，通常是几千赫的数量级。低的重复频率限制了最大写入速度，因为每个体素都需要至少一个激光脉冲来触发聚合。因此，目前大多数 2PP 应用程序都使用非放大的方法，要么基于 Ti：蓝宝石激光器，要么基于光纤激光器。使用的激光功率为 10～700 mW，大部分脉冲持续时间在 100 fs 左右，重复频率为 10～100 MHz。

图 5-13 中描述了双光子光刻系统的典型设置。激光束首先通过位于激光头后的准直仪，声光调制器（AOM）可以将激光束分裂成零级和一阶，一阶光束可以通过开关 AOM 来开启和关闭。然后，准直光束的一阶光束通过半波片、偏振光分束来调节激光功率，经过显微镜的物镜后，激光穿透含有可见光聚合物配方的样品保持架。通过引导激光束通过液体或固体树脂的聚焦，聚合出三维结构。摄像机位于半透明反射镜后面，以便在线观察聚合过程。通过适当的照明装置（例如红光发射二极管）照射样品，可以改进对样品的观察。

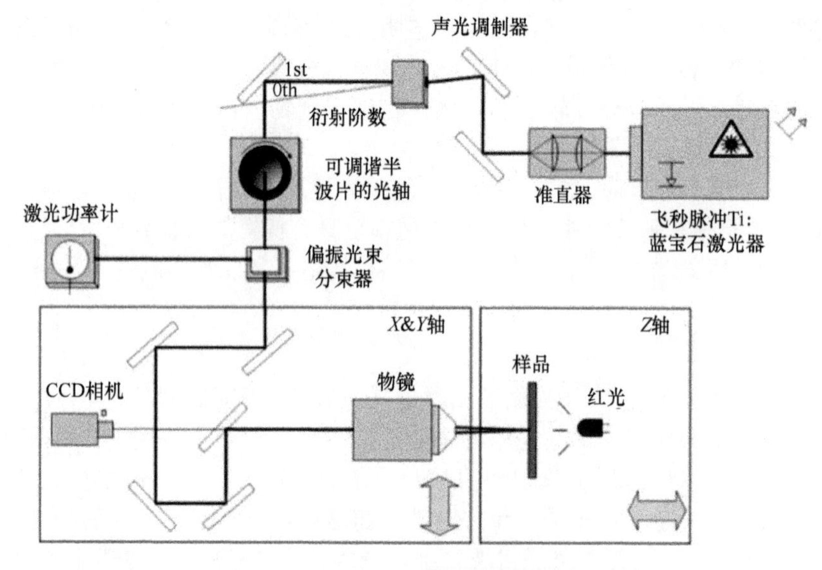

图 5-13 双光子光刻系统的原理图设置

选择性光聚合激光焦点的定位通常通过两种不同的方法实现：①激光束在 *XY* 平面上的定位使用压电驱动或线性空气轴承工作台。②激光束通过位于显微镜前的振镜，其优点是激光束可以精确定位，光束的动态运动是可能的。缺点主要与结构尺寸有限有关：对于高分辨率的浸没式结构，必须使用高放大率（典型为 100×）的浸油目标。该装置与电流示波器相结合，仅限于 30μm 左右的尺寸：压电驱动级扫描面积稍大（约 200μm×200μm），高精度气浮级可覆盖较大面积（高达 100 mm×100 mm）。当使用高反应性树脂和合适的光启动器时，扫描速度可达 30 mm/s。对于需要很高分辨率的部件，扫描速度可达 30 mm/s。精度方面，100 μm/s 至 1 mm/s 是常用的写入速度。

5.3.3.2　应用

除了高分辨率结构的制造（图 5-14 中的蜂窝结构），2PP 特别适用于现有组件必须嵌入书面结构中的应用。例如，2PP 可用于通过光波导连接光电元件（激光二极管和光电二极管）[31]。嵌入现有组件也可用于组织工程中的应用：而不是在现场制造支架，植入或细胞接种支架之后，2PP 提供了在体内编写支架的机会[32]。

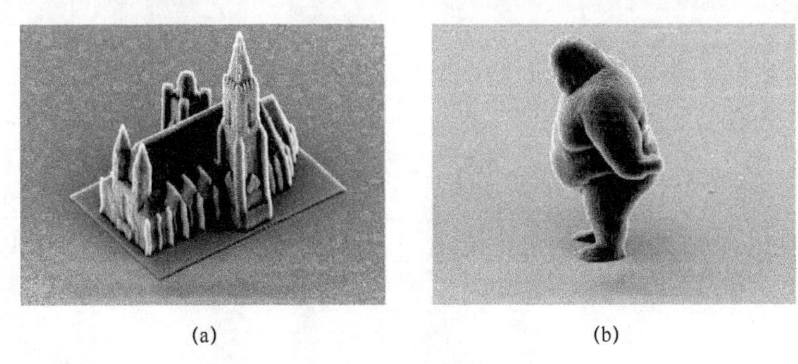

(a)　　(b)

图 5-14　双光子聚合结构

活体组织对于红外光是透明的，因此 800nm 的 FS 激光深入组织中而不会造成损伤。当在 2PP 敏感树脂中嵌入活生物体时，支架可以直接写入活细胞内或周围。图 5-15 中的图像序列展示了一种寄生在甲基丙烯酸酯基光聚合物中的蛔虫的例子。使用 2PP，在有机体还活着的情况下，在蛔虫周围以几层的形式写成一个支架。

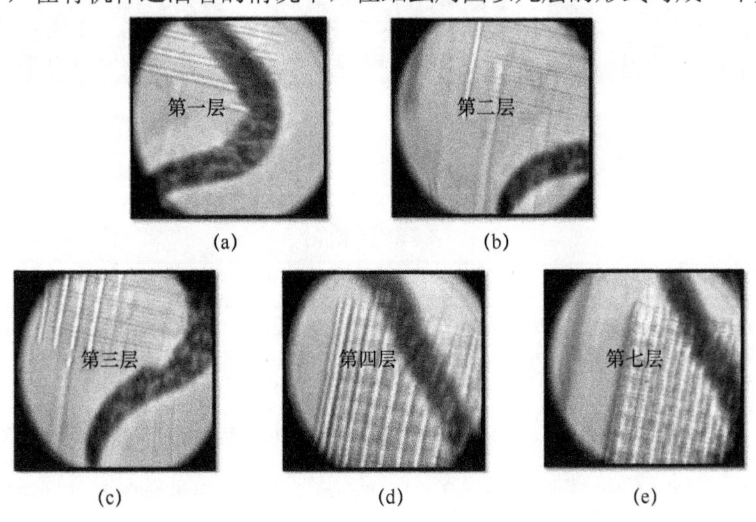

(a)　　(b)

(c)　　(d)　　(e)

图 5-15　在体内用嵌有蛔虫的支架书写

由于2PP的高分辨率，可以在可见光范围内写入具有细胞尺寸的细胞结构。这对于制造光子晶体[33,34]产生了重要影响。2PP 提供了一种系统研究细胞状结构对此类结构的光学性质系统的研究方法（见图 5-16）。传统使用的有机树脂仅限于光子晶体的可用性，因为需要具有高介电常数的材料来调谐光学特性。因此，已经开发了具有高量无机材料（例如氧化锆）的树脂用于此应用。

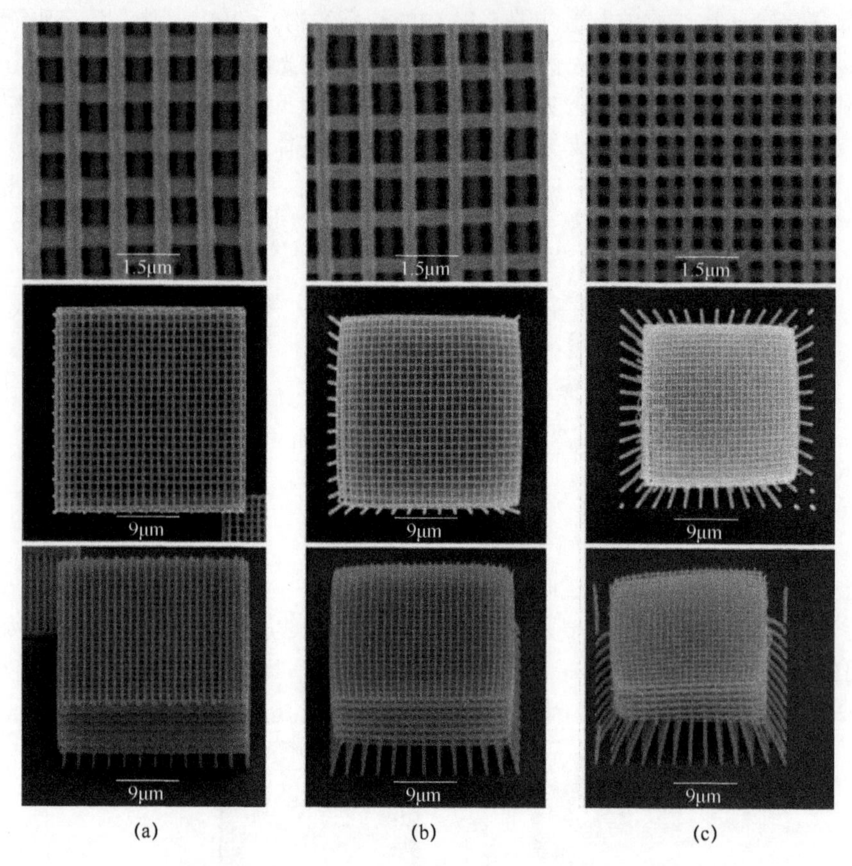

图 5-16　用 2PP 从文献[33]中制备 16 个光子晶体

参考文献

1. Aizenberg, J., Thanawala, M., Sundar, V., Weaver, J., Morse, D., Fratzl, P.: Materials science: skeleton of *Euplectella* sp.: structural hierarchy from the nanoscale to the macroscale. Science **309**, 275–278 (2005)
2. Gibson, L.J., Ashby, M.F.: Cellular Solids, 2nd edn. Cambridge University Press, Cambridge (1997)
3. Fratzl, P., Weinkamer, R.: Nature‘s hierarchical materials. Prog. Mater. Sci. **52**(8), 1263–1334 (2007)
4. Meyers, M.A., Chen, P.Y., Lin, A.Y.-M., Seki, Y.: Biological materials: structure and mechanical properties. Prog. Mater. Sci. **53**(1), 1–206 (2008)
5. Lam, C.X.F., Mo, X.M., Teoh, S.H., Hutmacher, D.W.: Scaffold development using 3D

printing with starch powder. Mater. Sci. Eng. C **20**, 49–56 (2002)
6. Leukers, B., Gulkan, H., Irsen, S., Milz, S., Tille, C., Schieker, M., Seitz, H.: Hydroxyapatite scaffolds for bone tissue engineering made by 3D printing. J. Mater. Sci. Mater. Med. **16**(12), 1121–1124 (2005)
7. Hutmacher, D.W.: Scaffold design and fabrication technologies for engineering tissues-state-of-the-art and future perspectives. J. Biomater. Sci. Polym. Edn. **12**(1), 107–124 (2001)
8. Bibb, R., Sisias, G.: Bone structure models using stereolithography: a technical note. Rapid Prototyp. J. **8**(1), 25–29 (2002)
9. Woesz, A., Stampfl, J., Fratzl, P.: Cellular solids beyond the apparent density an experimental assessment of mechanical properties. Adv. Eng. Mater. **6**(3), 134–138 (2004)
10. Manjubala, I., Woesz, A., Pilz, C., Rumpler, M., Fratzl-Zelman, N., Roschger, P., Stampfl, J., Fratzl, P.: Biomimetic mineral-organic composite scaffolds with controlled internal architecture. J. Mater. Sci. Mater. Med. **16**, 1111–1119 (2005)
11. Woesz, A., Rumpler, M., Stampfl, J., Varga, F., Fratzl-Zelman, N., Roschger, P., Klaushofer, K., Fratzl, P.: Towards bone replacement materials from calcium phosphates via rapid prototyping and ceramic gelcasting. Mater. Sci. Eng. C **25**(2), 181–186 (2005)
12. Luxner, M.H., Stampfl, J., Pettermann, H.: Numerical simulations of 3D open cell structures—influence of structural irregularities on elasto-plasticity and deformation localization. Int. J. Solids Struct. **44**, 2990–3003 (2007)
13. Luxner, M.H.: Modeling and simulation of highly porous open cell structures—elasto-plasticity and localization versus disorder and defects. PhD thesis, Technische Universität Wien (2006)
14. Silva, M.J., Gibson, L.J.: The effects of non-periodic microstructure and defects on the compressive strength of two-dimensional cellular solids. Int. J. Mech. Sci. **39**(5), 549–563 (1997)
15. Guo, X.E., Gibson, L.J.: Behavior of intact and damaged honeycombs: a finite element study. Int. J. Mech. Sci. **41**(1), 85–105 (1999)
16. Shulmeister, V., Van der Burg, M.W.D., Van der Giessen, E., Marissen, R.: A numerical study of large deformations of low-density elastomeric open-cell foams. Mech. Mater. **30**(2), 125–140 (1998)
17. Li, K., Gao, X.L., Subhash, G.: Effects of cell shape and cell wall thickness variations on the elastic properties of two-dimensional cellular solids. Int. J. Solids Struct. **42**((5–6)), 1777–1795 (2005)
18. Roberts, A.P., Garboczi, E.J.: Elastic properties of model random three-dimensional open-cell solids. J. Mech. Phys. Solids **50**(1), 33–55 (2002)
19. Zhu, H.X., Hobdell, J.R., Windle, A.H.: Effects of cell irregularity on the elastic properties of open-cell foams. Acta Mater. **48**(20), 4893–4900 (2000)
20. Gan, Y.X., Chen, C., Shen, Y.P.: Three-dimensional modeling of the mechanical property of linearly elastic open cell foams. Int. J. Solids Struct. **42**(26), 6628–6642 (2005)
21. Luxner, M.H., Stampfl, J., Pettermann, H.: Finite element modeling concepts and linear analyses of 3D regular open cell structures. J. Mater. Sci. **40**, 5859–5866 (2005)
22. Nye, J.F.: Physical Properties of Crystals. Oxford University Press, Oxford (1985)
23. Zein, I., Hutmacher, D.W., Tan, K.C., Teoh, S.H.: Fused deposition modeling of novel scaffold architectures for tissue engineering applications. Biomaterials **23**(4), 1169–1185 (2002)
24. Agarwala, M., Bourell, D., Beaman, J., Marcus, H., Barlow, J.: Direct selective laser sintering of metals. Rapid Prototyp. J. **1**(1), 26–36 (1995)
25. Moon, J., Grau, J.E., Knezevic, V., Cima, M.J., Sachs, E.M.: Ink-jet printing of binders for ceramic components. J. Am. Ceram. Soc. **85**(4), 755–762 (2002)
26. Stampfl, J., Baudis, S., Heller, C., Liska, R., Neumeister, A., Kling, R., Ostendorf, A., Spitzbart, M.: Photopolymers with tunable mechanical properties processed by laser-based high-resolution stereolithography. J. Micromech. Microeng. **18**((12)), 125014 (2008)
27. Passinger, S., Saifullah, M.S.M., Reinhardt, C., Subramanian, K.R.V., Chichkov, B.N., Welland, M.E.: Direct 3D patterning of TiO2 using femtosecond laser pulses. Adv. Mater. **19**(9), 1218–1221 (2007)
28. Maruo, S., Nakamura, O., Kawata, S.: Three-dimensional microfabrication with two-photon-

absorbed photopolymerization. Opt. Lett. **22**(2), 132–134 (1997)
29. Park, S.H., Lim, T.W., Yang, D.Y., Kim, R.H., Lee, K.S.: Improvement of spatial resolution in nano-stereolithography using radical quencher. Macromol. Res. **14**(5), 559–564 (2006)
30. Heller, C., Pucher, N., Seidl, B., Kuna, L., Satzinger, V., Schmidt, V., Lichtenegger, H., Stampfl, J., Liska, R.: One- and two-photon activity of cross-conjugated photoinitiators with bathochromic shift. J. Polym. Sci. A Polym. Chem. **45**, 3280–3291 (2007)
31. Stampfl, J., Infuehr, R., Krivec, S., Liska, R., Lichtenegger, H., Satzinger, V., Schmidt, V., Matsko, N., Grogger, W.: 3D-structuring of optical waveguides with two photon polymerization. In: Kuebler, S.M., Milam, V.T. (eds.) Material Systems and Processes for Three-Dimensional Micro- and Nanoscale Fabrication and Lithography, volume 1179E of Mater. Res. Soc. Symp. Proc., pages 1179–BB01–07, Warrendale, PA, (2009)
32. Torgersen, J., Baudrimont, A., Pucher, N., Stadlmann, K., Cicha, K., Heller, C., Liska, R., Stampfl, J.: In vivo writing using two-photon-polymerization. In: Sugioka, K. (ed.) Proceedings of LPM2010—The 11th International Symposium on Laser Precision Microfabrication, Paper No. 10-42, June 4–7 2010
33. Ovsianikov, A., Shizhou, X., Farsari, M., Vamvakaki, M., Fotakis, C., Chichkov, B.N.: Shrinkage of microstructures produced by two-photon polymerization of Zr-based hybrid photosensitive materials. Opt. Exp. **17**(4), 2143–2148 (2009)
34. von Freymann, G., Chan, T., John, S., Kitaev, V., Ozin, G.A., Deubel, M., Wegener, M.: Sub-nanometer precision modification of the optical properties of three-dimensional polymer-based photonic crystals. Photon. Nanostruct. **2**, 191–198 (2004)

第6章　X射线微型断层扫描法

6.1　概述

6.1.1　X射线计算机断层扫描史

X射线计算机断层扫描（CT）的发明被认为是自发现X射线以来在医学诊断工具领域最大的创新。20世纪70年代，由于最初使用计算机断层扫描产生无创人体图像，引发了一场医学领域的巨大变革。这项技术迅速传播，到1980年时，已经有大约10000个用于医疗目的的CT装置。从那时起，新的开发使其有了更快的扫描速度、更少的剂量和更好的图像质量。医学X射线断层扫描术在文献中有很好的描述，例如Hsieh[1]和Buzug[2]。

与医学领域相比，工业应用的CT系统建立得没有那么快。医疗诊断领域以外的首批用户之一是欧洲Messerschmidt-Boelkow-Blohm GmbH（MBB，现欧洲直升机公司）公司。自1979年以来，MBB已成功使用传统医学用于技术部件无损检测（NDT）的CT扫描仪，特别是用于测试直升机部件，如转子叶片[3]。

柏林联邦材料研究与测试研究所（BAM）1978年开始开发技术应用的CT系统，该系统的启动配备了放射性核素源，于1983年启动；在其他应用中，该装置用于研究核废料桶[4]。

在同一时期，Habermehl和Ridder[5]开发了一种可移动的CT系统，用于研究树木的水中运输，进一步发展CT系统在工业中的应用，例如20世纪80年代后期的NDT技术，用于分析铸锭、涡轮叶片或洲际导弹的部分。

然而，到20世纪90年代，工业CT仅适用于其他测试方法失败时的特殊情况，或认为是一种无损检测的补充方法。尽管CT技术在三维（3D）中成像非均质性的形态、大小和位置等方面的优势得到了彰显，但在工程应用中空间分辨率不够好，无法再现20世纪90年代医学CT的圆满成功。

在20世纪90年代末，当CT三维几何测量的潜力被认可后，欧洲工业CT的发展取得了突破。这种应用的重要先驱是欧洲电机车辆行业，其应用CT进行由铝铸件制成的发动机部件的初始样品测试。由于用于处理和可视化3D数据集的高性能计算机和软件的快速发展，以及基于非晶硅晶体代替X射线的高动态范围的新型固态平板矩阵检测器图像放大器，新的应用程序被利用。尤其是，具有锥形束几何形状和相对短的测量时间的微焦点CT的发展极大地增加了工业应用对该技术的接受度。今天，工业微焦点X射线计算机断层扫描（XCT）是一种高效的方法，其中备受重视的 NDT 方法，可以对几乎所有对象进行完整的全面检查和准确的三维体积建模，且只有少部分由重金属制成。表 6-1 概述了工业 XCT 发展的重要里程碑。

表 6-1　工业 XCT 发展的重要里程碑

年份	里程碑
1895	WilhelmConradRöntgen 发现了一种新的辐射，称之为 X 射线
1917	Johann Radon 在数学上证明了一个物体可以从一组无限的投影中复制出来
1963	Allan MacLeod Cormack 通过实验室模拟中的 X 射线断层扫描手段确定了铝和塑料的密度分布
1967	Godfrey Newbold Hounsfield 展示了第一台临床 CT 扫描仪
1971	扫描第一个患有大囊肿的患者，并看到了病理图像
1979	MBB（欧洲直升机公司）使用医疗 CT 设备测试直升机旋翼桨叶
1983	启动第一台采用 BAM 开发的钴-60 放射性核素源的工业 CT 扫描仪
1995	第一批配备矩阵探测器的 XCT 系统用于几何测量（例如铝组件）
2004	VDI / VDE 计量与自动化工程学会正在制定使用 CT 进行几何测量的指南
2005	介绍了具有亚微焦管的台式设备和亚微米范围的空间分辨率
2010	超过 500 个 XCT 装置用于欧洲工业和科学应用，XCT 广泛用于计量、无损检测和材料表征

6.1.2　X 射线的产生

在实验室中产生 X 射线的传统方法是使用加速电压高达 600 kV 的真空管[6]，该管包含可以形成电子云的阴极灯丝，这些电子随后朝向阳极加速。阳极通常是由钨或钼制成的水冷靶。当加速电子与靶材料相互作用时，发生不同类型的碰撞并产生 X 射线,其光谱如图 6-1 所示。根据与立体角（球面度）相关的每秒光子数和每 100μA 目标电流相对于能量绘制。

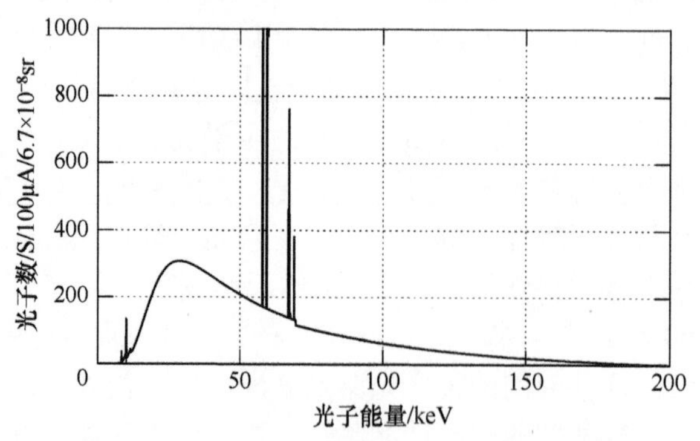

图 6-1　带有钨靶的 X 射线管的模拟 X 射线能谱
（工作在 200kV（能量通道带宽 *DE* 为 100eV）[8]，尖峰为钨靶的特征辐射）

当加速电子到达目标时，大部分相互作用涉及小的能量转移，这将会使靶原子的电离和物体发热。对于典型的 X 射线管，超过 99%的输入能量被转换为热量[1]。

因此进行冷却目标设置（直接光束设置或传输管设置）起着非常重要的作用。更值得关注的是，相互作用是所谓的“韧致辐射”：X 射线随着电子在目标中减速而发射，从而产生连续光谱。在某些能量下，一些狭窄的尖峰叠加在该光谱上。这些特征 X 射线的波长首先是由莫塞莱[7]用靶材料的原子序数的函数来表示的。

6.1.3　光子-物质相互作用

对于物体渗透，X 射线具有很高的物质依赖性，这是由于它们的能量很高。但是 X 射线光子也被物质吸收和散射。X 射线光子与物质相互作用的几种基本方法是已知的，最重要的物理机制是光电吸收、瑞利或汤姆逊散射、康普顿散射和电子对的产生，Moore [9]和 Eisberg [10]对此进行了解释。

大多数吸收机制是光子能转换成另一种形式的能，而有些只是改变光子的方向。对于每种机制，光子与材料相互作用的概率可以在单个衰减系数中定义。衰减系数是透射材料的光子能量（E）、质量密度（q）和原子序数（Z）的函数，可用两种方式表示：一种是通过线性衰减系数 μ_l（E,q,Z），单位为 cm^{-1}，另一种是质量衰减系数 μ_m（E，Z），单位为 cm^2/g。两个系数通过质量密度相互连接。相互作用的总概率是每个物理机制的概率的总和，其在图 6-2 中显示为螺栓线，这是铁的典型线型。各个相互作用的概率强烈依赖于入射光子的能量。对于低于 100 keV 的小能量，光电吸收是主要影响，对于高于 100 keV 的能量，总衰减几乎完全由康普顿散射相互作用引起。关于相互作用的概率，和瑞利散射是有关联的，但不是主要的。然而，配对电子对可以产生 1 MeV 以上的能量贡献，因此可以忽略 X 射线管。

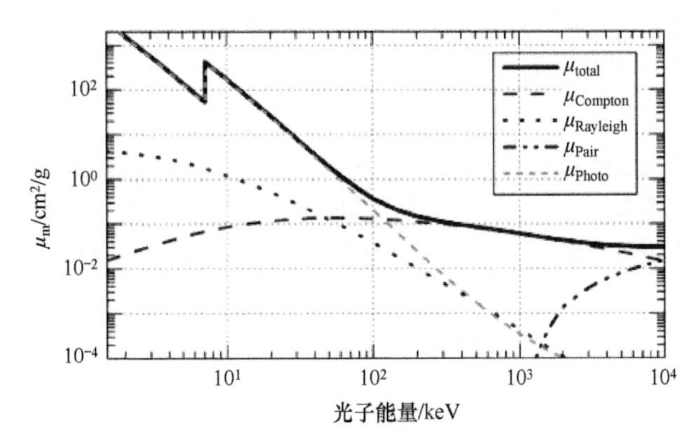

图 6-2　铁中光子能量的总质量衰减系数（μ_{total}）

总质量衰减系数可以分解为光电吸收（μ_{Photo}）、瑞利散射（$\mu_{Rayleigh}$）、康普顿散射（$\mu_{Compton}$）和电子对的产生（μ_{Pair}）。对于 X 射线管，相关区域高达 600 keV。数据取自 NIST 标准参考数据库[13]

$I_0(E)$可看作产生的入射光子通量，用于描述电磁吸收和散射的定量辐射，例如，可以通过 X 射线管产生（见第 6.1.2 节）。这些光子与厚度为 s 的样品的物质相互作用，在吸收和散射之后，通过检测器确定 I（E）、I_0（E）和 I（E）之间的关系可以用 Lambert-Beers[11,12]法则表示，或指数衰减法则式（6-1）。

$$I(E)=I_0(E)\times \mathrm{e}^{-\int_0^s \mu,l,s(E,\rho,Z)ds} \tag{6-1}$$

对式（6-1）的左右两侧做归一化，可以得到正常化投影值 I_0（E）。该部分的对数计算给出了沿着穿过样本的 X 射线轨迹的线性衰减系数 μ_1（E，q，Z）的线积分。在应用数学重建算法之后，数据集内的每个位置均由局部衰减值表示。

6.1.4 X 射线的检测

X 射线光子的检测与第 6.1.3 节所述的 X 射线辐射和材料具有相同的相互作用原理。探测器的目的是将光子通量 I（E）转换成电信号。

在第一个断层扫描系统中使用了气体探测器，即盖革-缪勒计数器。当 X 射线光子进入探测器时，它电离气体（例如氙）并形成离子和电子。在阴极和阳极之间施加高电压。然后，电子向阳极加速，并且该过程产生可以测量的电流，与辐射强度有关[2]。

除了气体探测器，还有许多不同类型的数字 X 射线探测器，如图像增强器、平面探测器、线性探测器阵列和 X 射线敏感 CCD 相机。对于 XCT，最重要和最常见的是数字平板探测器。这些探测器可分为两种类型：直接和间接转换探测器。两种类型都基于沉积在玻璃基板上的非晶硅（α-Si）或其他半导体的薄层，在 α-Si 上制造二维探测器元件阵列。对于间接检测系统，X 射线光子传递到磷光屏幕（通常是 Gd_2O_2S：Tb 或 CsI：Ti）并产生可见光，而可见光又由薄膜晶体管（TFT）开关光电二极管检测到。对于具有直接转换的探测器，辐射直接在传感器层中转换，这种传感器层基于 Se、CdTe 或 ZnCdTe [14-18]。

数字探测器的重要质量参数是探测器元件（像素）的数量和大小、动态范围、信噪比（SNR）、对比度噪声比（CNR）和探测量子效率（DQE）。单个像素的质量参数是它们的均匀性、噪声行为、图像滞后，以及故障像素的数量、分布和位置[15]。

6.2 现有技术

6.2.1 锥束 CT 原理

由于测量速度和质量，具有锥形几何形状和平板矩阵探测器的 CT 系统[17,18]已获得工业应用和材料表征的 CT 系统市场普遍认可。图 6-3 显示了使用吸收对比的锥束 CT 的原理的主要部件：X 射线管、旋转台和探测器。使用 CT，将样品放置在 X 射线源和平板探测器之间的精密旋转台上。X 射线管产生圆锥形光子束，传输待分析的样本。由于这种几何形状，在数字检测器上记录放大的投影图像（二维射线照片）。通过使用样本移动旋转台来减小源到物体的距离（SOD）以增大放大率，并因此增强空间分辨率，但是减小了视野。

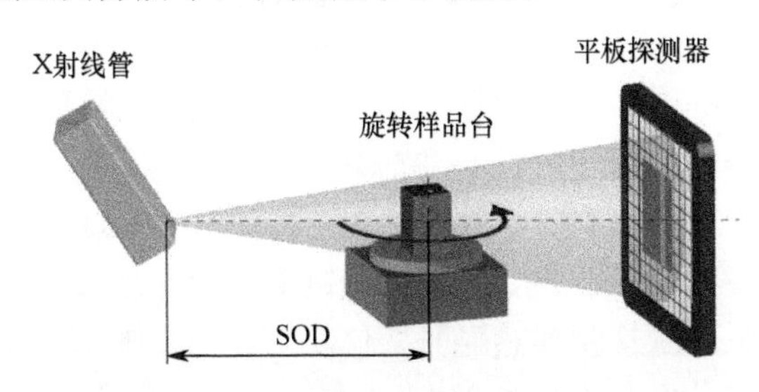

图 6-3　具有锥形束几何形状的 XCT 原理

（用于改变放大率（体素尺寸）的主要组成部分和可变的源到物体的距离（SOD））

逐步旋转样品，在每个角度处都拍摄投影图像。一次扫描通常是 360°的旋转，每步旋转几分之一度到 1°。对于特定应用，可以执行有限角度扫描[19,20]。

费尔德坎普等人[21]描述了一种近似重建算法用于圆锥形束层析成像的 2D 射线照片系列。在某种意义上，不管测量分辨率如何，重建结果都会稍微偏离测量对象，这只是一种近似。对于中等锥角，这些差异很小，并且通常可以忽略不计[22,23]。该方法的简单性使其成为锥束重建的最常用算法。重建算法的结果是体数据集，由离散的体积元素组成。体积元素又称为三体像素，每个像素表示灰度值，对应于数据集的每个位置处的有效 X 射线衰减系数。

6.2.2　CT 设备

为了描述 CT 设备的现有技术，必须区分锥形光束 CT 配备 X 射线管和通常安装在同步加速器设备使用光束线作为单色光源的系统。与 X 射线管相比，同步辐射通过其几乎平行的高亮度光束提供了非常高的通量（至少 1000 倍，比第三代同步加速器的 X 射线管还要大[24]），具有显著的优势。通过应用单色辐射可以增加对比度分辨率，也可以在不能提供足够吸收对比度的区域之间产生内部界面的相位衬度[14]。与具有管的 CT 装置相比，这些优点意味着减少了伪影，并提高了分辨率。

锥束 XCT 涵盖了一系列 CT 设备，从台式机到需要特殊的辐射防护室的大型机器。此外，还有一些系统可以连接在扫描电子显微镜（SEM）中，以便在不影响 SEM 标准成像模式的情况下，以 500 nm 的分辨率对小样本进行三维成像[25]。图 6-4 显示了本节重点介绍的两种典型的商用 CT 设备。

用于锥束 CT 装置的 X 射线管（开放或密封）的特征在于加速电压、最大管电流、焦点大小和强度输出。对于图像质量，重要的是焦点的直径和稳定性。通常，焦点尺寸越小越好，但是当电子通量聚焦在较小的区域时，必须降低管的功率以防止管阳极处的过热。因此，焦点大小成为分辨能力和功率之间的权衡标准。

根据德国汽车工业协会的说法，管道可以按焦点大小来分，即正常焦点、迷你焦点、微焦点和亚微焦点[15]。正常聚焦管（通常高达 450 kV）的焦点范围为 0.3～2.0mm，迷你焦点的焦点范围为 0.05～0.5mm。微焦管的焦点尺寸取决于所应用输出，一般为 5～50μm[15]。微焦管通常用于高达 250 kV 的加速电压和 300 W 的最大输出功率。由于必须达到一定的高功率，这些设备使用时配备有直接主动冷却设置。例如，如图 6-4（a）所示的 CT 系统 Rayscan 250X。它配备了两个 X 射线源，用于检测各种物体，从微型零件到气缸盖。该系统安装在一个完全空气调节器的辐射防护区域，以抑制其热膨胀变化。它在自己的基台上，以便与其他地方隔离开来消除振动。该系统配备 225 kV 微焦点和 450 kV 正常聚焦管，使系统更具多功能性。两个管的靶材料都是钨。PerkinElmer 探测器是一个 16 位固态 1024×1024 像素 α-Si 闪烁平板探测器，有效面积为 409 mm×409 mm，像素尺寸为 400μm×400μm[26]。除了探测器的像素尺寸和焦点大小，系统的分辨率质量还取决于所有组件的空间稳定性。为了确保高测量精度和温度稳定性，该系统采用由花岗岩制成的高精度操纵系统，精度约为 1～2μm [27]。细节的分辨率也受所应用的测量参数、样品的尺寸和材料的影响。假设样本大小为几毫米，在使用指南上应使用细节分辨率大于 1μm 的微焦管和大于 100μm 的正常聚焦管[28]。源-探测器距离为 1.5m，定义了最大样本量。一般扫描时间为 25～90min。

(a)

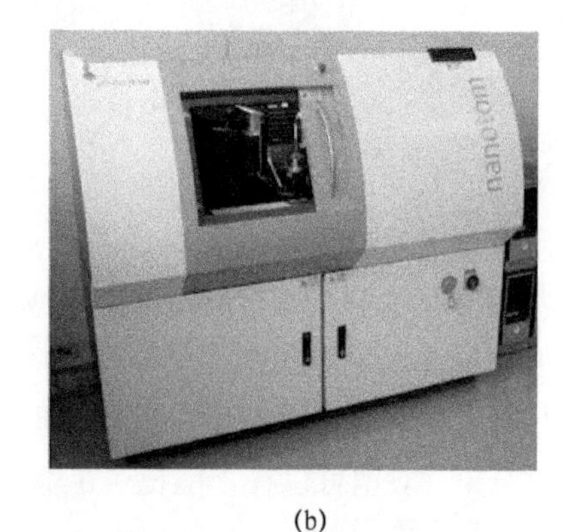

(b)

图 6-4　商用锥束 CT 装置

（a）CT 系统 Rayscan 250X，带 225 kV 微焦点和 450 kV 正常聚焦管（左），旋转台带有样品和平板检测器（右）安装在花岗岩柱上；（b）桌面设备 nanoom 180NF，带有 180 kV 亚微焦管（传输目标），封装在辐射安全柜中。

最近，上述系统的小型化设计形式的 XCT 已经商业化。它们作为桌面设备而生产，并且具有通过引导壁完全屏蔽 X 射线束的测量室，因此不需要进一步的保护手段。而且，可实现的分辨率或图像清晰度主要受 X 射线管的焦点尺寸的影响。用于桌面设备的管通常配备透射靶，以实现非常小的光斑尺寸。X 射线源非常靠近 X 射线管的外壁，允许用户将样品非常靠近光源以确保高放大率。但是，在这种设置中，是不能够对目标进行主动冷却的。因此，阳极电流不能非常大，这就限制了所施加的最大输出。这种亚微焦管通常使用高达 180 kV 的电压，最大输出功率为 15 W。对于最新的传输目标管，光斑尺寸从几微米到 0.8 μm 不等[29]。图 6-4（b）显示了台式 CT 设备 nanoom 180NF，它使用 180 kV 亚微焦管，可更换的传输目标和 500 万像素 Hamamatsu 平板探测器，有效面积为 120mm×120mm（2 316×2 316 像素 ^{2}，50μm×50μm 像素）[30]。源-探测器距离约为 0.5m，可以扫描最大直径为 120mm 的样品。扫描时间为 1.5～4h。样品尺寸在毫米或更小的范围内，以实现亚微米范围内的细节分辨率。

6.2.3　伪影及其修正

除了有限的分辨率和几何精度，还存在的主要问题是锥束 CT 测量伪影[31]。伪影指人造结构在结果数据集中，与实际样本特征不对应的现象。它们是不能通过噪声或传输特性来解释图像差异的成分，并且会引发测量和尺寸精度的问题。

最常见的假象之一是基于光束硬化的射线伪影，如图 6-5（a）所示。这些是由于管发射的多色 X 射线光谱以及相互作用材料的衰减系数对光子能量的强依赖性引起的（见第 6.1.2 和 6.1.3 节）。如果物体被穿透，则光束的低能辐射随着穿透深度的增加而被吸收得更多，只有高能辐射穿透物体，并且有助于图像生成。此外，探测器效率是光子能量的函数。结果，这些区域被分配给在重建数据集中太低的灰度值。对于具有高原子序数和高密度（例如 Fe、Cu 或 W）的材料，这些假象会使图像失真，并且可以通过使用铝和铜过滤器过滤 X 射线光谱，将它们降低到一定程度，从而消除 X 射线进入物体之前的低能量光子或做适当的软件校正。

对于单一材料成分，一种常见或广泛使用的校正程序是线性化，由 Herman [32]于 1979 年制定。线性化原理是将测量的多色投影值转换成相应的单色值。在实践中，非线性特征校正曲线是由具有众所周知的几何形状的均匀参考样品的投影值实验确定的。该校正曲线作为重建开始前的预处理步骤，应用于投影图像（二维射线照片）。在相关文献中已经讨论了几种补偿和校正策略，Hopkins[33]、Hammersberg [34]或 Van de Casteele [35]介绍了相关或增强的方法。Kasperl [36]提出了一种迭代算法，以减少锥束 CT 中的散射辐射和射束硬化，又称为迭代伪影减少（IAR）。投影使用从重建数据的后处理步骤中提取的校正曲线对图像进行预处理。因此，每次迭代都会增强校正曲线，从而提高数据集的质量。所有这些方法的主要缺点是，对于每个样本和材料，都必须确定新的特征曲线，并且每次迭代都需要一次重建。

散射辐射对具有高衰减系数的材料起着重要作用。当入射的 X 射线光子通过与物质的相互作用从其原始路径偏转发生散射（参见第 6.1.3 节），这些散射的 X 射线可能成为整个信号相当大的一部分从而形成伪影。Joseph [37]引入了一种散射辐射校正方法，但是此方法仅适用于简单几何对象。迄今为止，研究精确几何结构的方法，例如光线跟踪方法或蒙特卡罗模拟[38]），因其计算量太大，在工业应用中难以广泛使用[36]。

环形伪像是由各个探测器像素或故障像素的（热）敏感性漂移引起的。如图 6-5（b）所示，它们以同心环的形式出现，对它们进行补偿方法是探测器在采集到的每幅投影图像之间做随机的水平移动。

如果样品中存在高度衰减的物体，则可能出现如图 6-5（c）所示的条纹伪影。此外，图 6-5（d）示出了由比采样定理明显更高的角度投影步骤引起的假象（即在扫描期间记录的投影图像太少）。

其他重要的伪影有：

- 部分体积伪影：物体通常具有明显对比的边缘。由于在探测器的有限分辨率下，该边缘通常不会直接位于一个探测器元件与另一个探测器元件的边界处。因此，该元件上的 X 射线强度将在探测器宽度上取平均值，并且物体将模糊。减小像素尺寸会降低这种影响。
- 运动伪影：由物体的运动、物体的组成部分引起 CT 设备或扫描期间的焦点。
- 重建伪影：由计算操作的近似特征产生到目前为止是用滤波反投影（Feldkamp）应用重建算法[21]。

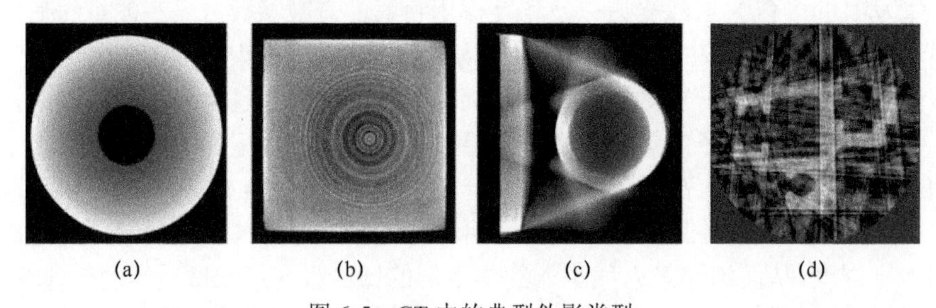

图 6-5　CT 中的典型伪影类型

（a）光束硬化伪影（Cupping 效应）；（b）环伪影；（c）条纹伪影；（d）由于不符合采样定理而产生的伪影

6.2.4　CT 数据评估方法

定量分析的特征识别的基本先决条件是在 CT 数据集中准确分割对象。由于 CT 扫描在一定程度上受到噪声和假象的影响，因此在执行分割过程之前，通常需要通过应用适当的滤波器来增强图像。对于这种预过滤/去噪的步骤，例如应用高斯、各向异性扩散或小波滤波器已得到应用。

最简单的基于灰度值的分割方法是阈值方法，其使用全局或本地图像信息。在阈值处理中，图像片段最敏感的是它的亮度：衰减系数大于空气衰减系数的材料结构将产生明亮的体素。最简单的二值化图像方法是在视觉支持下选择灰度值直方图和显示一个切片上的二值化结果[39]。

除了 X 射线显微摄影术视觉确定适当的阈值，还可以使用基于自动直方图的阈值处理方法（例如 Prewitt 和 Mendelsohn [40]或 Otsu [41]）。所有这些技术都有缺点，即它们都依赖于灰度信息。但这些方法对于更复杂的算法（例如基于区域的分割）的初始化非常有用。区域生长从种子点（通常由操作员提供）开始，并且相邻的体素一次检查一个，如果它们足够相似，则添加到生长区域。可以对整个区域进行比较或仅对局部像素或体素进行比较，后一种方法允许逐渐变化的亮度。程序继续，直到不再添加像素或体素[42]。

为了生成对象特征（诸如体积、表面积、形状因子等特征），有必要标记连接组件，如对象填充、区域检测。标记算法的原型是众所周知的 Rosenfeld-Pfaltz 方法[43]。

将灰度值图像分割成用于量化的区域，可能是图像分析的最重要过程，已经使用了许多新技术，但它们的应用范围相当狭窄。

6.2.5　应用

在三维检查中，XCT 正在被逐渐重视和接受，近年来检查工业标本，一般来说，主要有两个 XCT 应用领域，即在科学和工业中：

- 材料的无损检测[9,39]：在 XCT 中使用吸收对比度进行材料表征是许多应用的首选方法，因为它适用于所有材料，并且可实现的分辨率足以满足大多数应用。
- 尺寸测量（计量学）是一个相对新的研究领域[44]。计量学的主要作用是测量检查功能，如关键距离、壁厚和直径。

目前只有 XCT 能够在不破坏试件的情况下完整测量内部或隐藏结构。XCT 得到的数据也可以用来创建输入快速成型机（例如选择性激光烧结）所需的数据集。

在品质保证中，计量是一种非常常见的方法，它使用触觉或最近的光学传感器测量部件的表面几何形状。XCT 是协调测量机的替代方案，其不仅获得表面信息，也获得触觉测量系统无法测量的内部结构的准确信息。此外，XCT 甚至可以用于表征部分或完全组装的组件。

用于可视化几何偏差的常用方法是与颜色编码的实际/标称比较：铝压铸部件的比较如图 6-6（a）所示。色标表示 CT 数据的偏差（等值曲面）来自参考对象（CAD 模型）。参考对象的每个位置都对应于局部偏差 Δ NA 的颜色编码：暗区表示强烈的负偏差，浅灰色区域表示正偏差。

计量学领域存在三个主要问题：伪影的各种特征、有限的分辨率和有限的几何精度。在某些情况下，伪影甚至会妨碍可靠的尺寸测量，诸如测量参数设置不合适、穿透长度过长等问题，多种材料成分只是导致测量结果不准确的一些因素。XCT 在计量学中应用的另一大挑战是准确检测表面（材料和空气的界面）或两种不同材料之间的界面。目前正在研究许多局部阈值方法，但到目前为止尚未找到一般解决方案。另一个关键问题是缺乏关于提取的表面或界面的不确定性的信息，并且因此缺乏关于提取的尺寸的质量信息。由于这些原因，XCT 在尺寸测量中的应用仍然非常有限，如果要通过 XCT 测量由不同材料组成的部件（如带金属销的聚合物插头或铜和石墨之间的连接），则问题更加严重。

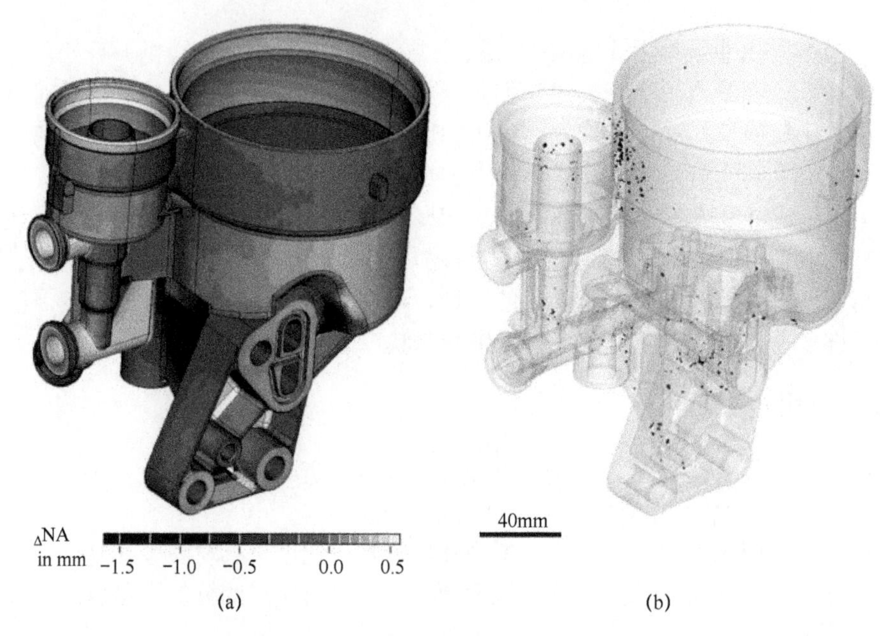

图 6-6 借助 Al 压铸零件展示 XCT 的主要应用领域

（a）计量，CT 数据和 CAD 模型之间的实际/名义比较（颜色对应于局部偏差 DNA）；

（b）无损检测，半透明 3D 孔隙度分析（孔隙为黑色）。像素尺寸为 234μm×234 μm×234μm。

创新产品越来越复杂，而且越来越严格，关于质量和可靠性的要求需要对有关材料和部件内部结构有更详细的了解。因此，用于三维表征非物质性的非破坏性和非接触式技术将成为工艺开发和生产中日益增长的需求，尤其是对于检查位于材料内的复杂几何形状和关键特征。最近几年，通过 XCT 检测轻金属或塑料中的裂缝、空隙、气孔已经成为一种常见的无损检测方法。使用 CT 数据进行孔隙度分析以验证制造过程。图 6-6（b）显示了半透明三维中铝压铸件的孔隙率分析结果。检测到的收缩孔被着色为黑色，并且可以识别聚集体。用于非破坏性测试的 XCT 已应用于材料科学的许多领域[14,24,39,45]，将会在接下来的第 6.3 节详细介绍其实例。但是，可以对某些研究进行分类。

6.3 非均质性的表征

6.3.1 聚合物系统

XCT 有几种用于表征聚合物体系的应用。最重要的有以下几种：

- 纤维增强聚合物的表征-纤维长度分布和纤维取向的测量；
- 表征/测量孔隙度；
- 表征其他聚合物系统，如颗粒增强聚合物或木塑复合材料。

与金属材料相比，纤维增强聚合物（FRP）在强度重量比和硬度方面具有竞争力。因此这些材料在轻质产品中的应用变得越来越重要。用于光纤三维特性的非破坏性和非接触式技术复合材料越来越多地用于工艺和生产开发。XCT 是测量玻璃纤维和碳纤维增强聚合物纤维取向和纤维长度分布的适当方法[46]。图 6-7 显示了典型的 XCT 结果。在两张图中，可以看到纤维和聚合物基质之间的明显对比。

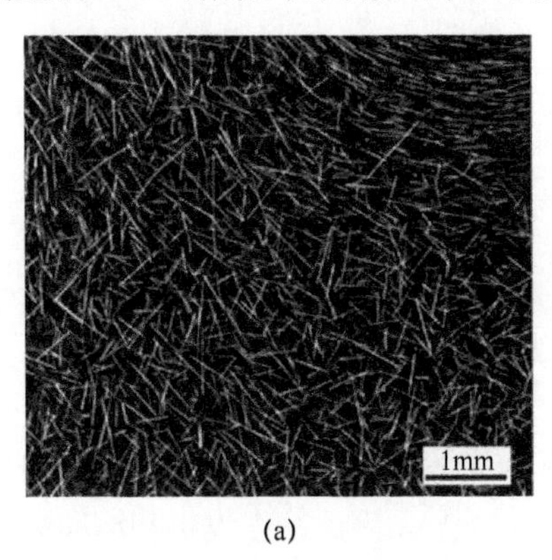

(a)

(b)

图 6-7　纤维增强聚合物（FRP）的 XCT-断层图

（a）聚对苯二甲酸丁二醇酯（PBT）基质中的玻璃纤维，像素尺寸=6μm×6μm×6μm；

（b）聚酰胺（PA）基体中的碳纤维，像素尺寸=2μm×2μm×2μm。

CT 数据可以通过各种三维滤波器处理，例如各向异性扩散，然后是阈值和细化操作，以确定光纤长度分布和光纤取向。应用的工作流程基于 Tan [47]的工作。各向异性扩散过滤器导致纤维和聚合物基质之间更好的对比。因此，可以通过阈值处理来提取单根光纤，并且可以通过细化算法确定每根光纤的中轴。由此，可以确定数据纤维长度和三维取向。CT 评估程序的最终结果是通过颜色编码的矢量场和字形对纤维分布进行三维表示和可视化。

按照所提出的方法在纤维增强垫圈环上进行了测试[48]。第一个样品是注塑成型的垫圈，其成分是聚醚醚酮（PEEK），具有 30vol.%的纤维部分；第二个样品是挤出并转动的垫圈环 PEEK，具有 30vol.%的纤维部分。两个样品的直径均为 9mm，并且以像素尺寸 12μm×12μm×12μm 扫描。纤维提取过程的结果如图 6-8 所示，其中暗区表示纤维的取向，可看出纤维均匀地分布在两个垫圈中。

图 6-8（a）中的箭头表示浇口，椭圆表示注塑成型环的焊接线。可以确定注塑部件内的纤维主要取向平行于环的表面，而在挤出部件中，纤维沿相同方向取向。这两个实例证明了 XCT 用于提取纤维取向的有用性。

根据两个垫圈的 CT 数据，可以确定纤维取向张量。两个环的定向张量如图 6-8 所示，取向张量的矩阵对角线分量提供关于取向纹理的信息。随机分布的光纤使对角线分量等于 1/3。此外，矩阵对角线的总和始终为 1。挤出部分的取向张量沿 Z 轴具有很强的优先性。注射成型环中的主要圆形纤维取向产生一个几乎平面的随机分布，其取向可以量化。

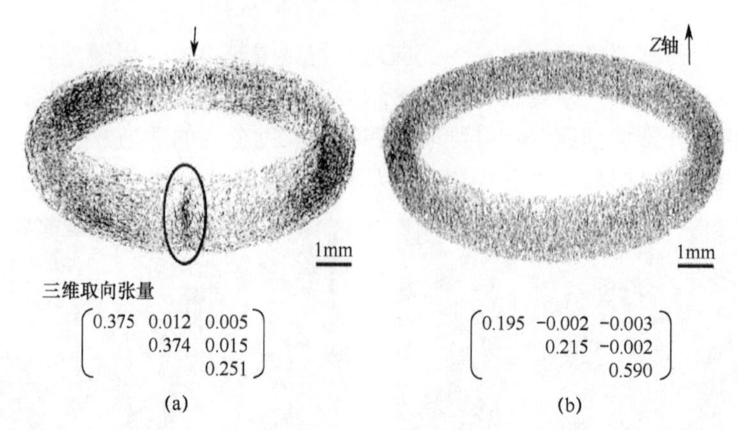

图 6-8　纤维提取过程的结果图（分段纤维的可视化和注射成型垫圈环（a）和挤压垫圈环（b）的 3D 方向张量的说明，暗区对应于纤维的方向）

纤维增强聚合物的孔隙率是该材料实际应用的一个非常重要的因素，因为孔隙率和机械性能（如剪切强度）之间存在直接关联[49]。因此，在飞机和运动中实际使用的碳纤维增强复合材料的孔隙率必须低于 2.5 vol.%～5vol.%。测量孔隙率的最常见的非破坏性方法是超声波测试。然而，超声波衰减系数不仅取决于孔隙率，还取决于孔隙的形状和分布，以及其他不均匀性的存在。这可能导致毛孔定位显著误差。

XCT 是一种非常有前途的方法，用于非破坏性地确定复合材料中孔隙率的空间分布。为此，重要的是使用适当的分割方法来找到材料和孔隙之间的正确表面。图 6-9 是用于航空工业的多孔碳纤维增强聚合物（CFRP）样品的微观结构，展示出了 XCT 断层图像及样品的类似区域的光学图片。通过基于全局阈值的分割方法确定该样品中的孔隙率为（4.60±0.04）vol.%。可以在尺寸和位置上表示出大于 $600\mu m^3$ 的孔。边界处的对比度有所增强。平均孔隙度值与通过超声波测试和酸消解的标准方法获得的孔隙度值相差不超过 0.3 个百分点（相对于 7%）[50]。

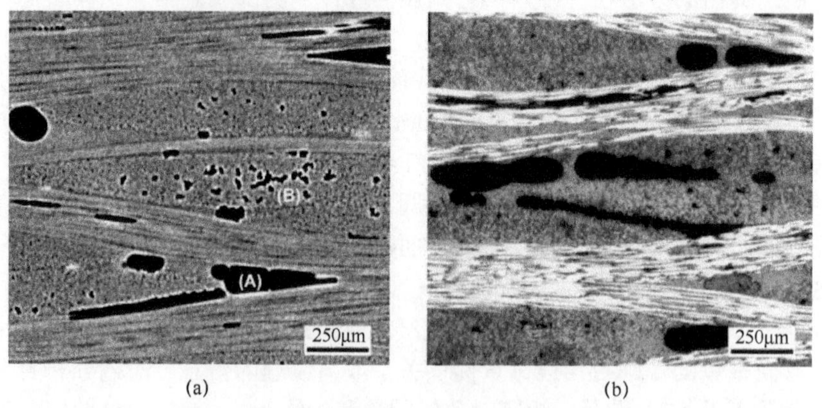

图 6-9　用于航空工业的多孔碳纤维增强聚合物（CFRP）样品的微观结构图

（a）孔隙率为 4.6vol.%的碳纤维增强聚合物试样的孔隙，具有明显的大孔（a）和微孔（b）的 X 线断层照片，像素尺寸=2.75μm×2.75μm×2.75μm；（b）光学显微照片。

6.3.2　轻金属

关于轻金属 XCT 的文献有很多。举个例子，本节介绍了 XCT 应用于高强度 AlZnMgCu 合金的可能性。高强度锻铝合金因其耐腐蚀和良好的可加工性而被广泛应用于航空航天飞行器中。用于轧制、挤压和锻造的预制材料的铸态微观结构基本上由 α-Al 枝晶和由于凝固过程中的偏析引起的枝晶间共晶区域组成。将 Sc 和 Zr 添加到铝合金中以形成 Al_3（Sc，Zr）分散体。这些弥散体主要用于抑制晶粒生长，从而提高强度和韧性，并且如果以足够的量添加可以激活晶粒成核[51-54]。

研究的冷铸 Al-Zn-Mg-Cu 坯料含有 Sc 和 Zr，它们在均化过程中形成二次 Al_3（Sc，Zr）分散体，但在熔体中也形成了初生 Al_3（Sc，Zr）。除了这些颗粒，还出现了富含 Zn 和 Cu 等高吸收性元素的枝晶间偏析。

图 6-10（a）和（b）展示出具有不同测量参数、像素尺寸和取自 Al-Zn-Cu-Mg 的铸态坯料的样品几何形状的 CT 测量的断层图。枝晶间共晶（含有 Zn_2Mg 和富 Cu 相）和 Al_3（Sc，Zr）弥散体比 α-Al-枝晶更具吸收性，因此看起来更亮。在图 6-10（a）中，可以在断层图中观察到在板的外边缘处具有大约 0.45mm 宽度的高吸收区域。Zn 和 Cu 在该区域中比在样品的其余部分中更均匀地分布。因此，可以推断出，具有相对高的合金元素固溶体的细晶粒在表面附近固化。

图 6-10（b）显示了由于较小的样品直径而具有较高分辨率的铸态条件的泡孔结构，可以看到亮点和黑色毛孔。

通过区域生长算法将低吸收孔分割成 $0.7\times1.2\times2.8\ mm^3$ 的长方体就可得到图 6-10（c）。测得的体积分数约为 0.3vol.%。由于这些孔的主轴的排列，α-Al 枝晶的凝固方向是可追踪的，并且相对于坯料表面平均都在 45°左右。

共晶区域和 Al_3（Sc，Zr）粒子同样比 α-Al 树枝状晶体吸收更多的 X 射线。由于有限的空间分辨率和物理伪影的出现，不可能通过对比度水平来区分这两种类型的非物质性。由于 Al_3（Sc，Zr）颗粒表现出或多或少的等轴形状，因此可以通过形状因子将它们与不规则的共晶区域分开。因此，表示三维球形度的形状因子 F 是由式（6-2）计算得到的[55]，表明每一个体的非均质性。

$$F = 6\cdot\sqrt{\pi}\cdot\frac{\text{体积}}{\sqrt{\text{表面积}^3}} \tag{6-2}$$

式中，$F\in[0,1]$，对于理想球体，F=1。

如图 6-11(a)所示，在几乎球形的 Al_3(Sc，Zr)颗粒的 1.09mm×0.73mm×0.14mm 体积上施加合适的阈值 $F = 0.4$。将其与共晶区域区分开。直径大于 5μm 的 Al_3(Sc，Zr）颗粒为 0.17vol.%，它们的数量密度大于 $1500/mm^3$ 并且它们在树枝状晶体中居中。图 6-11（b）显示了典型的 α-Al 枝晶（灰色）的三个正交断层图像切片，其中 Al_3(Sc，Zr)粒子位于树枝状晶体的中心。星形枝晶的典型直径约为 200μm，其枝晶宽可达 30μm。几个微米级别大小的等轴 Al_3（Sc，Zr）颗粒的位置表明它

们充当 α-Al 枝晶的晶种，并且主要从熔体中分离。冶金学家可以推断出初生 Al_3（Sc，Zr）的含量，以及沉淀硬化剩余的 Sc 和 Zr 的含量[56]。

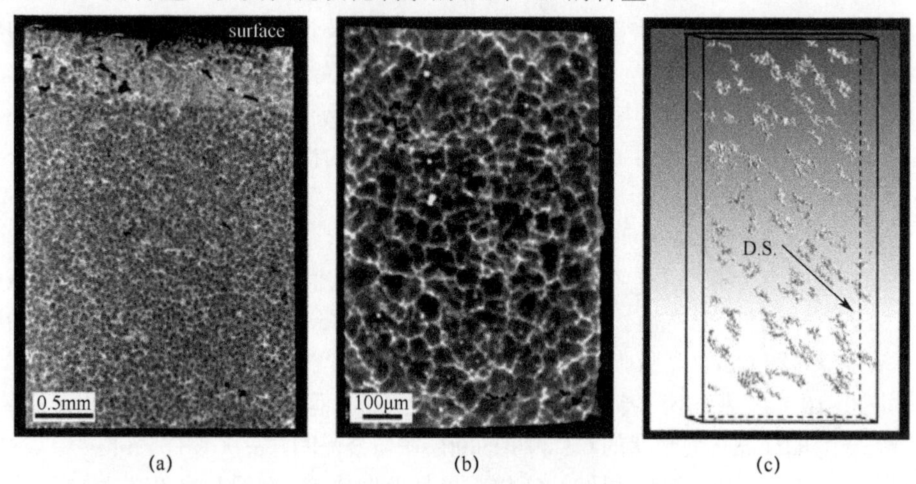

图 6-10　含有 0.11wt%Zr 和 0.25wt%Sc 的 ALZnCuMg 合金铸锭的层析图

（a）$AlZn_8Cu_2Mg_2$ 合金的截面图，在 α-Al 枝晶之间有高的吸叫区和低的吸收点（微孔），像素尺寸：2.3μm×2.3μm×2.3μm，样品的截面尺寸：2.2mm×2.5mm；（b）$AlZn_8Cu_2Mg_2$ 合金切片的截面图，合金切片显示出树枝状晶胞结构，像素尺寸：1.5μm×1.5μm×1.5μm，切片的截面尺寸：0.7mm×1.2mm；（c）微孔的三维视图，透明的样品（体积：0.7mm×1.2mm×2.8mm）体内微孔的视图给出了凝固方向（D.S.），像素尺寸：1.5μm×1.5μm×1.5μm。

枝晶间共晶的形态和分布重复了树枝状固化结构，可以测量其中各个枝晶臂的取向和宽度。关于凝固过程的速度和方向的结论可以从板坯中不同位置的结果中得出。在相对大体积（与二维金相技术相比）范围内，铸件不同位置的枝晶间偏析的形貌和扩展程度可以在三维中进行高精度的测定。

图 6-11　枝晶间共晶区域（黑色）的 Al_3（Sc，Zr）颗粒（白色）之间的差异图

（a）3D 中体积为 1.09 mm×0.73 mm×0.14 mm；（b）α-Al 树枝状晶体（灰色），共晶区域（深色）和 Al_3（Sc，Zr）粒子（白色）的典型排列，长方体为 0.09mm×0.11mm×0.07 mm，其中 Al_3（Sc，Zr）颗粒集中在 α-Al 树突中。

在很大程度上，非物质性的可检测性与体素尺寸之间存在线性相关性。可以识别具有至少三个体素（即体积 > 30 体素）的铝合金中的不均匀性，并进行可靠的检测。

6.3.3 铁基材料

6.3.3.1 球墨铸铁

球墨铸铁的特征在于高温下的高强度、良好的可铸性、耐久性和抗阻性能，并且具有许多应用领域，例如，在汽车行业的经济产品设计中。除了铸造缺陷，球形石墨颗粒的尺寸和分布也会显著影响机械性能。平均颗粒距离和尺寸分布是重要的材料特性，并且能够得出关于凝固过程有价值的结论。

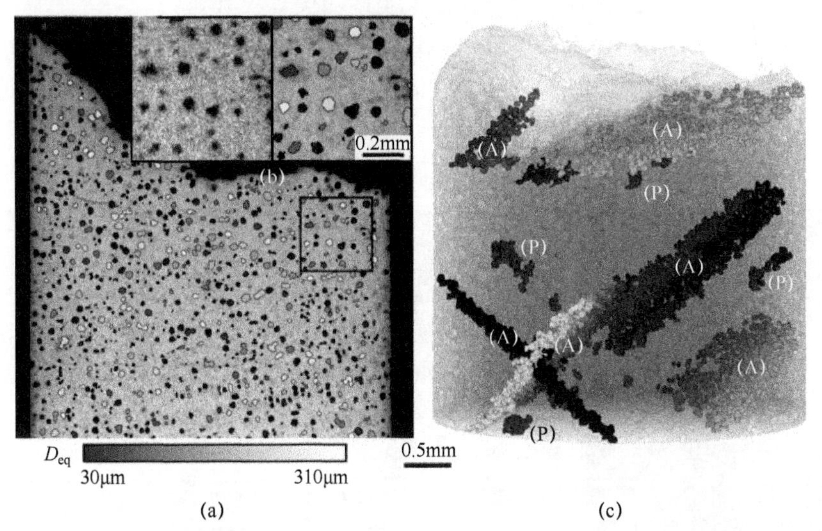

图 6-12 球墨铸铁断裂拉伸试样（GJS500）中石墨颗粒的量化分析

（a）带有分段石墨颗粒的断层图像（灰度值根据其尺寸 D_{eq} 编码）；（b）放大的插图分割后的图像与实测图像的对比；（c）石墨排列（A）和一些 > 50μm 的微孔（P）铁基体半透明的空间排列。

举一个球形石墨颗粒定量评估的例子，对直径为 4.5mm 的断裂圆柱形拉伸样品进行成像。CT 数据集中的像素为 5 μm×5 μm×5 μm，可以识别 > 15～20μm 的石墨颗粒。粒子的分布可以通过 3D 分析来确定：3D 滤镜和特殊分割程序[57,58]以约 40 mm^3 的体积应用。在该体积中，自动分析了超过 33000 个球形当量直径（D_{eq}）在 30～310μm 的颗粒。图 6-12（a）表示具有分段粒子的断层图像的长度截面，根据它们的尺寸进行灰度值编码。图 6-12（b）中的放大图示出了与相应的原始 CT 测量断层图像（左图）相比的分割质量（右图）。即使对于较小和较乱的颗粒，也可以发现良好的相关性，可确定尺寸约 13vol.%。

VDG P441[59]或 EN ISO 945 标准[60]提供了有关石墨分类方法的信息。约 12%的嵌段石墨颗粒的直径超过 60μm，并且根据规格，这些颗粒属于 5 级，明显降低了质量。

石墨颗粒的对准可以在三维图（图 6-12（c））中通过颗粒密度明显高于样品其余部分的区域来识别。这些颗粒的分割显示沿不同平面的圆顶形结构，这可能影响韧性。在图 6-12（c）中，以半透明三维视图示出了标记有（A）的六个对准簇和另外出现的直径大于 50μm 的微孔（P）。通过应用 XCT 研究，可以评估石墨排列和微孔对拉伸载荷期间裂纹扩展的影响。

6.3.3.2 钢板

在不同的加工步骤之后，检测钢中的不均匀性对于评价它们在生产过程和应用中作为缺陷和有害性指标分类是至关重要的。钢的收缩孔、气孔和非金属夹杂物的空间分布可以通过 XCT 在整个板坯横截面上表示。非均质性的大小和样品的尺寸都需要通过断层扫描方法适当选择可实现的像素尺寸。

在图 6-13（a）中，表示了连续铸造钢板中心的收缩孔的排列和单个分段收缩孔的典型形状。孔的分支结构导致形状因子 F（式（6-2））接近零。可以通过这些非物质性在三维空间上的排列，可以获得初级和次级臂距离等互补枝晶特性。这些特征可用于得出关于凝固方向和速度及连铸过程中三维熔体流动的结论[61]。

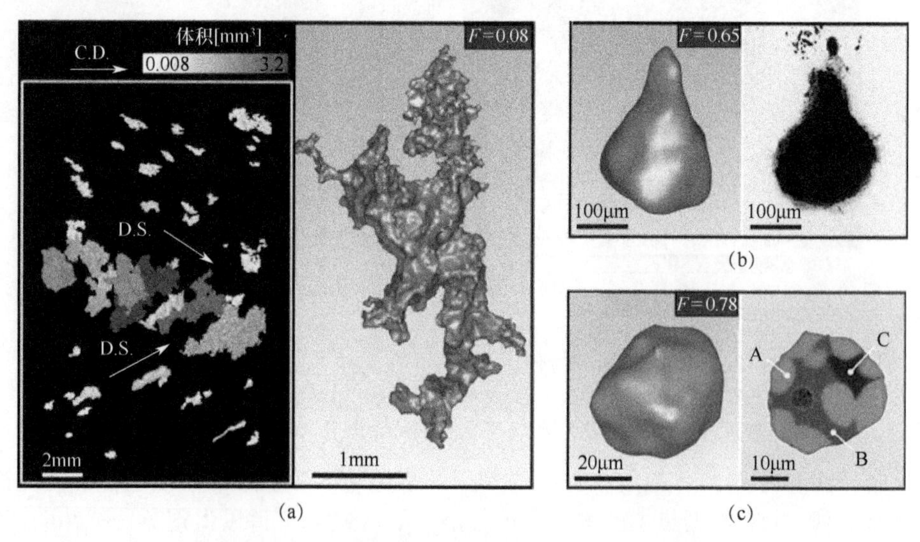

图 6-13 钢中可检测的非均质性的三维图解形状因子 F（球形度）及其金相验证

（a）左：收缩孔的对齐（根据孔的体积编码的灰度值）与浇铸方向（CD）和方向 固化（DS），右：膨胀收缩孔；（b）左：气孔，右：相应的光学显微照片；（c）左：非金属多相夹杂物，右：扫描电子-微观范围图像，具有相位的能量色散 X 射线识别（EDX）：A—硫化钙，B—铝酸钙，C—尖晶石型（$MgO\cdot Al_2O_3$）。

图 6-13（b）显示了气体孔隙的三维形状，以及通过金相靶材制备实现的 CT 对比的来源验证。氧化物和硫化物夹杂物的质量密度约为铁密度的一半，提供足够的 X 射线吸收系数差异来量化这些颗粒，以及收缩/气体孔隙大于应用的 XCT 系统的分辨率极限。直径约 40μm 的多相夹杂物和相应的扫描电子显微镜（SEM）

图片展示在图 6-13（c）中。夹杂物的氧化物可以通过 SEM 中的能量色散 X 射线分析（EDX）来识别。

钢中的非金属夹杂物限定了钢的清洁度，即对高品质炼钢的重要性日益提高。测试方法可以分为两组：

- 统计方法，例如光学显微镜（或 SEM），其覆盖非常小尺寸的“微夹杂物”的范围（通常为 10μm，最高达 100μm）。这些方法适用于从最终产品中取出的小样品的二维部分。
- 超声波测试通常涵盖“宏观内含物”的范围（通常大于 100μm）。该方法检测波穿透体积内的不均匀性，并且可以应用于更大的样品或甚至整个产品（100％对照）。

最近由于改进的炼钢方法减少了大颗粒的数量和尺寸，10～100μm 的小颗粒尺寸越来越受关注[62-64]。在每立方毫米中，几个粒子范围内的中等夹杂物对产品质量方面有显著影响，如韧性、成形性和疲劳强度。用于检测这些夹杂物的常规方法是随机定位的二维金相图，其中问题是统计置信水平，因为可以在合理的时间内评估小的面积（体积）。

从实验板的表面取约 80mm 的样品。样品的横截面为 3.9mm×3.9 mm，使用自动 SEM-EDX 清洁度分析系统进行的初步检查显示氧化物和硫化物夹杂物直径达 40μm。通过对像素尺寸为 6.1μm×6.1μm×6.1μm 的颗粒使用 XCT，可以发现尺寸范围为 30～500μm 的非均质性（图 6-14（a））。

由于有限的空间分辨率和物理人工制品的外观，不可能通过对比度来区分非金属夹杂物和孔隙。通过分析金相学和 CT 数据，夹杂物看起来比微孔更具球形。因此，球形度是通过式（6-2）计算的形状因子 F 区分的。施加合适的 $F=0.5$ 的阈值的结果显示在图 6-14（b）中。0.009vol.%的球形夹杂物的尺寸分布示于图 6-14（c）中。

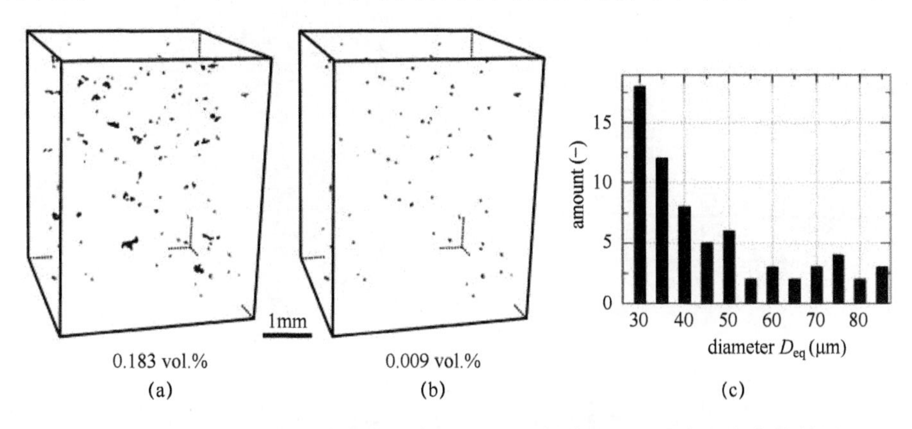

图 6-14　使用球形度 F 估算体积为～80 mm3 的体积％和非金属夹杂物的量

（a）毛孔和内含物的三维表示；（b）只包含 $F>0.5$；（c）夹杂物的尺寸分布。

层析成像方法可用于检测钢中的非金属夹杂物[65]。使用微焦点 XCT 可以可靠地识别中等（>10μm）和宏观尺寸的夹杂物（<100 μm）。微观夹杂物（10μm）可通过亚微焦点 XCT 或同步加速器 XCT 检测到。由于铝酸钙的球形形状，用超声波测试检测这种夹杂物很困难：在 CT 体积数据集中使用形状因子是区分收缩孔和非金属夹杂物的合适方法。因此，可以确定在几个 $100mm^3$ 体积上的尺寸分布和夹杂物含量。一次 CT 扫描中识别（测量时间约为 1 h）可以识别出含有体积超过 $80mm^3$（Φ=4mm）且杂物大于 30μm 的试样，相当于，用金相方法分析大约 200 个横截面。

对于钢铁制造商来说，不同 XCT 技术的组合涵盖了连续铸钢板中可能存在的非均质尺寸的广泛而相关的范围，以便对清洁度进行适当的评估。

6.3.3.3　烧结金属

烧结是通过加热材料直到其颗粒彼此黏附，并且通过扩散减少内表面而由粉末制造致密材料的加工技术。该技术通常用于生产陶瓷物体和粉末冶金领域。选择性激光烧结（SLS）已经被开发用于直接从 CAD 数据制造复杂的几何形状。在这种增材制造过程中，激光通过扫描粉末床的表面选择性地熔化粉末材料[66]。

加工参数的变化对组分的孔隙率具有显著影响。因此，可以应用 XCT 分析质量、改善零件的密度并调整制造时间。通过 SLS 逐层地从钢粉（X2CrNiMo17-12-2，粉末粒度为 35μm）制备具有约 5mm 直径和不同制造参数的圆柱形样品。进行像素尺寸为 7.5μm×7.5μm×7.5μm 的 XCT 测量，孔隙度值通过孔的特殊分割程序确定>45μm。在图 6-15（a）中，示出了具有分段孔（黑色）的三个正交 XCT 切片。该样品是以 200mm / s 的激光扫描速度制造的，估计孔隙率仅约 0.9vol.%。三重激光扫描速度导致更高的孔隙率值（7.8vol.%），这可以在图 6-15（b）中看到。孔的定向方式允许重建激光路径。

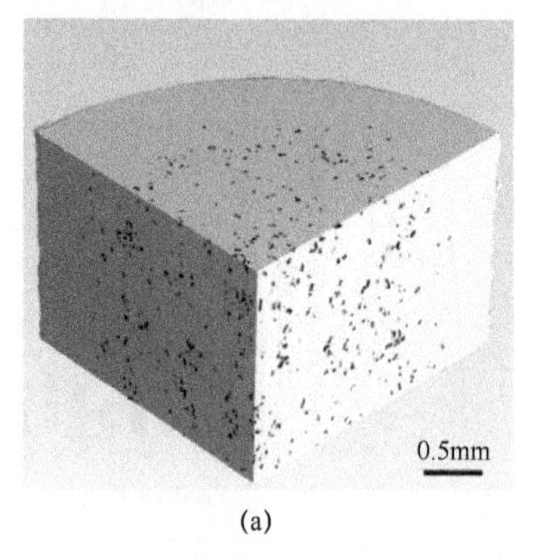

(a)

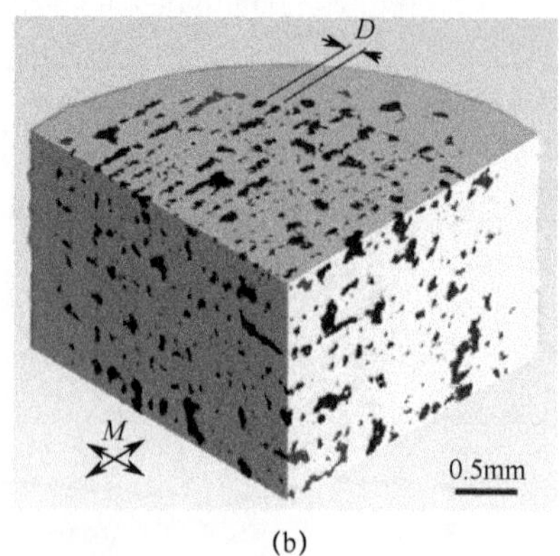

(b)

图 6-15　用不同的激光扫描速度制造的选择性激光烧结钢粉中的孔（黑色）的三维表示

（a）v = 200mm / s，孔隙率= 0.9vol.%；（b）v = 600mm / s，

7.8vol.%；标记的激光线的距离（D）和激光层（M）的交替运动。

使用超过 20 个样品的 CT 孔隙度值计算密度。重量密度测量产生±0.027g/cm^{3}的标准偏差，而 CT 评估的准确度绝对值为±0.04g/cm^{3}或孔隙率为±0.5%[67]。

6.3.4　金属泡沫和金属基复合材料

多孔金属（金属泡沫）是一种低密度的材料，是机械、电、热和声学性能的杰出结合。它们在轻量化结构、能量吸收和热管理方面具有巨大的潜力。泡沫金属是由液态或半液态金属（如铝或镁）中的气泡成核和膨胀形成的。它们的孔径结构通常不均匀，孔径大小不一，孔的取向较好。表征多孔结构的最重要参数是相对密度，单元形态，单元壁材料的拓扑结构和特性。虽然解决多孔泡沫结构一直是科学研究的课题，但迄今为止还没有确定一些最常见的结构参数的简单标准技术或程序[68-70]。

XCT 的应用与适当的图像处理相结合可能成为表征金属泡沫结构的准确而快速的方法。图 6-16（a）显示了闭孔泡沫铝样品的断层图，横截面为 65 mm×92 mm。使用商业图像处理软件包 MAVI-Modular Algorithms for Volume Images [71]处理从 CT 扫描获得的原始数据集。MAVI 包含许多用于 3D 图像的算法，例如滤波器、分割算法和形态变换，尤其用于分析混凝土或泡沫等材料中的微结构图像。这种特殊的图像处理软件用于隔离泡沫中的孔隙，并计算它们的体积、平均直径、表面积和球形度。

表征孔隙的四个主要步骤是过滤、二值化、分割和单个物体特征的计算。在应用高斯和拉普拉斯滤波器之后，使用 Otsu 方法[41]进行二值化。然后使用原始 CT 灰度值图像和二值图像应用 Watershed 算法以找到并分割毛孔。在去除铝泡沫的边界物体之后的最终图像显示在图 6-16（b）中。在该分析过程结束时，可以生成每个单独孔的对象特征。该信息包括孔径、体积、表面积、不同形状因子（球形度）和样品内的位置。

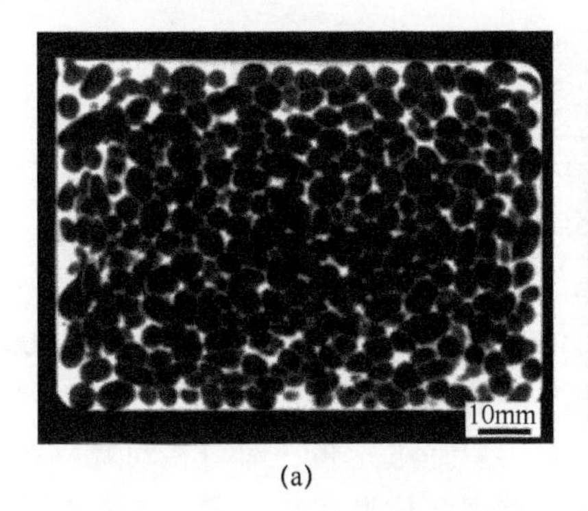

(a)

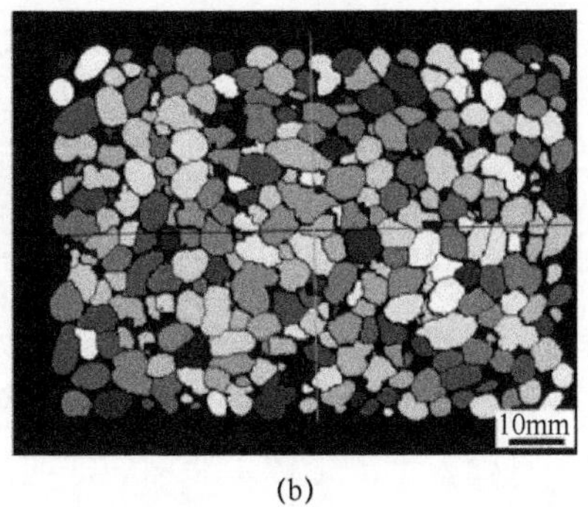

(b)

图 6-16　泡沫铝中孔隙的定量

（a）断层图像，像素尺寸：232 μm×232 μm×232 μm；（b）最终流域图像，带有去除的边界物体，可以区分各种颜色的孔隙；物体的边界是“分水岭”，对应于孔隙之间的铝壁。

金属基质复合材料（MMC）与所有复合材料一样，至少由两个截然不同的相组成，适当的分布以提供任何一个单独相都无法获得的性能。一般有两相，如纤维状或颗粒状陶瓷相嵌入金属基体中。这些复合材料结合起来，例如具有较高的抗拉强度或低比重的热导率，但纤维增强材料的性能受纤维取向、纤维与基体的界面以及裂纹和孔隙的分布等因素的强烈影响[72,73]。

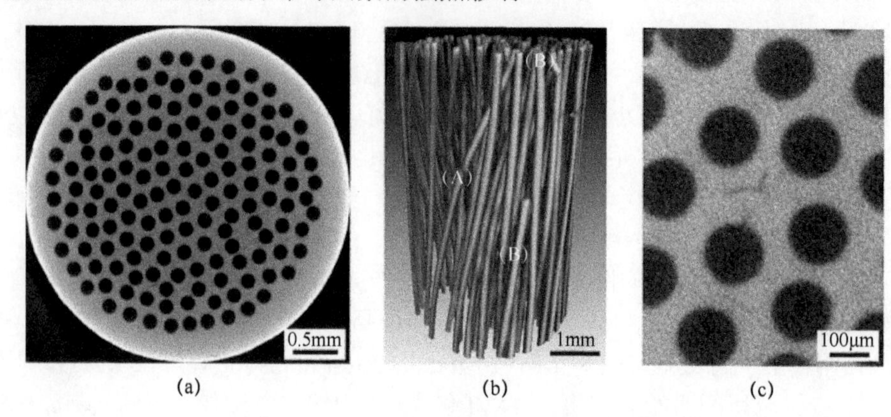

图 6-17　CuCrZr/ SiC/20 m 样品的层析图

（a）具有深色单丝的体层图，像素尺寸：2.1 μm×2.1 μm×2.1 μm；（b）具有弯曲纤维（A）和纤维碎裂（B）的分段 SiC 纤维的 3D 视图；（c）（a）中断层图的放大部分显示了加强件之间的 Cu 基质中的微裂缝（暗）。

基于 Cu 及其合金增强的高性能 MMCs 被陶瓷单丝如 SiC 和 Al_2O_3 加以研究用于散热器应用[74]。这种 MMC 的热性能和机械性能在很大程度上取决于增强和对准纤维与纤维之间的黏合强度矩阵。可以应用 XCT 以调查分布、错误定向和纤维的碎裂、纤维/基质-剥离或纤维的拼接，以及金属基质中的微裂纹和孔隙。图 6-17 显示了一些单丝增强 Cu 基体（CuCrZr/SiC/20 m）中的缺陷样品，其直径为 3.5mm，计算出的分段 SiC 纤维的体积分数为 19 vol.%。

6.4　本章小结

本章介绍了通过 X 射线计算机断层扫描方法（即具有微焦点和亚微焦点 X 射线源的锥束 XCT）对检测和表征材料非均质性的研究。主要结论是：

（1）为了保证对非均质性的代表性三维描述，采样很重要。非均匀性的大小和样品的直径都需要适当选择层析成像方法（幅度的空间分辨率[直径/ 1000]）。在分析体积和获得的空间分辨率之间存在严格的分层结构。

（2）直径大于 3 个像素非均质性的分布可以通过定量三维分析可靠地确定。与金相分析相比，这种临界非均质的积累、频率和位置可以在具有统计学意义的样品体积中确定。

（3）将三维形状因子应用于检测到的非均质性是区分不同类型的非均质性的

适当方法。因此，可以确定尺寸分布。需要破坏性方法来识别阶段。

（4）XCT 方法几乎适用于所有材料系统。对于断层扫描方法的适当应用，了解非均质性可检测性的局限性至关重要。因此，必须考虑分析量与非均质性大小之间的关系。对于 CT 数据集中灰度值对比值大于 5%，在很大程度上，非均质性的大小与空间分辨率（像素尺寸）之间存在线性关联。在铝合金中，必须非均匀性标示为至少 3～5 个像素的直径，以便与所应用的空间分辨率无关地进行可靠的检测。由于在高吸收材料中出现伪影，例如 Fe 基合金，至少 4～7 个像素的非均匀性直径是必要的。此外，样品内不均匀性的位置十分重要：与位于样品附近或在样品边缘处的非均质性相比，中心不均匀性的可检测性更差，并且它们的形态在几何上变形。

（5）除了检测孔隙和裂缝，还可以量化三维？中铸造金属的分离和夹杂物。它们的形态和分布复制了树枝状凝固结构，其中可以测量各个枝晶臂的取向和宽度。这些特征可用于得出关于固体化的方向、速度及铸造期间的三维湍流的结论。

参考文献

1. Hsieh, J.: Computed Tomography, Principles, Design, Artifacts and Recent Advances. SPIE The International Society for Optical Engineering, Bellingham (2003)
2. Buzug, T.M.: Computed Tomography: From Photon Statistics to Modern Cone-Beam CT. Springer, Berlin/Heidelberg (2008)
3. Oster, R.: Computed tomography as a non-destructive test method for fibre main rotor blades in development, series and maintenance. In: Proceedings of International Symposium on Computerized Tomography for Industrial Applications and Image Processing in Radiology. DGZfP-BB 67-CD, Berlin (1999)
4. Illerhaus, B., Goebbels, J., Kettschau, A., Reimers, P.: Non destructive waste form and package characterization by computed tomography. Mat. Res. Soc. Symp. Proc. **127**, 507–512 (1989)
5. Habermehl, A., Ridder, H.W.: Ein neues Verfahren zum Nachweis der Rotfäule. In: International Conference on Problems of Root and Butt Rot in Conifers, pp. 340–347, Kassel (1978)
6. The Chinese Society of NDT (eds.): Proceedings of 17th World Congress on Non-destructive Testing. ChSNDT, Shanghai (2008)
7. Moseley, H.G.J.: The high-frequency spectra of the elements. Phil. Mag. **26**, 1024–1034 (1913)
8. Ebel, H.: Fundamental parameter programs: algorithms for the description of K, L and M spectra of X-ray tubes. Adv. X-ray Anal. **49**, 267–273 (2006)
9. Moore, P.O. (ed.): Nondestructive Testing Handbook, Radiographic Testing, vol. 4. American Society for Nondestructive Testing, Columbus (2002)
10. Eisberg, R., Resnick, R.: Quantum Physics of Atoms, Molecules, Solids, Nuclei, and Particles. John Wiley & Sons, New York (1985)
11. Lambert, J.H.: Photometria, sive de mensura et gradibus luminis colorum et umbrae. Sumptibus Vidae Eberhardi Klett, Leipzig (1760)
12. Beer, A.: Bestimmung der Absorption des rothen Lichts in farbigen Flüssigkeiten; von Beer. Ann. Phys. **86**, 78–87 (1852)
13. Berger, M.J., Hubbell, J.H., Seltzer, S.M., Chang, J., Coursey, J.S., Sukumar, R., Zucker, D.S.: National Institute of Standards and Technology Standard Reference Database 8 (XGAM). http://physics.nist.gov/PhysRefData/Xcom/Text/XCOM.html (2009). Accessed 8 June 2009

14. Baruchel, J., Buffiere, J.Y., Maire, E., Peix, G. (eds.): X-ray Tomography in Material Science. Hermes Science Publications, Paris (2000)
15. VDA Unterausschuss ZfP und DGZfP Fachausschuss Durchstrahlungsprüfung (eds.): VDA-Prüfblatt 236-101/DGZfP Merkblatt D6: Anforderungen und Rahmenbedingungen für den Einsatz der Röntgencomputertomographie in der Automobilindustrie. DGZfP, Berlin (2008)
16. Partridge, M., Hesse, B.M., Müller, L.: A performance comparison of direct- and indirect-detection flat-panel imagers. Nucl. Instrum. Methods Phys. Res. A **484**, 351–363 (2002)
17. Hoheisel, M.: Amorphous silicon X-ray detectors. J. Non Cryst. Solids **227–230**, 1300–1305 (1998)
18. Lee, H.R., Ellingson, W.: Characterization of a flat panel amorphous Si detector for CT. J. Xray Sci. Technol. **9**, 43–53 (2001)
19. Gondrom, S., Schröpfer, A.: Digital computed laminography and tomosynthesis-functional principles and industrial applications. In: Proceedings of International Symposium on Computerized Tomography for Industrial Applications and Image Processing in Radiology. DGZfP-BB 67-CD, Berlin (1999)
20. Simon, M., Sauerwein, C., Tiseanu, I.: Extended 3D CT method for the inspection of large components. In: Proceedings of 16th World Conference on Nondestructive Testing, ICNDT, Montreal (2004)
21. Feldkamp, L.A., Davis, L.C., Kress, J.W.: Practical cone beam algorithm. J. Opt. Soc. Am. A **6**, 612–619 (1984)
22. Reiter, M., Heinzl, C., Salaberger, D., Weiss, D., Kastner, J.: Study on parameter variation of an industrial computed tomography simulation tool concerning dimensional measurement deviations. In: Proceedings of 10th European Conference on Non-destructive Testing. RSNTTD, Moscow (2010)
23. Smith, B.D.: Image reconstruction from cone-beam projections: necessary and sufficient conditions and reconstruction methods. IEEE Trans. Med. Image **4**(1), 14–25 (1985)
24. Salvo, L., Cloetens, P., Maire, E.: X-ray micro-tomography an attractive characterisation technique in materials science. Nucl. Instrum. Methods Phys. Res. Sect. B **200**, 273–286 (2003)
25. SkyScan: Micro-CT in SEM. http://www.skyscan.be/products/SEM_microCT.htm. Accessed 29 June 2010
26. Perkin Elmer Inc.: Reference Manual. http://www.perkinelmer.com (2009). Accessed 26 March 2009
27. Simon, M., Sauerwein, C., Tiseanu, I., Burdairon, S.: Flexible 3D-Computertomographie mit RayScan 200. In: Proceedings DGZfP Annual Conference, DGZfP, Berlin (2001)
28. RayScan Technologies GmbH: RayScan 250. http://www.rayscan.eu/PDF-Internet/PRO-G75022-Be-i.pdf (2009). Accessed 25 March 2009
29. Paul, T., Zhenhui, H.E.: Advanced NDT with high resolution computed tomography. In: Proceedings of 17th World Conference on Non-destructive Testing, ChSNDT, Shanghai (2008)
30. Hamamatsu Photonics K.K. Flat panel sensor C7942SK-05. http://sales.hamamatsu.com/ (2009). Accessed 28 March 2009
31. Krimmel, S., Stephan, J., Baumann, J.: 3D computed tomography using a microfocus X-ray source: analysis of artefact formation in reconstructed images using simulated as well as experimental projection data. Nucl. Instrum. Methods Phys. Res. Sect. A **542**, 399–407 (2005)
32. Herman, G.T.: Correction for beam hardening in computed tomography. Phys. Med. Biol. **24**(1), 81–106 (1979)
33. Hopkins, F., Du, Y., Lasiuk, B., Abraham, A., Basu, S.: Analytical corrections for beam-hardening and object scatter in volumetric computed tomography systems. In: Proceedings of 16th World Conference on Nondestructive Testing, ICNDT, Montreal (2004)
34. Hammersberg, P., Mangard, M.: Correction for beam hardening artefacts in computerised tomography. J. Xray Sci. Technol. **8**, 75–93 (1998)
35. Van de Casteele, E.: Model-based approach for beam hardening correction and resolution measurements in microtomography. PhD Thesis, University of Antwerp, Antwerp (2004)
36. Kasperl, S.: Qualitätsverbesserungen durch referenzfreie Artefaktreduzierung und Oberflächennormierung in der industriellen 3D-Computertomographie. PhD Thesis,

Technische Fakultät der Universität Erlangen, Nürnberg (2005)
37. Joseph, P.M., Spital, R.D.: The effects of scatter in X-ray computed tomography. Med. Phys. **9**(4), 464–472 (1982)
38. Wiegert, J.: Scattered radiation in cone-beam computed tomography: analysis, quantification and compensation. PhD Thesis, Rheinisch-Westfälischen Technischen Hochschule Aachen, Aachen (2007)
39. Banhart, J. (ed.): Advanced Tomographic Methods in Materials Research and Engineering. Research Oxford University Press, Oxford (2008)
40. Prewitt, J.M.S., Mendelsohn, M.L.: The analysis of cell images. Ann. N.Y. Acad. Sci. **128**(3), 1035–1053 (1966)
41. Otsu, N.: A threshold selection method from gray level histograms. IEEE Trans. Sys. Man. Cyber. **9**(1), 62–66 (1979)
42. Russ, J.C.: The Image Processing Handbook. CRC Press LLC, Boca Raton (2002)
43. Rosenfeld, A., Pfaltz, J.L.: Sequential operations in digital picture processing. J. ACM **13**(4), 471–494 (1966)
44. Heinzl, C., Kastner, J., Gröller, E.: Surface extraction from multi-material components for metrology using dual energy CT. IEEE Trans. Visual Comput. Graphics **13**(3), 1520–1528 (2007)
45. Kastner, J. (ed.): Proc. Industrielle Computertomografietagung, Wels. Shaker Verlag, Aachen (2008)
46. Kastner, J., Salaberger, D., Zitzenbacher, G., Stadlbauer, W., Freytag, R.: Determination of diameter, length and three-dimensional distribution of fibres in short glass-fibre reinforced injection moulded parts by X-ray-computed tomography. In: Proceedings of 24th Annual Meeting Polymer Processing Society, Salerno (2008)
47. Tan, J.C., Elliot, J.A., Clyne, T.W.: Analysis of tomography images of bonded fibre networks to measure distribution of fibre segment length and fibre orientation. Adv. Eng. Mater. **8**(6), 495–500 (2006)
48. Pfeifer, F., Kastner, J., Freytag, R.: Method for three-dimensional evaluation and visualization of the distribution of fibres in glass-fibre reinforced injection moulded parts by μ-X-ray computed tomography. In: Proceedings of 17th World Congress on Non-destructive Testing. ChSNDT, Shanghai (2008)
49. Birt, E.A., Smith, R.A.: A review of NDE methods for porosity measurement in fibre-reinforced polymer composites. Insight **46**(11), 681–687 (2004)
50. Plank, B., Kastner, J., Sekelja, J., Salaberger, D.: Determination of porosity in carbon fibre reinforced polymers by X-ray computed tomography. In: Proceedings of 4th FFH Conference, pp. 321–328. Rötzer, Eisenstadt (2010)
51. Mondolfo, L.F.: Aluminium Alloys: Structure and Properties. Butterworths, London (1976)
52. Davis, J.R. (ed.): Aluminum and Aluminum Alloys. ASM International, Ohio (1993)
53. Radmilovic, V., Tolley, A., Lee, Z., Dahmen, U.: Core-shell structures and precipitation kinetics of Al_3 (Sc, Zr) Li_2 intermetallic phase in Al-rich alloy. Metalurgija-J. Metallurgy **12**, 309–314 (2006)
54. Senkov, O.N., Shaghiev, M.R., Senkova, S.V., Miracle, D.B.: Precipitation of Al3(Sc, Zr) particles in an Al-Zn-Mg-Cu-Sc-Zr alloy during conventional solution heat treatment and its effects on tensile properties. Acta. Mater. **56**(15), 3723–3738 (2008)
55. Mücklich, F., Ohser, J.: Statistical Analysis of Microstructures in Materials Science. Wiley and Sons, Weinheim (2000)
56. Harrer, B., Degischer, H.P., Kastner, J.: Microfocus computed X-ray tomography of segregations in high strength aluminium alloys. In: Proceedings of 10th European Conference on Non-destructive Testing. RSNTTD, Moscow (2010)
57. Reinhart, C., Poliwoda, C., Guenther, T., Roemer, W., Gosch, C.: Modern voxel based data and geometry analysis software tools for industrial CT. In: Proceedings of 16th World Conference on Nondestructive Testing, ICNDT, Montreal (2004)
58. Volume Graphics GmbH. Reference Manual VGStudio Max Release 2.0. http://www.volumegraphics.com (2008). Accessed 28 March 2009
59. Association of German Foundryman (eds.): Merkblatt P441: Richtreihe zur Kennzeichnung der Graphitausbildung. VDG, Düsseldorf (1962)

60. ISO Standard 945-1:2008: Microstructure of cast irons—Part 1: Graphite classification by visual analysis. Geneva (2008)
61. Harrer, B.: Detectability of heterogeneities in Fe-based and aluminum alloys by X-ray computed tomography. PhD Thesis, Vienna University of Technology, Vienna (2009)
62. Meilland, R., Jowitt, R., Ribera, M., Didriksson, R., Schuller, M.: Research Project 218-PR/039, Improvement of sampling and analysis procedures for clean and high purity steel. EC, Luxembourg (2002)
63. Hansen, T., Runnsjö, G., Törresvoll, K., Jönsson, P.G.: On the assessment of macro inclusions in stainless steels using ultrasonic technique. In: Proceedings of 16th World Conference on Nondestructive Testing, ICNDT, Montreal (2004)
64. Boue-Bigne, F.: Laser-induced breakdown spectroscopy applications in the steel industry: rapid analysis of segregation and decarburization. At. Spectrosc. **63**(10), 1122–1129 (2008)
65. Harrer, B., Kastner, J., Winkler, W., Degischer, H.P.: Opportunities in the detection of inhomogeneities in steel by computed tomography. In: Proceedings of 17th World Congress on Non-destructive Testing. ChSNDT, Shanghai (2008)
66. Santos, E.C., Shiomi, M., Osakada, K., Laoui, T.: Rapid manufacturing of metal components by laser forming. Int. J. Mach. Tools Manuf. **46**, 1459–1468 (2006)
67. Plank, B., Kastner, J., Schneider, R., Busch, R.: Characterisation of porosities in sinter-metals by X-ray computed tomography-selective laser sintering. In: Proceedings DGZfP Annual Conference, pp. 810–816. DGZfP, Münster (2009)
68. Degischer, H.P., Kriszt, B. (eds.): Handbook of Cellular Metals. Wiley-VCH, Weinheim (2002)
69. Clyne, T.W., Simancik, F.: Metal Matrix Composites and Metallic Foams. Wiley-VCH, Weinheim (2000)
70. Scheffler, M., Colombo, P.: Cellular Ceramics: Structure, Manufacturing, Properties and Applications. Wiley-VCH, Weinheim (2005)
71. Fraunhofer-Institut für Techno- und Wirtschaftsmathematik. MAVI-Modular Algorithms for Volume Images. http://www.itwm.fhg.de/bv/projects/MAVI/ (2009). Accessed 12 June 2010
72. Chawla, N., Chawla, K.K.: Metal Matrix Composites. Springer, New York (2006)
73. Kainer, K.U. (ed.): Metal Matrix Composites. Custom-Made Materials for Automotive and Aerospace Engineering. Wiley-VCH, Weinheim (2006)
74. Brendel, A., Popescu, C., Köck, T., Bolt, H.: Promising composite heat sink material for divertor of future fusion reactors. J. Nucl. Mater. **367–370**, 1476–1480 (2007)

第 7 章　采用高能同步辐射的亚微米断层扫描

7.1　概述

当同步加速器断层扫描技术的空间分辨率达到微米范围时，同步加速器断层扫描技术成为材料科学研究的热点[1,2]。该技术允许重构具有足够微观结构细节的非均质材料的三维代表体积，这对预测宏观特性是必要的。以枫丹白露砂岩为例，利用层析重建方法对其渗透率进行估算，结果与实验数据[3]吻合较好。Borbély 等人[4]也表明，用“平均窗口技术”可以很好地预测由 20 vol.%氧化铝颗粒增强的 6061 铝合金组成的金属基复合材料的有效弹塑性性能。该方法是基于实际材料子体积（窗口）的有限元模拟，粒子的局部体积分数等于平均体积分数。作为必要条件，此类体积的边缘长度应大于基础结构的两点相关长度。

使用同步辐射的高分辨率 X 射线断层扫描[5, 6] 非常适合观察局部微观结构的变化。当基体和空气的 X 射线衰减系数差异很大时，最简单的情况与孔隙或裂纹形式的损伤识别有关。显然，同步加速器源用的高光子通量有助于原位断层扫描研究，但当微观结构的变化时间比扫描所需的时间更短时，对中断试样的测量也非常有助于了解研究过程的运动学。间断试样的结果揭示了金属基复合材料的断裂过程[7]，即奥氏体球墨铸铁中疲劳裂纹成核的早期阶段[8]。后者的研究结果已经表明，稳定的短裂纹在孔隙的应力集中区成核，并由于微观结构障碍而被阻止。使用模型金属基复合材料[9]甚至有吸收性的样品（钢）[10]的间断拉伸试验研究了金属的延展性损伤。

最近，随着采集速度的提高，已经可以在对样品连续施加负载的同时进行原位测试。连续加载中的原位断层扫描已成功应用于研究含铅黄铜的蠕变损伤[11]及连续拉伸试验[12]。在每一种情况下，同步加速器断层扫描都会揭示损坏的时间顺序（对空隙或微裂纹的起始、生长和合并的清晰观察），并将实验结果与这些不同阶段的经典模型进行比较。

这些结果和其他许多观察结果共同证明了高分辨率断层扫描在材料科学研究中未来应用的巨大潜力。

7.2　高分辨率同步层析

X 射线断层扫描中对比度的常见来源是材料衰减特性的变化。吸收断层扫描检索线性衰减系数$\mu(x,y,z)$的分布，很大程度上取决于通过当前元素的原子序数Z的材料特性。必须根据三次幂的关系增加X射线能量来补偿重元素衰减的快速增加：

$$\mu \propto (Z/E)^3 \tag{7-1}$$

为了研究可以进行原位实验的材料及其相关尺寸的结构，需要相当高的X射线能量。通常，铝基样品需要10～20 keV，铁、铜或钛基样品需要20～40 keV。在更高的能量下进行真正的亚微米分辨率的断层扫描并不是那么简单。

在许多相关的情况下，因为衰减对比度太弱而不能被利用。对于高能量和高空间分辨率的轻材料（例如聚合物基材料）尤其如此。一般来说，通过利用透射光束的光学相位而不是振幅，可以大大提高灵敏度。相位对比微层析成像技术是在同步加速器上开发的，利用了传输光束的相干特性。在这种情况下，对比度是由于材料折射率的变化，折射率本质上是由电子密度决定的。因此，定量相层析成像可以得到样品中的电子密度分布。图7-1（b）显示了相位差与衰减系数的比与X射线能量之间的关系。可以获得几个数量级的增益，特别是在更高的能量下。相位对比度的获取方法有传播法、分析仪法和光栅法。在拥有显微镜的配置时，可以实现泽尼克型相位对比。传播型和泽尼克型相位对比是最适合实现亚微米空间分辨率的。

相位对比断层扫描最简单的方法是基于传播型原理的，当X射线源、样本和探测器之间的距离有限时，它就会自然发生。在传播之后，由于拥有高空间相干性或相当好的几何分辨率，可以理想地用同步束分辨干涉图样。基于传播型的相位对比技术可以作为一种简单的边缘增强技术，提高裂纹和衰减类似的冶金相等的检测。与吸收层析成像相比，定量相层析成像通常需要获得更多的数据。在全息层析术[13]中，根据样品和探测器之间或X射线源和探测器之间的不同距离进行几次（通常是三到四次）层析扫描。一个数字实现的全息相位恢复步骤与通常的层析成像程序相结合。在这种情况下，会得到两个独立的样品三维数据集，即衰减系数分布和电子密度分布（如图7-1（a）所示）。

在X射线成像中，还可以利用其他材料的特性和对比机制。激发X射线荧光，并用来获得具有特定元素特征的化学图像。X射线荧光显微术通常是用扫描几何结构中的聚焦光束进行的。虽然可以实现荧光层析成像[14]，但由于自吸收效应（低能荧光X射线被样品重新吸收而不能离开），它的采集时间长，对重材料的限制也很强。层析成像与X射线衍射相结合可以获得样品结晶性质的信息。它用于（慢）扫描几何结构中的多晶多相材料（衍射层析成像[15]）或全场几何结构中的单相材料（衍射对比层析成像[16]）。在衍射层析成像中，假设晶粒尺寸远小于分辨率元件，而在衍射对比层析成像中，晶粒尺寸应明显大于分辨率元件。

在空间分辨率方面，不同的同步加速器方法的空间分辨率可以实现从亚微米到纳米（约 40nm）的空间分辨率[17]：①平行束亚微米层析成像，②通过投影放大层析成像，③使用X射线透镜放大层析成像，④相干衍射成像技术。X射线透镜可以作为显微镜的物镜，在样品的出口处放大图像，特别是菲涅耳波带片和某种程度上基于复合折射透镜的全场显微镜在不同的同步加速器设备中运行。虽然在非常低的 X 射线能量下特别成功，波带片低的高能量效率和有限的视场（15～50μm）使这种方法不太适合材料科学中的高能量研究。相干衍射成像技术被认为是实现空间分辨率的另一种途径，远远超过了高分辨率 X 射线探测器或 X 射线光学所能实现的。一些材料科学应用已经报道了[18]，但是今天大多数材料科学应用仍使用平行束亚微米层析成像或放大投影层析成像。

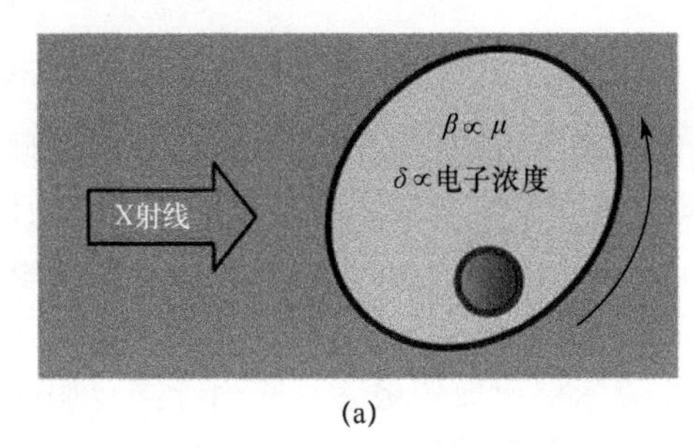

(a)

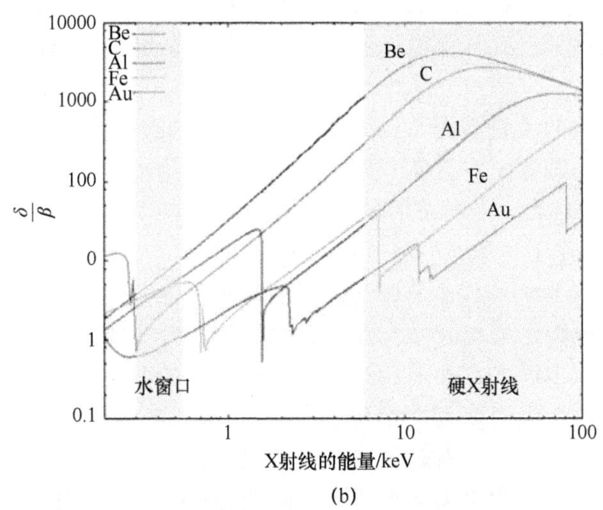

(b)

图 7-1　X 射线能量、吸收指数与衰减系数之间的关系

（a）位于最初的相位差时，射线透射成像描述吸收指数 β（与线性衰减系数 μ 成正比）和折射率衰减 δ 的分布；（b）相位差与衰减系数的比 X 射线能量之间的关系。

7.3　平行光束亚微米断层扫描

亚微米断层扫描在同步源上可以在平行光束中实现。在这种情况下，需要注意的是，由于光束不是发散的，因此无法获得几何放大。在并行配置中的标准采集设置的几何形状如图 7-2 所示。从图中可以看出，获取亚微米分辨率层析图像的关键在于入射光束的通量，其中成像探测器的分辨率和像素尺寸是最关键的。

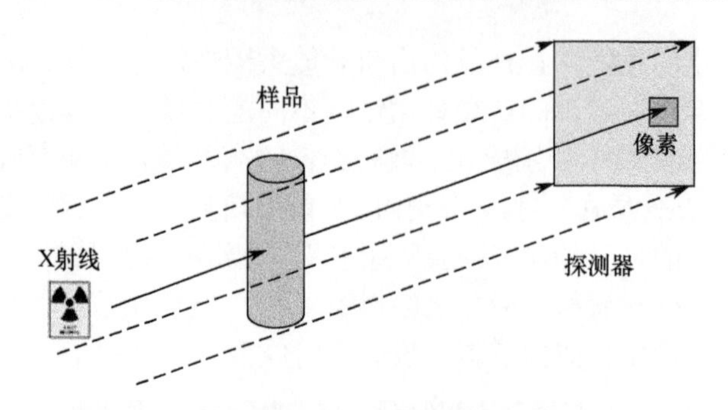

图 7-2　平行光束配置中采集设置的几何形状

首先研究光通量问题，在给定光通量（每秒到达检测器面积的光子数）的平行光束配置中，收集给定光子数所需的时间与检测器横向像素尺寸的平方成比例。将像素尺寸从 1 μm 减少到约 0.3 μm，这意味着，如果没有其他改变，将花费大约 10 倍的计数时间。为了避免这些极长的计数时间，解决办法是增加光子通量。这就解释了为什么亚微米层析成像更容易应用于同步加速器源，因为在那里，光束的高亮度和通量足以在合理的时间内进行层析扫描。例如，这可以通过使用多个串联的插入器件和针孔探测器而不是单色光束（多层单色器而不是硅晶体）来实现。

在成像探测器的质量方面，亚微米分辨率的成像更加精细。经典的微断层扫描系统包含一个闪烁体，将 X 射线转化为可见光，用经典光学显微镜光学成像，并与电荷耦合器件耦合。光学技术，就像在标准光学显微镜中使用的技术一样，不能真正改进，而且由于可见光的波长有限，在任何情况下分辨率都被限制在 0.3 μm 左右。实际上，在 X 射线探测器中无法达到这种最终分辨率，因为它将导致效率接近于零（以及无限的采集时间），闪烁体是可以得到增益的主要部件。近年来，这方面有了改进，也确实存在一些柱状闪烁体，但一个像素对其邻近体的影响是不可避免的。当一个像素被 X 射线照射时，也会影响到相邻的像素。这种相互作用和光学透镜耦合倾向于在有限的邻域上模糊信息。这意味着由于像素之间的相互影响，实际分辨率（定义为两个特征之间的最小距离，以便将它们分开）比像素尺寸更差。

总之，可以设计一个平行光束断层扫描仪，实现立体像素尺寸显著小于 1 μm；然而，实际的空间分辨率仍然在 0.7 μm 范围内。例如，在欧洲同步加速器辐射设施的 ID19 光束线上设计了一个立体像素尺寸降至 0.17 μm 的系统。

7.4　投影放大断层扫描

为了克服探测器的空间分辨率限制，可以通过发散光束投影放大图像。图 7-3 显示了实验设置。几何放大倍数 M 由式（7-2）得出。

$$M=\frac{z_s+z_d}{z_s} \tag{7-2}$$

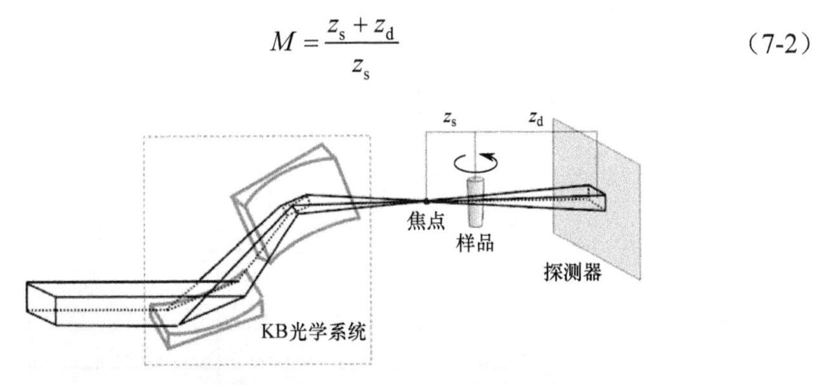

图 7-3　纳米成像终端站 ID22NI 中使用 KB 光学系统放大同步层析成像实验装置的示意图（此图得到文献[23]的转印允许）

图 7-3 中，z_s 为焦点到样品的距离，z_d 为样品到检测器的距离。在这种配置中，可以使用更有效、更粗的探测器，空间分辨率最终受焦点大小的限制。为了在同步加速器中产生聚焦和发散的光束，多层镀膜反射镜由于其高效率和高能量，可以获得较小的焦点和相对较大的锥角或数值孔径，作为首选。值得注意的是，虽然这种设置与通常的实验室锥束几何结构有一些相似之处，但也有重要的区别：①亮度更高，从而产生更好的空间分辨率和更短的曝光时间；②相干性和相位对比效应占主导地位。为了获得最好的空间分辨率（不受干涉条纹的限制）的可解释数据，相位恢复步骤必须与此设置相关联。这种组合方法称为放大全息断层扫描术。在纳米成像终端 ID22NI 上，焦点是由一组交叉的多层涂层弯曲镜面（称为 Kirkpatrick-Baez 光学或 KB 光学）产生的。它们产生的光束尺寸为 80 nm×130 nm，具有中等的单色性（$\Delta E/E=2\times10^{-2}$），可到达的 X 射线能量范围为 17～29keV。全息层析重建的有效相位恢复由四个距离的记录，对应四个放大倍数。探测器的像素尺寸为 1～2.4 μm，放大倍数为 2～50。在实践中使用的典型像素尺寸为 50nm，视场为 75μm。大多数断层扫描是采用缩放或本地断层扫描模式。首先获得完整样本的一个粗扫描，然后对选定的感兴趣区域进行高分辨率全息层析扫描。

7.5　同步加速器光束与层析设置列表

在同步辐射源上获得用于层析成像测量的光束时间很困难。因此，了解可用的仪器能够利用高能成像研究结构的重要细节就非常重要。表 7-1、表 7-2 和表 7-3 总结了世界同步辐射源的现状，我们希望这将有助于潜在用户更容易获得必要的光束时间，并进行最佳测量。

表 7-1　平行光束（白光）高能吸收层析成像实验装置概述

设备		能量范围/keV	最小像素尺寸/最大像素尺寸/μm³	在最高分辨率下的最小扫描时间
ESRF（法国）	ID19	7～60	$(0.3)^3$/ 1	15min
	ID15[37]	30～250（白光）	$(1.1)^3$/ 2	100ms
	ID22	7～65	$(0.3)^3$/1	30 min
APS（美国）	2-BM-B [38]	5～30	$(0.67)^3$/1	6 s
	5-BM-C	10～45	$(2.4)^3$/4	6h
	13-BM [39, 40]	6～70	$(1.0)^3$/2	30 min
	32-ID	8～35	$(0.3)^3$/1	250ms
SPring-8（日本）	BL20B2	8～113	$(2.74)^3$/1	100min
	BL20XU [41]	8～113	$(0.2)^3$/1	25min
	BL47XU [41]	6～37.7	$(0.2)^3$/1	25min
DESY (DE)/HARWI-II[42,43]		16-150	—	—
BESSY-II (DE)/BAMline[44]		6～80	$(1.4)^3$/4	2～3h
ANKA (DE)/TopoTomo[45]		6～35＜40（白光）	$(0.9)^3$/2.5	2.5h
SLS (CH)/TOMCAT[46,47]		8～45	$(0.37)^3$/1	10～15min

表 7-2　使用平行光束的高能相位对比和全息层析术的实验装置概述

设备		能量范围/keV	最小像素尺寸/最大像素尺寸/μm³	在最高分辨率下的最小扫描时间
ESRF（法国）	ID19[48]	7～60	$(0.28)^3$/1	15min
	ID15（白光）	20～250	$(1.1)^3$/2	100ms
	ID22（传播技术）	7～65	$(0.3)^3$/1	30min
APS（美国）	2-BM-B	5～30	$(0.67)^3$/1	6s
	13-BM（传播技术）	6～70	$(1.0)^3$/2	30min
	32-ID	8～35	$(0.3)^3$/1	10s
SPring-8（日本）	BL20B2（Bonse-Hart 干涉仪）	15～25	$(11.7)^3$/30	120min
	BL20B2（Talbot 干涉仪）	8～15	$(5.5)^3$/12	90min
	BL20B2（传播技术）	8～113	$(2.74)^3$/10	100min
	BL20XU（Bonse-Hart 干涉仪）	10～25	$(2.74)^3$/10	180min
	BL20XU（传播技术）	8～37.7	$(0.2)^3$/1	25min
	BL47XU（传播技术）	6～37.7	$(0.2)^3$/1	25min
BESSY II (DE)/BAMline[44]		6～80	$(1.4)^3$/4	2～3h
ANKA (DE)/TopoTomo [45]（白光）		＜40	(0.9)3/2.5	2.5h

（续表）

设备		能量范围/keV	最小像素尺寸/最大像素尺寸/μm^3	在最高分辨率下的最小扫描时间
SLS (CH)[46, 47]	TOMCAT（传播技术）	10～40	$(0.37)^3/1$	10～15min
	TOMCAT（微分相位差）	14～35	$(3.5)^3/5$	10～45min
ESRF (FR)	ID19 [48]（全息层析成像）	7～60	$(0.3)^3/1$	15min（单位距离）
BESSY II/BAMline[44]（全息层析成像）		6～80	$(1.4)^3/4$	2～3h（单位距离）

表 7-3　利用放大光学的高能吸收和相位对比断层扫描实验装置参数

设备		类型差异	能量范围/keV	最大样品直径/μm	最小像素尺寸/最大像素尺寸	最小扫描时间/min
使用 FZP SPring-8（日本）的放大同步层析成像	BL47XU[49, 50]	吸收[51]	6～12	70	$(40nm)^3/(200\ nm)^3$（8 keV）	25
		泽尼克相位板[52]	8	70	$(40nm)^3/(200\ nm)^3$（8 keV）	25
		Talbot 干涉仪差分相位对比	8～10	70	$(40nm)^3/(200\ nm)^3$（8 keV）	90
APS（美国）	26-ID（多层劳埃镜[53]）	吸收/相	8～10	10	$(30nm)^3/-$	120
	32-ID [54]	吸收/相	7～17	25	$(11nm)^3/(40\ nm)^3$（8 keV）	20
SLS (CH)/TOMCAT		吸收[55]	8～12	50	$(16nm)^3/(144\ nm)^3$	15～40
		泽尼克相位对比法[56]	10	50	$(16nm)^3/(144\ nm)^3$	20
使用柯克帕特里克-贝兹镜放大同步加速器断层扫描 ESRF/ID22 [23, 24]		全息层析成像	17～29	400	$(50nm)^3/(180\ nm)^3$	80
使用复合折射透镜放大同步加速器断层扫描 ESRF/ID15A		吸收	30～50	100	$(100nm)^3/(200\ nm)^3$	5
使用布拉格晶体放大同步加速器断层扫描 BESSY II/BAMline		吸收/相	10～40	100	$(150nm)^3/(1\ \mu m)^3$	—

7.6　平行光束亚微米断层扫描的范例

当被分析的微结构特征尺寸很小时，就要求有较高的分辨率。这种情况的一个例子是石油工业中用于保温的复合泡沫，该泡沫用于将热油从位于寒冷海水深处的采油厂输送出来的管道隔热。在防止油冷却的同时，这些材料还必须抵抗 30

MPa 的静水压力。它们是由一个聚合物基体包围空心二氧化硅球的增强多孔结构，该结构在被施加压力时可以防止其崩溃。由于其非均质结构，这些材料（由空气、二氧化硅和聚合物组成）极难使用标准显微镜技术进行观察，但 X 射线层析成像已成功用于此目的[19]。空心球厚度的确定对于了解空心球材料的物理性能是非常重要的。

该厚度通常在 1～3 μm 范围内。因此，最合适的确定方法是使用 ESRF 提供的 0.28 μm 像素尺寸。在这些材料上获得的微结构类型如图 7-4 所示。它由位于相同位置的相同样品的两个重建切片组成，但分别具有 0.7 μm（a）和 0.28 μm（b）的立体像素尺寸设置（由于上述像素的相互影响，这些立体像素尺寸分别对应于约 2μm 和 0.9 μm 的物理分辨率）。可以清楚地观察到，硅空心球的厚度非常小，需要最优的可用空间分辨率。0.28μm 的立体像素分辨率的缺点是视场很小（0.56mm）。图中的示例显示了以不同分辨率扫描的相同示例，表明了使用更高分辨率的优点。球壁的典型厚度约为 1.5 μm，这表示高分辨率为 2.5 像素，最高分辨率约为 5 像素。在这两种情况下，对最薄厚度进行真正的定量测量是需要运气的，但从图中可以清楚地看到，微观结构中的最小细节（包括聚合物基体中的孔隙）在更高的分辨率下更容易捕获。

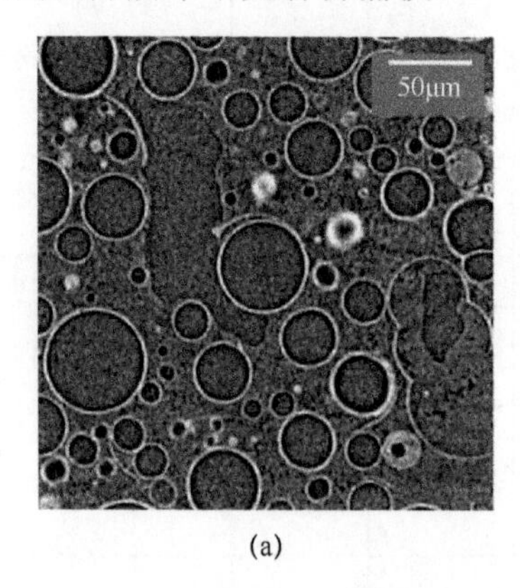

(a)

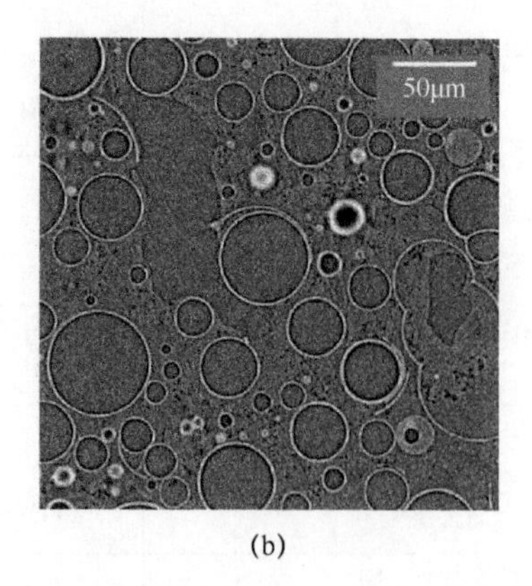

(b)

图 7-4　相同的重建层析切片对比的 SEM 图

（$E = 20.5$ keV，样品到检测器的距离为 15 mm，

含中空二氧化硅球的聚合物泡沫用于石油工业在深海中作为隔热材料）

（a）采用 0.7μm 像素尺寸记录的重建层析切片对比的 SEM 图；

（b）采用 0.28μm 像素尺寸记录的重建层析切片对比的 SEM 图。

重建结果表明，对极薄的硅质增强层进行成像需要较高的空间分辨率。

图 7-5 显示了另一个亚微米分辨率平行束层析成像的例子。在这种情况下，材料为 AlSi12CuMgNi 合金，含有 15vol.%的 Al_2O_3 短纤维[20]（以下简称 AlSi12CuMgNi/Al_2O_3/15s）。这是一种金属基复合材料，其中增强体由共晶硅、陶瓷短纤维和铝化物高度互连的混合三维网络形成[21]。与非连续增强的类似复合材

料相比，这种三维网络提供了高的抗蠕变性能[20–22]。

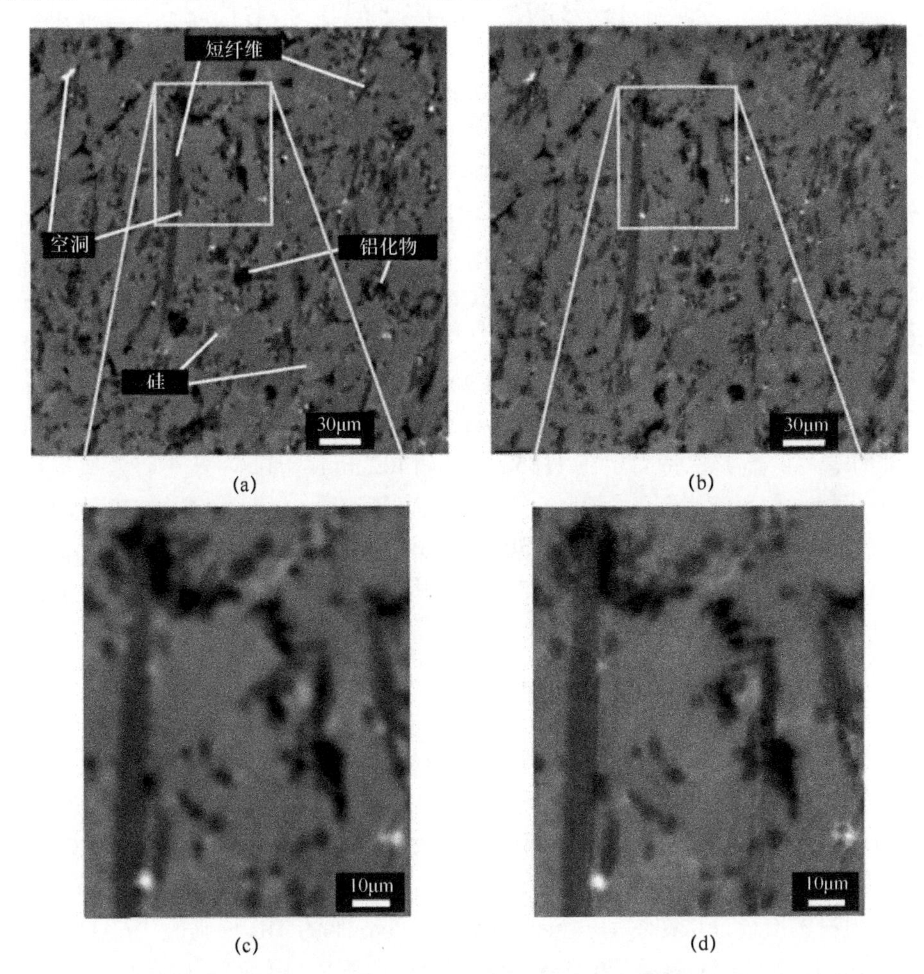

图 7-5　AlSi12CuMgNi/Al_2O_3/15s 金属基复合材料的两种全息层析重建 SEM 图（$E = 20.5$ keV）

（a）像素尺寸：0.7μm×0.7μm×0.7μm；（b）像素尺寸：0.28μm×0.28μm×0.28μm；

（c）（d）分别是（a）与（b）的放大区域。

利用全息层析技术揭示了具有相似衰减系数的相，如共晶硅、铝基和陶瓷短纤维。为此，在 ESRF 的 ID19 束线上使用 20.5keV 的束流能量进行断层扫描。对三个不同的样本到探测器的距离进行扫描，以实现有效的相位恢复。图 7-5（a）和（b）是相同区域的重建切片部分，它们的像素尺寸分别为 0.7μm×0.7μm×0.7μm 和 0.28μm×0.28μm×0.28μm。在复合材料（白色）、陶瓷短纤维（深灰色）、共晶硅（浅灰色）和高吸收铝化物（黑色）的生产过程中形成的空洞被显示嵌入连续的铝基体中。图 7-5（c）和（d）中的缩放区域显示了在具有更高分辨率的全息层析重建中获得的更高层次的细节。

7.7 投影放大断层扫描的范例

在下面的例子中，我们使用可达 29keV 的束流能量，结合 Kirkpatrick Baez 光学系统对 Al 和 Ti 合金及直径为几百微米的 Cu 样品[23]进行了放大同步加速器断层扫描。全息层析术用于揭示不能产生充分吸收对比度的相的微观结构特征。此外，相位恢复步骤正确地解释了在使用的投影几何中发生的菲涅耳衍射。Mokso[24]等人报道的 X 射线显微镜已用于欧洲同步辐射设施的纳米成像终端站 ID22NI。利用同步辐射设施[25]设计的 CCD 探测器在 z_s 为 29.68mm、30.6mm、34.6mm 和 44.61 mm 的 4 个距离范围内获得了 1200 个投影（每个投影为 1500×1500 个像素）。当探测器像素尺寸为 2.4 μm 时，每帧曝光时间小于 1s。在 X 射线能量为 17.5 keV（铝合金）和 29 keV（钛合金和铜）下进行的实验中，焦点到探测器的距离（z_s+z_d）保持固定在 1185 mm 和 1402 mm，因此，最小有效像素尺寸分别为 60 nm 和 50.7 nm。铝和钛的样品加工直径约为 0.4 mm，Cu 的样品加工直径约为 0.2 mm。重建体块的大小为 1500×1500×1500 体素，体素尺寸分别为 60 nm×60 nm×60 nm 和 50.7nm×50.7nm×50.7nm，铝基和钛基样品的总体积分别为 90μm×90μm×90μm 和 76μm×76μm×76μm。

7.7.1 晶须增强钛合金的三维显微组织

采用二次硬化相（通常是陶瓷[26]）对连续金属基体进行增强，可获得金属基复合材料。金属的强化有许多不同的目的，如增加特定的力学性能（抗蠕变、抗拉强度、耐磨性和杨氏模量[26]）。因此，要求补强相可为低密度、热稳定性、高强度、高弹性模量等。

采用粉末冶金方法在坩埚材料公司生产了 5vol.%的 TiB 增强的 Ti6Al4V 合金（以下简称 Ti64/TiB/5w）。将 Ti6Al4V 合金的原料前驱体与 1wt.% 硼和 0.1 wt.% 碳混合，用氩气雾化[28]熔化制粉。粉末颗粒（小于 500 μm）是球形的卫星颗粒，平均粒径为 140 μm。在凝固过程中形成约 5vol.%的 TiB 晶须，然后将这些粉末在 1200℃下热等静压 2h，得到致密的材料[29]。

扫描电镜显示的 Ti64/TiB/5w 复合材料的二维微观结构如图 7-6（a）所示，在 β 相的视场（白色）中可见细小的球状 α 相晶粒（灰色）和两个级别尺寸（黑色和深灰色）的 TiB 晶须。图 7-6（b）显示了通过 KB 光学系统的放大全息层析术获得的重建切片的一部分。α 相（浅灰色）和 β 相（黑色）相及 TiB 晶须（深灰色）可以清晰地被识别，尺寸约为 180 nm。

图 7-7（a）显示了 Ti64/TiB/5w 复合材料的渲染体积（41 μm×41 μm×20 μm），其中只描绘了较大尺寸级的 TiB 晶须。它们的三维形态清楚地表明，它们可以作为单独或相互连接的针和细长的平板。相同体积内 β 相的最大颗粒如图 7-7（b）

所示。在被研究的体积内，β 相为 9vol.%，单个 β 相粒子为 8.3vol.%。该相具有不规则的三维结构，具有高度的互联性，并与大的 TiB 相连接，在 α 相内形成相互连接结构。在文献[30]中，采用平行光束全息层析技术对相同材料进行了研究，像素尺寸为 0.3μm×0.3μm×0.3μm。该技术无法分辨 TiB 的形貌，但发现较大尺寸级的 TiB 晶须，如图 7-7 所示，在之前的粉末颗粒的间隙中分布不均匀。对热变形试样[30]的分析表明，这些较大的 TiB 晶须以下面两种形式首先选择受损的位置：

图 7-6　Ti64/TiB/5w 混合物的二维结构图

（a）SEM 图；（b）采用 KB 光学系统放大的同步加速器断层扫描图。

（1）TiB 的断裂：这是由于较大的 TiB 针数量只有 5vol.%左右，必须支持更高的负载[30]，它们比较小的针包含更多的缺陷，以及在图 7-7（a）中观察到的互连针连接处的应力集中。

（2）由于 TiB 晶须尖锐边界处的应变局部化，导致基体与 TiB 界面脱粘，如图 7-7（a）所示。

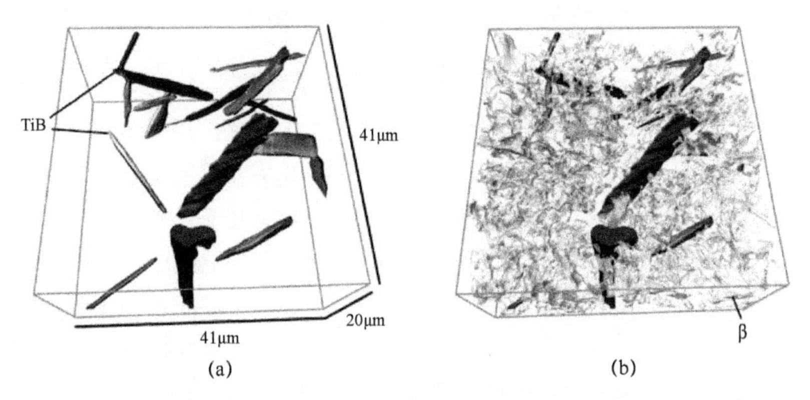

图 7-7　通过使用 KB 光学放大同步加速器全息层析获得 Ti64/TiB/5w 的渲染图

（像素尺寸为 50.7 nm×50.7 nm×50.7 nm）

（a）TiB 晶须；（b）体内有最大的 β 相粒子的 TiB 晶须。

研究表明，粉末在雾化过程中应避免大 TiB 晶须的形成[30]。为此，应加快熔融粉末的冷却，以促进更多的形核位置，并缩短原位生长 TiB 的时间[31]。

7.7.2 多模态 SiC 颗粒增强铝合金

用高能球磨法将 2124（$AlCu_4$）铝合金[32]粉末与小于 5 μm 的 25vol.%SiC 颗粒混合。在高能球磨过程中，粉末结块反复变形、断裂和冷焊。混合粉末，在铝管中冷压，然后挤压。所得到的 MMC（以下简称 2124/SiC/25p）是由 $AlCu_4$ 基体和 25vol.%的 SiC 颗粒形成的，粒径分布范围为约 5 μm～50 nm。图 7-8 显示了 2124/SiC/25p 复合材料的 SEM 图片，可以看到不同尺寸的 SiC 颗粒与基体合金[33]典型的富含铜和铁的铝化物颗粒结合一起。

图 7-8 采用球磨和挤压法制备的 2124/SiC/25p 复合材料的 SEM 图

高能球磨工艺得到的复合材料具有明显的较高的温度强度和更好的蠕变抗力，比同样采用粉末冶金但没有球磨步骤[32]的类似复合材料优异。这是由于在高能球磨过程中，在亚微米范围内 SiC 颗粒破碎，以及铝粉氧化表皮被撕扯而形成的大量氧化物的结果。采用同步放大全息层析技术研究了该复合材料的三维微观结构特征。图 7-9（a）为该技术得到的重建切片。高吸收金属间化合物（深灰色）和 SiC 颗粒（灰色）嵌在 60μm×60μm 的铝合金基体中。图 7-9（b）和 图 7-9（c）中放大的区域显示，在亚微米范围内可见铝化物和 SiC 颗粒，而颗粒团聚的区域被称为云区。图 7-9（d）中黑色部分显示了体积为 15 μm×15 μm×15 μm 的所有铝化物粒子（大于 180 nm）。在所有情况下，它们都与较大的 SiC 颗粒相连（显示为半透明），在二维显微照片中很难验证这一特征。

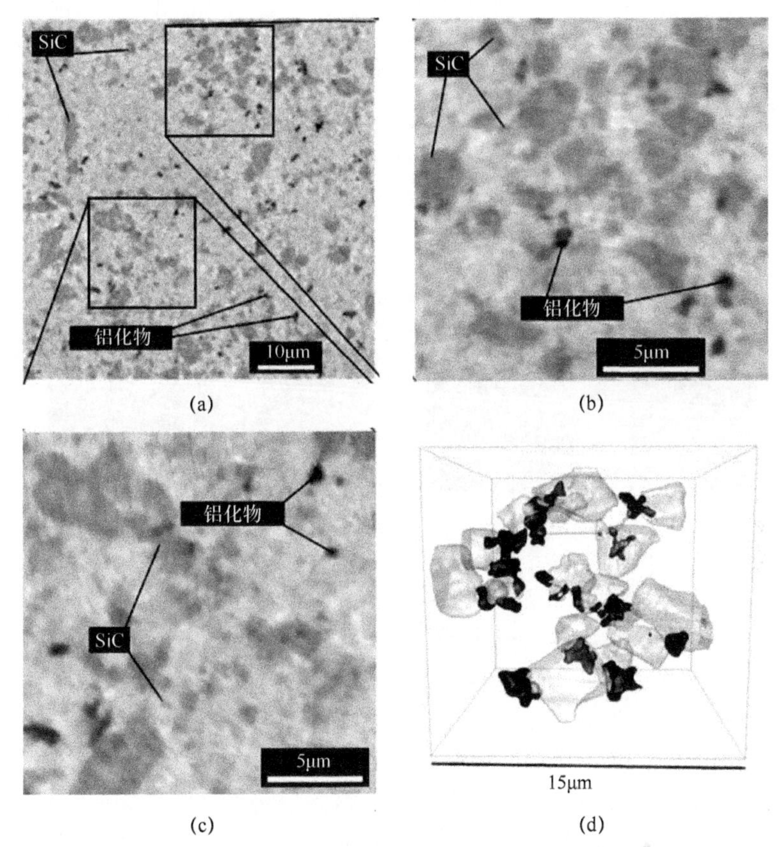

图 7-9　2124（$AlCu_4$）铝合金与 SiC 颗粒的混合物示意图

（a）利用放大同步加速器全息层析技术对球磨和挤压法制备的 2124/SiC/25p 复合材料的切片重建图；（b）和（c）为（a）的局部放大区域；（d）铝化物和 SiC 颗粒的重建渲染示意图。黑色部分为高度吸收的铝化物，与之相连的是 SiC 颗粒（灰色）。

7.7.3　蠕变孔洞的形状评价

金属构件在高温机械载荷下的蠕变寿命受到晶界空洞形核和长大的限制。孔洞的形状是成核和生长过程的特征。例如，从能量角度考虑预测成核后空洞的透镜形态[34]，然而，这可能是在生长阶段发生变化，成为主要生长机制的特征。当这是扩散（高温、小应力、小应变率蠕变）孔洞形状时，根据表面扩散系数与晶界扩散系数[35]的比值，孔洞形状可以保持透镜状或变为针状。当变形速率大于扩散过程的时间尺度时，孔洞的增长通常近似为变形非线性黏性固体中孔洞的增长。在计算中，通常假定孔洞形状为球形[36]，但这很难与晶界滑动或位错滑动的空洞生长机制相一致。这两个过程都发生在亚微米级尺度上，并导致扭曲的孔洞形状。

人们研究了压强为 12MPa、温度为 678 K 下铜试样的晶界孔洞形态。利用 29keV 的束流能量，在同步辐射设施的纳米成像终端 ID22NI 上进行了放大全息层析成像。扫描样本的直径为 0.2 mm，调整不同的样本-探测器距离，得到 50^3 nm^3 的立体像素尺寸。从图 7-10（a）和（b）中可以看出，由于塑性蠕变，孔洞形状发生了明显的变化，从最初的球形（圆形）孔洞转变为分形（角形）孔洞。

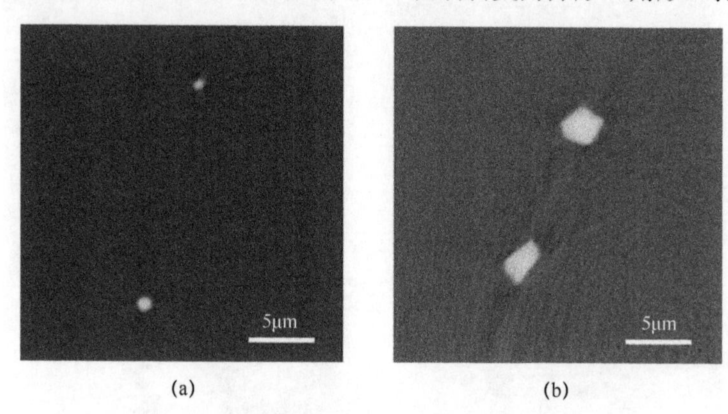

图 7-10 再结晶和蠕变变形铜材料的晶界孔洞的 SEM 图

（a）再结晶；（b）蠕变变形。孔洞的形状在塑性蠕变的作用下从球形（二维中的圆形）变为多面的（有棱角的）形状。

亚微米层析技术在解释幂律蠕变过程中快速层析获得的孔隙生长数据方面非常有用。结果表明，孔洞增长速率与孔洞体积成正比，但其数值远远高于连续介质理论[36]的预测值。由于快速断层扫描具有有限的分辨率（约 2 μm），因此不清楚生长速度的提高是否源于孔洞的合并。亚微米层析成像重建表明，次临近孔洞之间表面到表面的平均距离大于合并所需的临界距离，因此位错滑动/攀爬或晶界滑动的局部机制应该是导致生长速度提高的原因。这也意味着连续理论不足以描述微米尺寸的空洞的生长，从一个没有考虑到周围金属基体的晶体学性质的理论中不能得到这样的结论。

亚微米层析成像也揭示了蠕变过程中大量的孔洞形核，这与孔洞连续形核的假设相一致。一个晶界面通常包含一个以上的孔洞，在 4%蠕变应变下，大的孔洞和新成核的小孔洞的空间分布如图 7-11 所示。

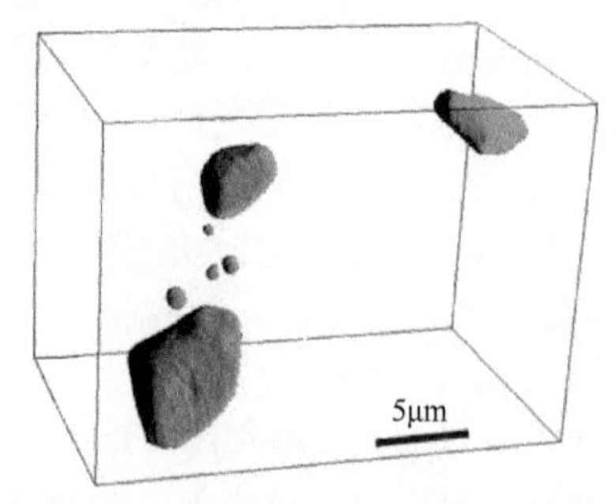

图 7-11 在 4%蠕变应变下，蠕变变形铜材料的多面体晶界孔洞的空间分布（蠕变温度：678 K，外加应力：12 MPa）

参考文献

1. Spanne, P., Rivers, L.: Computerized microtomography using synchrotron radiation from the NSLS. Nucl. Instrum. Meth. Phys. Res. B **24**(25), 1063–1067 (1987)
2. Flannery, B.P., et al.: Three-dimensional X-ray microtomography. Science **237**, 1439–1444 (1987)
3. Spanne, P., Throvert, J.F., et al.: Synchrotron computed microtomography of porous media: topology and transports. Phys. Rev. Lett. **73**, 2001–2004 (1994)
4. Borbély, A., Kenesei, P., Biermann, H.: Estimation of effective properties of particle reinforced metal-matrix composites from microtomographic reconstructions. Acta Mater. **54**, 2735–2744 (2006)
5. Stock, S.R.: Micro Computed Tomography: Methodology and Applications. CRC Press, Boca Raton (2008)
6. Banhart, J. (ed.): Advanced Tomographic Methods in Materials Research and Engineering, edited by. Oxford University Publishing, Oxford (2008)
7. Buffière, J.-Y., Maire, E., Cloetens, P., et al.: Characterisation of internal damage in a MMCp using X-ray synchrotron phase contrast microtomography. Acta Metall. **47**, 1613–1625 (1999)
8. Marrow, T.J., Buffiere, J.-Y., Withers, P.J., et al.: High resolution X-ray tomography of short fatigue crack nucleation in austempered ductile cast iron. Int. J. Fatigue **26**, 717–725 (2004)
9. Babout, L., Maire, E., Fougères, R.: Damage initiation in model metallic materials: X-ray tomography and modelling. Acta Mater. **52**, 2475–2487 (2004)
10. Maire, E., Bouaziz, O., Di Michiel, M., et al.: Initiation and growth of damage in a dual phase steel observed by X-ray microtomography. Acta Mater. **56**, 4954–4964 (2008)
11. Pyzalla, A., Camin, B., Buslaps, T., et al.: Simultaneous tomography and diffraction analysis of creep damage. Science **308**, 92–95 (2005)
12. Maire, E., Carmona, V., Courbon, J., et al.: Fast X-ray tomography and acoustic emission study of damage in metals during continuous tensile tests. Acta Mater. **55**, 6806–6815 (2007)
13. Cloetens, P., Ludwig, W., Baruchel, W., et al.: Holotomography: quantitative phase tomography with micrometer resolution using hard synchrotron radiation x rays. Appl. Phys. Lett. **75**, 2912–2914 (1999)
14. Bleuet, P., Lemelle, L., Tucoulou, R. et al.: 3D chemical imaging based on a third-generation synchrotron source. Trends Anal. Chem. **29**, 518–527 (2010)
15. Bleuet, P., Welcomme, E., Dooryhee, E., et al.: Probing the structure of heterogeneous diluted materials by diffraction tomography. Nat. Mater. **7**, 468–472 (2008)
16. Ludwig, L., King, A., Reischig, P., et al.: New opportunities for 3D materials science of polycrystalline materials at the micrometre lengthscale by combined use of X-ray diffraction and X-ray imaging. Mater. Sci. Eng. A **524**, 69–76 (2009)
17. Withers, P.J.: X-ray nanotomography. Mater. Today **10**, 26–34 (2007)
18. Barty, A., Marchesini, S., Chapman, H.N.: Three-dimensional coherent X-ray diffraction imaging of a ceramic nanofoam: determination of structural deformation mechanisms. Phys. Rev. Lett. **101**, 055501 (2008)
19. Adrien, J., Maire, E., Gimenez, N., et al.: Experimental study of the compression behavior of syntactic foams by in situ X-ray tomography. Acta Mater. **55**, 1667–1679 (2007)
20. Requena, G., Degischer, H.P.: Creep behavior of reinforced and short fibre reinforced AlSi12CuMgNi piston. Mat. Sci. Eng. A-Struct. **420**, 265–275 (2006)
21. Requena, G., Degischer, H.P., Marks, E., et al.: Microtomographic study of the evolution of microstructure during creep of an AlSi12CuMgNi alloy reinforced with Al2O3 short fibres. Mat. Sci. Eng. A **487**, 99–107 (2008)
22. Marks, E., Requena, G., Degischer, H.P., et al.: Microtomography and creep model-ling of a short fibre reinforced aluminium piston alloy. Adv. Eng. Mat. (2010). doi:10.1002/adem.201000237
23. Requena, G., Cloetens, P., Altendorfer, W., et al.: Submicrometer synchrotron tomography using Kirkpatrick-Baez optics. Scripta Mater. **61**, 760–763 (2009)

24. Mokso, R., Cloetens, P., Maire, E., et al.: Nanoscale zoom tomo-graphy with hard X rays using Kirkpatrick-Baez optics. Appl. Phys. Lett. **90**, 144104 (2007)
25. Labiche, J.C., Mathon, O., Pascarelli, S., et al.: The fast readout low noise camera as a versatile x-ray detector for time resolved dispersive extended X-ray absorption fine structure and diffraction studies of dynamic problems in materials science, chemistry, and catalysis. Rev. Sci. Instrum. **78**, 091301 (2007)
26. http://mmc-assess.tuwien.ac.at
27. Kainer, U.: Basics of metal matrix composites. In: Kainer, U. (ed.) Metal Matrix Composites. Wiley-VCH, Weinheim (2006)
28. Yolton, C.T.: The pre-alloyed powder metallurgy of titanium with boron and carbon additions. JOM **56-5**, 56–59 (2004)
29. Poletti, C., Warchomicka, F., Degischer, H.P.: Local deformation of Ti6Al4V modified 1 wt% B and 0.1 wt% C. Mat. Sci. Eng. A-Struct. **527**, 1109–1116 (2010)
30. Poletti, C., Requena, G., Tolnai, D. et al.: Characterization of the microstructure and damage mechanisms in a Ti6Al4V alloy modified with 1wt%B. Int. J. Mater. Res. **101**, 1151–1157 (2010)
31. Banerjee, R., Collins, P.C., Genç, A., et al.: Direct laser deposition of in situ Ti-6Al-4V-TiB composites. Mat. Sci. Eng. A-Struct. **358**, 343–349 (2003)
32. Bauer, B., Requena, G., Lieblich, M.: Creep resistance depending on particle reinforce-ment size of Al-alloys produced by powder metallurgy. In: Proceedings of the 2009 International Conference on Powder Metallurgy & Particulate Materials (2009)
33. Davis, J.R.: Aluminium and Aluminium Alloys. ASM International, Specialty hand-book, Ohio (2004)
34. Riedel, H.: Fracture at High Temperatures, p. 70. Springer Verlag, Berlin (1987)
35. Chuang, T.J., Kagava, K.I., Rice, J.R., et al.: Non-equilibrium for diffusive cavitation of grain boundaries. Acta Metall. **27**, 265–284 (1973)
36. Budiansky, B., Hutchinson, J.W., Slutsky, S.: In: Hopkins, H.G., Sewell, M.J. (eds.) Mechanics of solids. The R. Hill 60th anniversary volume. Pergamon, Oxford (1982)
37. Di Michiel, M., Merino, J.M., Fernandez-Carreiras, D., et al.: Fast microtomography using high energy synchrotron radiation. Rev. Sci. Instrum. **76**, 1–7 (2005)
38. De Carlo, F., Xiao, X., Tieman, B.: X-ray tomography system, automation and remote access at beamline 2-BM of the advanced photon source. Proc. SPIE **6318**, 63180K (2006)
39. Rivers, M.L., Wang, Y., Uchida, T.: Microtomography at GeoSoilEnviroCARS. Proc. SPIE **5535**, 783–791 (2004)
40. Rivers, M.L., Wang, Y.: Recent developments in microtomography at GeoSoilEnviro-CARS. Proc. SPIE **6318**, 63180J (2006)
41. Uesugi, K., Takeuchi, A., Suzuki, Y.: High-definition high-throughput micro-tomography at SPring-8. J. Phys. Conf. Ser. **186**, 012050 (2009)
42. Haibel, A., Beckmann, F., Dose, T., et al.: The GKSS beamlines at PETRA III and DORIS III. Proc. SPIE **7078**, 70780Z (2008)
43. Beckmann, F., Herzen, J., Haibel, A., et al.: High density resolution in synchrotron-radiation-based attenuation-contrast microtomography. Proc. SPIE **7078**, 70781D (2008)
44. Rack, A., Zabler, S., Müller, B.R., et al.: High resolution synchrotron-based radiography and tomography using hard X-rays at the BAMline (BESSY II). Nucl. Instrum. Meth. A **586**, 327–344 (2008)
45. Rack, A., Weitkamp, T., Bauer Trabelsi, S.T., et al.: The micro-imaging station of the TopoTomo beamline at the ANKA synchrotron light source. Nucl. Instrum. Meth. B **267**, 1978–1988 (2009)
46. Stampanoni, M., Grosso, A., Isenegger, A., et al.: Trends in synchrotron-based tomographic imaging: the SLS experience. Proc. SPIE **6318**, 63180M (2006)
47. Marone, F., Hintermüller, C., McDonald, S., et al.: X-ray tomographic microscopy at TOMCAT. Proc. SPIE **7078**, 707822 (2008)
48. Cloetens, P., Barrett, R., Baruchel, J., et al.: Phase objects in synchrotron radiation hard X-ray imaging. J. Phys. D Appl. Phys. **29**, 133–146 (1996)
49. Toda, H., Uesugi, K., Takeuchi, A., et al.: Three-dimensional observation of nanoscopic

precipitates in an aluminum alloy by microtomography with Fresnel zone plate optics. Appl. Phys. Lett. **89**, 143112 (2006)

50. Suzuki, Y., Toda, H., Ch, Schroer.: Tomography using magnifying optics. In: Banhart, J. (ed.) Advanced Tomographic Methods in Materials Research and Engineering. Oxford University Press, Oxford (2008)
51. Uesugi, K., Takeuchi, A., Suzuki, Y.: Development of micro-tomography system with Fresnel zone plate optics at SPring-8. Proc. SPIE **6318**, 63181F (2006)
52. Takeuchi, A., Uesugi, K., Suzuki, A.: Zernike phase-contrast X-ray microscope with pseudo-Kohler illumination generated by sectored (polygon) condenser plate. J. Phys. Conf. Ser. **186**, 012020 (2009)
53. Kang, H., Yan, H., Winarksi, R., et al.: Focusing of hard x-rays to 16 nanometers with a multilayer Laue lens. Appl. Phys. Lett. **92**, 221114 (2008)
54. Chu, Y.S., Yi, J.M., De Carlo, F., et al.: Hard-x-ray microscopy with Fresnel zone plates reaches 40 nm Rayleigh resolution. Appl. Phys. Lett. **92**, 103119 (2008)
55. Stampanoni, M., Marone, F., Mikuljan, G., et al.: Advanced X-ray diractive optics. J. Phys. Conf. Ser. **186**, 012018 (2009)
56. Stampanoni, M., Mokso, R., Marone, F., et al.: Phase-contrast tomography at the nanoscale using hard x-rays. Phys. Rev. B **81**, 140105 (2010)

第8章　聚焦离子束层析成像对纳米结构的表征

8.1　概述

层析成像方法主要分为两组：投影技术和连续切片技术。聚焦离子束断层扫描（FIB 断层扫描）是一种连续切片技术，其中一系列切片用聚焦离子束原位研磨，然后由离子束本身或电子束成像。

通过连续切片技术获取三维数据，包括受控重复的二维切片技术和连续成像或元素映射[1]。这种材料去除技术包括凹陷、机加工、抛光或切片。最近发展起来的加工自动化可以取代手工串行切片费时费力的做法，大大提高了速度，最高可达每小时 20 片。除了长时间消耗，这些技术的另一个缺点是对切片之间距离的控制相对不精确。在文献[1]中报道了小至 0.1μm 的截面之间的距离，其中对于 0.8μm 的截面，重复性达到 0.03μm 。然而，典型值在 1μm 范围内。深度剖析技术（其中逐层样本侵蚀与横向分辨的表面分析相结合）也可以提供 3D 数据。最通用的技术之一是溅射深度剖析，其中高能离子束侵蚀表面，并且诸如二次离子质谱（SIMS）或二次中性质谱（SNMS）的光谱测定技术表征溅射材料。使用这些技术可以实现 10 nm 的横向分辨率和纳米范围内的深度分辨率[2]。一方面，主要缺点是离子冲击可能在待测表面上引起化学损伤；另一方面，特别是在非均质材料中，难以高精度地控制溅射比。

具有扫描电子显微镜结合聚焦离子束（FIB）的双光束工作站的最新发展开启了更精确的连续切片断层扫描的可能性。FIB 断层扫描，在文献中也被称为 FIB 微结构断层扫描或 FIB 纳米造影，是一种连续切割技术，其中一系列切片通过聚焦离子束的微观切割能力来计算，并由离子束本身或通过离子束成像，电子束在其不同的对比机制中。离子束平行于待研磨的表面聚焦，最小化对表面原始状态的可能损坏。此外，这种几何形状允许更好地控制研磨材料，因此可以在不损害材料是否均匀的情况下以几纳米的精度实现切片。

虽然材料科学中使用的扫描电子显微镜起源于 20 世纪 60 年代，但用于扫描离子显微镜的液态金属离子源（LMIS）的系统开发却发生在 20 世纪 80 年代[3,4]。半导体行业为 FIB 系统的开发和商业化提供了动力，它们在直接器件制造、光刻仪器和半导体光掩模修复工具中找到应用，然后进行电路显微外科手术，以执行快速原型制作或电路诊断和故障分析[5]。据报道，Sudraud 等人 1988 年使用双光束，由带有镓 LMIS FIB 柱的 SEM 组成[6]。商业系统开始出现在 20 世纪 90 年代早期[7]，很快发现了实验室研究的新应用。

20 世纪 80 年代已经报道了使用 FIB 对材料进行三维分析的第一种方法，其中通过铣削切片进行连续切片，其中 FIB 平行于待分析的表面[8,9]。由于使用单光束 FIB，因此在每次研磨后都必须旋转样品，并且用离子对研磨的表面成像或者执行 SIMS 映射。但是，计算机功能的限制是处理生成数据的主要缺点。在 20 世纪 90 年代 FIB 技术取得进一步的发展[10]，双光束系统（例如 Sakamoto 等人[11]）取得了决定性的突破，这允许通过利用电子来提高图像的横向分辨率。开启了使用进一步对比机制的可能性，例如能量色散光谱（EDS）或电子背散射衍射（EBSD），如本章所述。

8.2　FIB 断层扫描的基础知识

FIB 层析成像主要由两部分组成：带图像采集的连续切片，图像处理并 3D 重建。

以下是连续切片和图像采集的典型步骤：选择感应区域（ROI），在感应区域上原位沉积保护层，样品的表面垂直于离子束的定位，在 ROI 的前面和侧面铣削沟槽，定义断层扫描的参数，最后切片和观察程序自动运行。当然，所有这些步骤的特征都取决于待分析的样品、分辨率和视野、要使用的成像信号和设备特性。

图像处理和三维重建包括图像的对准，在一些情况下，使用滤波器来改善对比度或清晰度、三维重建及通常的相位或特征的分割。之后，可以应用定量分析来评估结果。

应用 FIB 断层扫描没有特殊的表面准备。它也可以应用于非抛光表面，只要它们的粗糙度小于待分析的体积即可。与 SEM 相同的适用要求：样品必须对真空和电子束稳定，并且必须是导电的。绝缘体上的应用可以通过例如用 Au 或 C 涂覆样品来实现，但是通常更困难，因为充电效应可能会干扰 FIB 的连续分割或 SEM 成像。文献中报道的大多数应用是金属样品。聚合物样品[12]、聚合物/黏土纳米复合材料[13]和生物样品[14]的 FIB 层析成像测量也已进行，但不在本章介绍的范围内。在本章中，我们将提供金属和陶瓷样品的示例。

8.2.1　准备感应区域

首先，通过 SEM 成像识别样品表面的感应区域。使用电子束诱导沉积（EBID）在研究区域（图 8-1（a））上沉积 Pt 或其他材料（如 C 或 W）的保护层。该原位 CVD 沉积工艺包括在样品附近的 SEM 室中添加前体气体，气体被吸附在表面上。通过束的电子传递的能量，吸附的气体分解成非挥发性产物，形成沉积层。这种过程也可以通过离子束（离子束诱导沉积-IBID）产生，离子束通常能够实现比电子束更高的沉积速率。然而，如果使用离子，则样品的第一原子层可能被损坏（深度达 20nm），尤其是在沉积之前，需要用离子成像来找到感应的区域时。

图 8-1　制备用于 FIB 连续切片方法的 Al 样品

（a）a-i I-束显微照片 a-ii 在样品表面的选定区域上沉积保护性 Pt 层；（b）铣削第一个矩形沟槽；（c）横向沟槽的铣削；（d）示意性 FIB 横截面成像方法，指示离子束和电子束的方向。

沉积层对于保护样品不受离子的进一步作用，抑制幕布效应，改善横截面的抛光质量，以及获得表面的尖锐边缘（样品表面和 Pt 层之间）是必要的。这种尖锐的边缘对于之后的图像对齐是必要的。如果样品表面（直至约 50nm 的深度）与研究相关，则首先进行电子沉积，然后进行离子沉积。如果不相关，则可以用离子直接进行 Pt 沉积。

一旦样品倾斜，其表面垂直于离子束并且感兴趣的区域受到保护，材料被移除（通常具有最高的离子电流），这样就在 ROI 前面、右侧和左侧产生沟槽（图 8-1（b），（c））。ROI 前面的沟槽应该具有待成像区域深度 1.5 倍的厚度。制备该沟槽很必要，以便能够利用电子束在离子上产生横截面的良好视图。侧面的沟槽应足够大（与深度大致相同的宽度），以避免再沉积的材料妨碍横截面的自由视野。此外，由于二次电子检测器通常位于右侧，右侧沟槽避免了 SEM 图像较深区域中的阴影效应。样品制备后的最终配置如图 8-1（d）所示。

一种避免铣削沟槽的可能性方法包括在样品边缘附近选择感应的区域（图 8-2（a））。然而，这种配置仅适用于样品的三维表征，其中沿着这样的边缘发现感应区域的形态特征或用于分析具有均匀微结构的样品。另一种选择包括通过离子铣削切割感应区域的体积并用显微操纵器将其转移到样品的边缘，使用 Pt 沉积固定体积，并进行分析，如文献[15]中所述（图 8-2（b））。

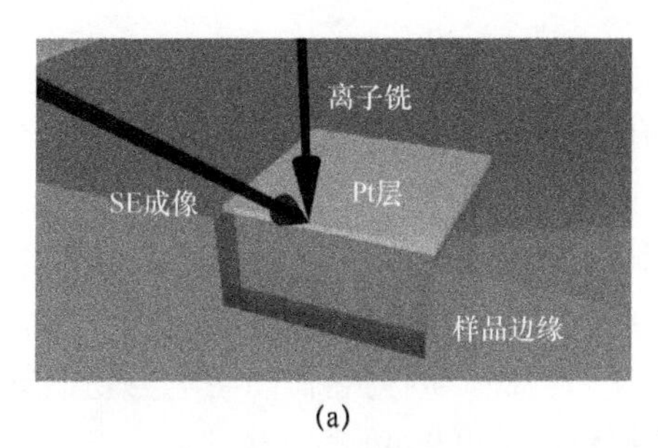

(a)

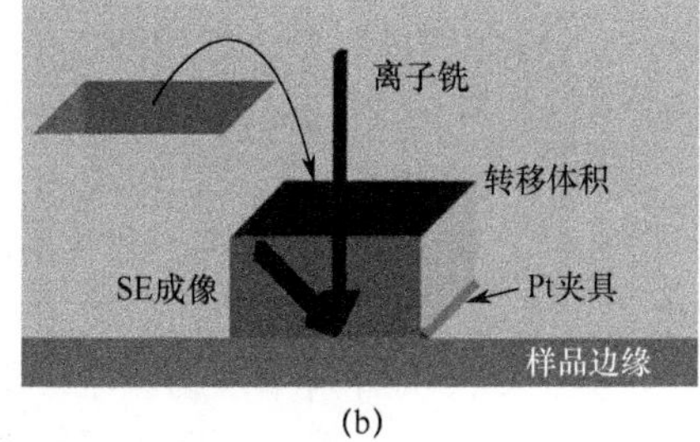

(b)

图 8-2　FIB 截面成像方法原理图

（a）指示样品边缘处的离子束和电子束的方向；（b）利用感应区域体积转移方法。
电子和离子束之间角度是 52°（适用于 FEI 设备）。

8.2.2　连续切片

在 ROI 周围移除足够的材料后，可以使用较低的离子电流抛光横截面。电流取决于要分析区域的大小。例如，如果横截面的面积相对较大，可以使用 100 μm×950μm，最高电流约为 9nA、 pA 或 20nA。对于约 2 μm×2μm 的非常小的横截面，应使用约 50～100 pA 的电流。这种电流也将用于串行切片。

连续切片包括用离子铣削薄片材料和用电子连续成像。通常使用 Everhardt-Thornley 探测器检测二次电子以获得较大的 ROI，或使用槽内透镜或内部透镜的探测器检测相对较小的 ROI。可以使用其他信号，如使用离子成像，使用 EDS 的元素映射或使用 EBSD 的晶体映射。

串行切片是用一个控制电子束和离子束的程序完成的。对于 FEI 公司的设备，使用 Auto Slice＆View 软件。切片的典型铣削范围在 30s 至 5mm 之间，具体取决于 ROI 的大小和所用的离子电流。用电子或离子成像可能需要 20～90s。因此，串行切片过程通常需要 5～12h，这又取决于 ROI 的大小。

8.2.3　成像

除了该技术的广泛分辨率和视野，其在材料科学中应用的主要优点之一是可以使用不同成像技术。这些成像技术是二次电子（SE）、背散射电子（BSE）、电子背散射衍射（EBSD）、能量色散光谱（EDS）、离子诱导的二次电子，以及二次离子。这些成像技术从样品中提供不同的信息，这将在下面的项目中简要讨论。有关更多详细信息，读者可参阅专门的参考书目（例如 Verhoeven [16]）。

8.2.3.1　二次电子成像（SE）

二次电子由初级电子束产生，也由在表面附近通过的散射电子产生。SE 的发射强烈集中在一次电子的入射区域，这允许利用扫描电子显微镜实现最佳分辨率。SE 具有相对低的能量，峰值强度约为 5eV。因此，二次电子探测器被偏置到大约 200V 以吸引这些电子。

SE 检测器的图像对比主要由样品的形貌产生。由于 SE 探测器还探测到一些反向散射电子，其发射强烈依赖于材料的原子序数，因此存在一些材料对比度。然而，它非常小，并且远低于使用反向散射探测器获得的值。

现代系统配备了两种不同的 SE 探测器：Everhart-Thornley 探测器（目前最广泛使用的探测器），以及位于物镜上方的透镜内探测器，使电子螺旋上升到它。这种配置提供了更高的分辨率，但仅限于非铁磁样品，因为它们的磁场与物镜场相互作用。如果配备场发射枪，现代系统可提供高达 0.9 nm 的分辨率。

两种探测器都已广泛用于层析成像。然而，镜头内探测器具有较低的景深；即对于感应的大区域，在 *z* 方向铣削期间，对于所有切片保持图像聚焦是不容易的。因此，它用于相对较小的感应区域（2～5 μm^3），需要最佳分辨率。

8.2.3.2 背散射电子成像（BSE）

当样品撞击样品时，从样品中散射回来的初级电子称为反向散射。背向散射电子比次级电子具有更高的能量，并且随着主要光束能量的改变，它们的能量值可以移动。而且，它们在比二次电子更大的样品体积中产生；因此 BSE 图像具有较低的分辨率。除了形貌效应，BSE 的发射强烈依赖于材料的原子序数、电子通道效应和磁畴效应，这允许额外的对比机制。特别是多相材料，即使不存在形貌，也可以成像。

BSE 探测器通常具有环形，并且放置在物镜板正下方的样品上方。双光束系统通常具有空间限制，因此在其中一些系统中，BSE 探测器无法对垂直于离子束柱倾斜采样的横截面进行成像。在这种情况下，不可能做断层扫描，因此在文献中报道使用 BSE 探测器的断层扫描实验很少（例如文献[14]）。另一种方法是将 SE 探测器的偏置电压改变为零或负值，以便仅捕获反向散射电子。然而，在这种情况下，信号强度通常相当差。

8.2.3.3 能量色散谱（EDS）映射

能量色散光谱（EDS）利用原子发射的特征 X 射线，当它们被电子轰击时，进行元素分析。与 SE 相比，X 射线由较大的材料体积产生，这导致较差的横向分辨率。

由配备有 EDS 检测器的离子和电子源组成的 FIB 能够通过顺序研磨样品，并分析每个将元素分析扩展到第三维度[17,18]新生产的表面。可以使用在每个横截面研磨步骤之后获得的 EDS 元素图直接进行材料的全三维化学分析。该程序对于在相之间呈现大量相和低 SE / BSE 对比度的材料是理想的。在文献[18]中，开发了一个完全自动化的切片视图-映射程序，重点是根据几何情况提高自动切片过程中的稳定性。根据 EDS 检测器的位置，EDS 映射可以在铣削样品位置进行，或者可能需要样品的移动，这可能导致精度损失。

EDS 图中的分辨率取决于材料。然而，在测量条件下，像素尺寸可能小于 EDS 分辨率，这确保了元素数据足够高的采样。切割方向上的空间分辨率取决于切片厚度。然而，由于信号是在表面下方相对较大的深度（几百纳米）处产生的，因此如果不尝试任何类型的校正，则使切片厚度小于 100nm 是没有意义的。由于 EDS 图需要相对长的时间，因此必须找到分析的体积和切片数量之间的折中。通常，300～500nm 的切片厚度允许在滑动方向上成像 6～10μm 长区域，代价是 z 方向上的分辨率降低。考虑到每个 EDS 图大约 30min 的时间，样本的完整数据收集需要大约 10h，从而实现合理的分辨率。然而，像 Si 漂移探测器这样的新型 EDS 探测器可以通过更大的计数率将映射时间缩短一个数量级。

8.2.3.4　电子背散射衍射（EBSD）映射

当反向散射的电子离开样品时，它们可能被晶格衍射。满足具有原子平面的布拉格条件的电子将在磷光体检测器中形成特征线，导致形成 Kikuchi 图案或电子背散射衍射图案（EBSP）。通过用相应的软件分析这些图案，可以针对样品的每个测量点识别晶体结构（相）及其相对于坐标系的取向。EBSP 的形成表面是非常敏感的，因为离开样品的那些 BSE 在表面深度的最后 20nm 或 30nm 处衍射。这需要非常好的样品制备，因为材料表面的晶格畸变会导致图案的质量不好，最终导致无法进行图案标引。有关 EBSD 的更多信息，建议读者参考专业文献，例如文献[19]。

样品的 FIB 抛光经常用于生产 EBSP 的良好表面质量。因此，可以结合使用 EBSD 映射的 FIB 铣削来获得样品的 3D 信息，其优点是可以识别不同的相，并且更重要的是，可以获得关于每个测量点取向的定量信息。可以容易地表示纹理和晶界，并且还可以产生错误定向图。

当样品倾斜 70°时，相对于电子束获得最大 EBSP 强度。因此，EBSD 层析成像的铣削位置和映射位置不能相同。根据设备的几何配置，需要倾斜和/或旋转。通过铣削和成像位置之间的这些运动，无法避免一些分辨率的损失。对于相对较大的分析体积（$50×50×50\ \mu m^3$），已经在文献中报道了其分辨率[20]，但是如果成像体积较小，则可以预期达到更好的分辨率。

与 EDS 映射一样，与 SE 成像相比，EBSD 也需要相对较长的时间。然而，现代检测器和计算系统允许每秒高达几百个点的测量，因此可以在几分钟内完成映射。这非常依赖样品抛光的质量，因此取决于要成像的材料。

8.2.3.5　离子诱导二次电子（ISE）和二次离子质谱（SIMS）映射成像

离子束的成像能力也可用于断层扫描。这在 FIB 机器开发的开始阶段特别令人感兴趣，其中单梁机器是最常见的。离子束从表面发射二次电子，可以用 Everhart-Thornley 探测器或连续电子倍增（CDEM）探测器探测，该探测器也可以探测二次离子。由于在成像期间溅射样品，因此必须使用相对小的电流。即使离子束可以聚焦到约 5～7nm，这种 ISE 图像的分辨率由样品表面的一次离子束直径、二次电子/离子逸度深度的组合，以及样品中初级离子的注入深度/横向扩散决定。因此，对于大多数无机材料，实际分辨率可能在 20nm 左右[10]。离子束提供与电子束不同的对比度。离子成像的决定性优点是改善了沟道对比度，这是因为二次电子产率随样品内晶体取向的变化而变化。因此，单晶区域（即多晶样品中的晶粒）在由于发射的二次电子数量减少而与低折射率方向对准（或几乎对准）时将显得更暗[21]。

在断层扫描期间，样品必须倾斜以便从铣削位置变为成像位置。据报道倾斜角度为 90°[22]以及 45°。如 Inkson 等人所证明的，即使在相同的层析成像中，对于 FeAl 基纳米复合材料[23]，具有不同倾斜值（例如 30°和 45°）的成像也可以通过利用通道对比度来提供额外的对比度。然而，自从实现双光束设备以来，用于断层扫描的离子成像已经显著减少，并且在文献中发现的例子非常少。其主要缺点是必须要移动样品，以及比用电子成像更差的分辨率。

以类似的方式，不是用离子诱导的二次电子（ISE）成像，而是用二次离子质谱（SIMS）进行映射。二次离子质谱（SIMS）是一种非常灵敏的分析技术，当相对较大的分析区域可用时，可以为大多数元素提供百万分率（ppm）至十亿分之一（ppb）的灵敏度。随着 FIB 的实施，SIMS 的横向分辨率得到显著改善，但牺牲了灵敏度。随着分析体积的减少，SIMS 可能无法提供痕量鉴定所需的 ppm 至 ppb 量级的灵敏度，但仍可为基质元素提供良好的检测限[24]。

SIMS 映射需要比 ISE 图像更长的停留时间，但是获得了诸如 EDS 映射中的化学信息。文献报道了高达 20 nm 的横向分辨率[22]，这明显优于 EDS 绘图。

8.3 应用实例

本节描述了金属和陶瓷材料的几个应用实例。通过使用不同的采集方法（SE、EBSD 和 EDS）获得 3D 重建，并采用不同的几何构型制备样品。

8.3.1 铝合金的 FIB / SEM 层析成像

这些应用实例报道了最近在 Sr 改性 $AlSi_7$ 和 $AlSi_8Mg_5$ 合金中进行的研究。Al-Si 合金呈现出简单的二元系统，共晶成分接近 12.6wt.%Si [25]。微观结构取决于 Si 含量及铸造工艺。亚共晶合金含有树枝状的 α-晶粒，其间具有共晶结构，由 a 相分离的层状 Si 形成[17]。Si 在相对快速的凝固速率（即挤压铸造）中固化，在初级 α-Al[26]的树枝状臂之间（1～2μm）形成几个薄片的互连 Si 网络。Sr（0.1～0.3wt.%）的加入将共晶形态改变为纤维网络的更精细结构[27]，改善了合金的延展性和拉伸强度[28]。

通过应用新的铸造技术，具有比锻造 6xxx 系列更高的 Si 和 Mg 含量的 Al-Si-Mg 合金作为铸造合金变得越来越重要[29]。三元系统在文献[30]中描述为 Al-Mg 硅化物合金，因为 Mg_2Si 从熔体中分离出来。Mg_2Si 可以以被称为“中国原件”的复杂形状固化（根据二维图像）。根据 Mg 和 Si 的含量，这些合金中可以找到不同的相，但也可以存在 Fe 和 Mn 等杂质[31]。微观结构的控制，例如通过半固态处理，对于改善某些应用的机械性能是必不可少的[32]。为了实现这一目标，非常有必要以非常小的比例表示不同相的复杂 3D 几何形状，这可以通过 FIB 断层扫描正确完成，如下面的示例所示。

图 8-3（a）描绘了从 $AlSi_7Sr$ 中的二维切片获得的重建三维图像[17]，可以清楚地观察到改性共晶的纤维形态，显示 Si 纤维和直径约为 0.2～0.4μm，长度为几微米（3～5μm），并且有许多不同方向的取向分支。这些纤维主要通过横截面为几纳米的节点互相连接（0.05～0.1μm^2）。在图 8-3（b）中观察到三种不同晶粒的交叉点，由大约 1μm 宽的无 Si 晶界区域隔开。晶粒 A（参见“原始数据”）显示沿晶界的长 Si 光纤，相互连接的 Si 分支平行于 y 轴生长[33]。在晶粒 B 中观察到与纤维 Si 类似取向的完全相互连接，而晶粒 C 中的 Si 纤维垂直于晶粒 A 和 B 的晶格取向。在晶粒 C 中，Si 纤维似乎大部分相互连接，但是从晶界开始有一定距离，还观察到孤立的短纤维。

由于 Sr 改性合金中 Si 特征的尺寸小，FIB 断层成像显示为最适合三维表征的技术。诸如微型或同步加速器 X 射线断层扫描术之类的其他技术不能为 Si 相的重建提供足够的分辨率，也在 Al 和 Si 之间呈现低相位对比度。其他切片方法也不能确保切片方向上的足够分辨率。

表征共晶 Si 纤维形状（表面和体积）的能力也取决于图像处理参数，例如使用平滑算法[33]。如使用 Amira®软件包，采用了不同的平滑选项。在图 8-3（b）中，呈现了使用约束和无约束平滑滤波器的 3D 重建图像。这些选项生成亚像素权重，使得表面自然平滑（平滑选项的详细描述在文献[34]中）。通过使用无约束渲染选项，可以观察到 Si 表面和体积的最低值，以及最小的表面与体积比（9.8μm^{-1}）。体积减少 34%（与原始数据相比）会导致分析数据的高度失真，从而导致三维表示不充分和结构形态的量化。此外，在渲染操作之后，完全去除小颗粒。另一方面，虽然原始和约束选项的表面/体积纵横比相等，但使用受约束的平滑渲染，观察到体积减少约 20%。这种效果是由于 Si 纤维的光滑表面造成的。

总之，必须特别注意微结构参数的计算。从原始数据获得的结果将需要提供大的表面值和更准确的体积。对于小特征（在数十个像素分辨率的范围内）的情况，从原始数据提取的三维断层扫描将确保不同材料成分的表示，因为在该示例中研究的渲染选项可能有由于插值而丢失记录的三维信息的问题。对于较大的特征，约束平滑选项看起来是最佳重建选项。虽然分析特征的体积会略微减小，但可以更好地量化表面。

图 8-4（a）和（b）显示了从重力铸造 $AlSi_8Mg_5$ 样品的断层扫描图中提取的 Mg_2Si 颗粒的三维重建，该样品由中心节点组成，表面的分支从径向方向发出[35]。在图 8-4（b）中，不同的 Mg_2Si 薄片似乎完全包围了 α-Al 枝晶生长，从其他薄片处生长。可以观察到薄片完全互连，这不是用二维图像获得的信息（图 8-4（c））。

此外，可以获得定量信息，薄片的体积为 2490 μm^3，而其表面积为 7700 μm^2。

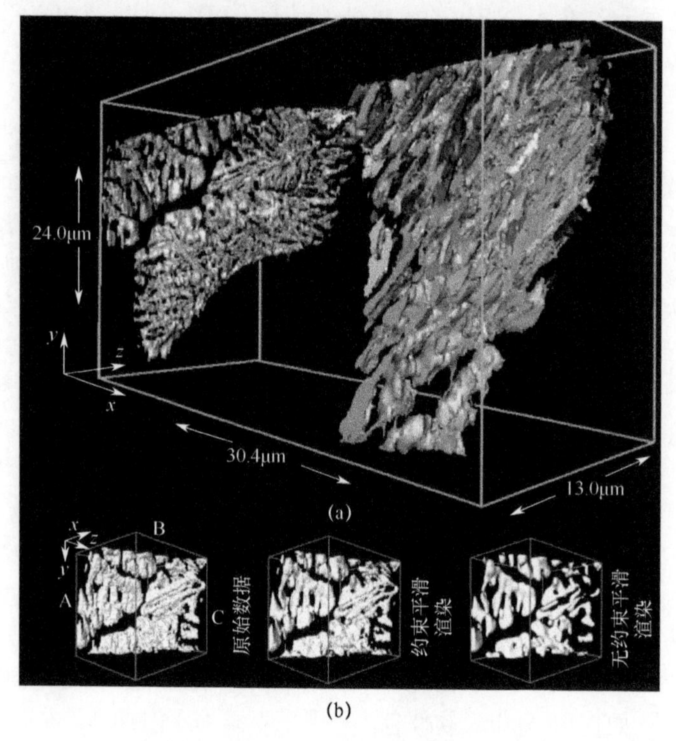

图 8-3　$AlSi_7(Sr)$中共晶 Si 分支的三维重建

（a）重建整个分析体积；（b）原始数据的表示视图，

约束和无约束平滑渲染选项。像素尺寸（nm）：$x=60$，$y=75$，$z=60$（切片方向）。

不同特征的形状表征可以通过不同的形状因子来执行，例如圆形度（C_P）和球形度（S_P），用于二维和三维特征化。这些因子[27]定义为

$$C_p = \frac{4\pi A}{P^2} \tag{8-1}$$

$$S_P = \frac{S^{3/2}}{6\pi^{1/2}V} \tag{8-2}$$

式中：A、P 分别表示二维形貌中的面积和周长；V、S 分别表示三维形貌中的体积和表面积。球形度和圆形度值限制为 0～1。形状因子 1 对应的是完美的圆形或球形，并且随着粒子的非凸性和拉长而减小。

对于 Mg_2Si 结构的情况，三维球形度系数约为 0.04，而二维圆形度等于 0.2，具有围绕平均值的标准偏差。后者超过三维值 4.5 倍。只有最大的颗粒（在 35% 的 Mg_2Si 相的二维显微照片中面积为 56μm^2）显示出与三维重建相比 $C_{二维}$因子可以达到 0.02，而它随着颗粒面积的减小而增加（颗粒面积从 0.1～0.7μm^2，颗粒体积分别为 18μm^3 和 3μm^3）。

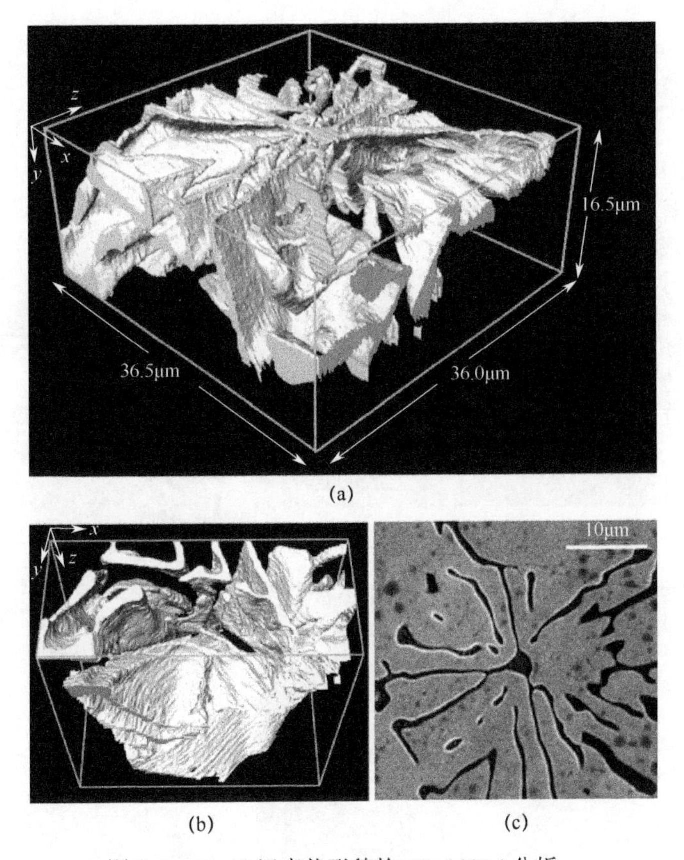

图 8-4　Mg_2Si 汉字状形貌的 FIB / SEM 分析：

（a）、（b）样品 1 中用 FIB 断层扫描获得的所选体积的三维表示视图；

（c）样品研磨前从感应区域顶部获得的 SE 图像[31]。像素尺寸（nm）：$x = 42$，$y = 54$，$z = 200$（切片方向）。

可以使用三维重建来完美地分析微结构的生长机制。图 8-5（a）和（b）显示了半固态热处理样品的三维重建。共晶 Si 相的三个不同部分分别用不同颜色表示。每个着色区域代表共晶纤维结构区域，其以优先取向固化。Mg_2Si 相（黄色）呈现在中心板（在断层造影仪的 yz 平面中取向），其中几个薄片垂直地发射（xy 平面）。该阶段看起来比相应阶段重力铸造样品中薄得多（图 8-4）。图 8-5（c）显示出了包含红色和蓝色区域的 SE 横截面，分别由图 8-5（d）和（e）在三维中表示。红色颗粒的 Si 纤维平行于 xy 平面，取向约为相对于 x 轴 30°。蓝色颗粒中的纤维沿 z 轴取向。

在该应用实例中，FIB-SEM 断层扫描似乎是最合适的重建技术。一方面来看，它可以对相对较大的 Mg_2Si“汉字状形貌”进行三维表征，并重建 Al-Si 共晶相。其次，即使对于通过高能同步加速器断层扫描也检测不到的直径为 50～150nm 的分支，也可以获得关于半固体改性共晶结构中 Si 纤维取向的详细信息。此外，两种分析均在相同的断层扫描中进行。

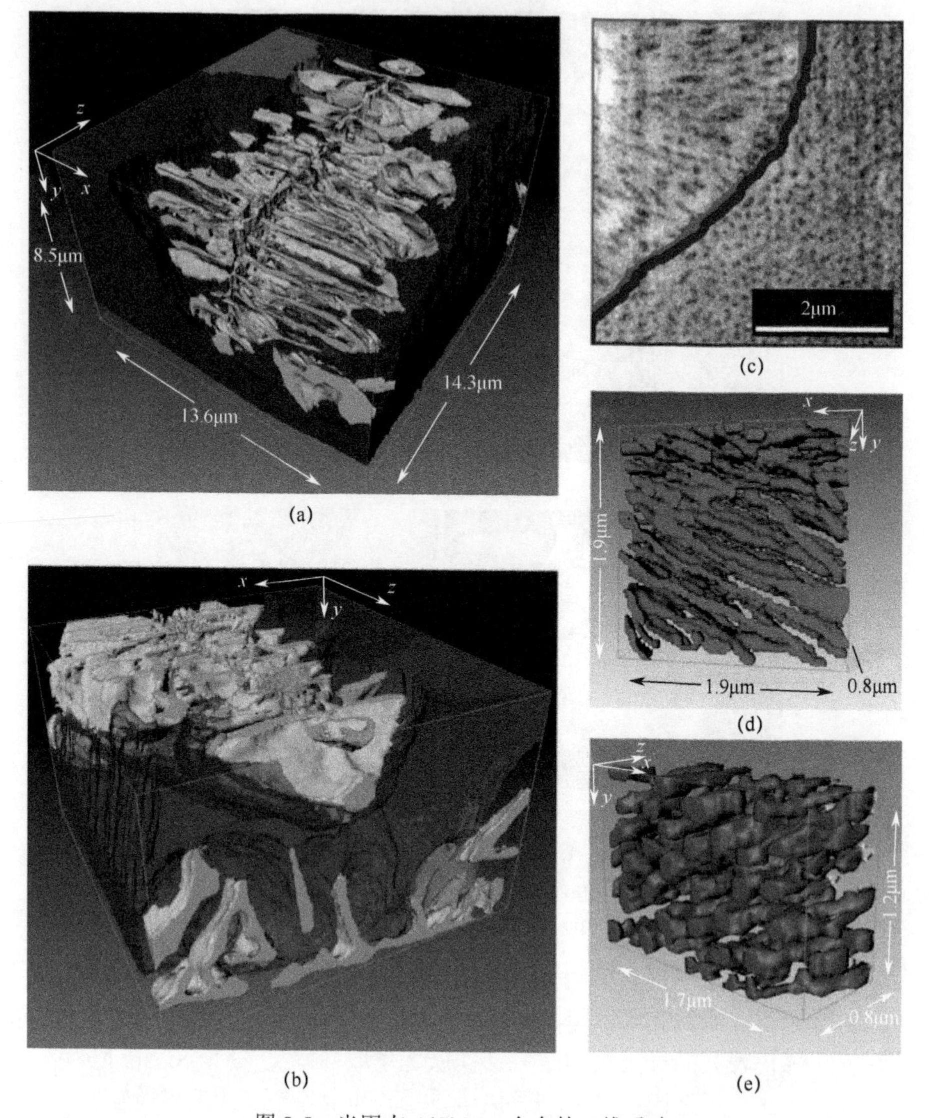

图 8-5　半固态 $AlSi_8Mg_5$ 合金的三维重建

（a）、（b）Mg_2Si 汉字状形貌（黄色）和含有优先 Si 取向的 Al-Si 相的区域（红色，蓝色和绿色）；

（c）红色和蓝色区域中的 Si（暗）和 Al（光）的横截面的 SE 图像；

（d）、（e）区域 d 和 e 的 Si 三维重建[35]。像素尺寸（nm）：$x=18$，$y=23$，$z=75$（切片方向）。

8.3.2　CVD 多层涂层的 FIB / SEM 层析成像

通常通过用薄膜涂覆来改善切削工具的耐磨性。根据涂层类型和应用通过化学气相沉积（CVD）或物理气相沉积（PVD）制备薄膜。对于金属切削，现有技术一般通过 CVD 制造的多层涂层。通过 CVD 沉积的典型耐磨材料是 TiN、Ti（C，N）、Zr（C，N）和 Al_2O_3。多层涂层的顺序旨在提供耐磨、耐腐蚀和耐热性[36]。

Pitonak 等人最近开发了新型 Ti（C，N）涂层，具有梯度的晶粒形态和成分，这是通过改变化学气相沉积过程中的沉积条件产生的[37]。通过改进的 Ti（C，N）相微观结构改善耐磨性。Ti（C，N）和 κ-Al_2O_3 层及 Ti（C，N）晶粒之间界面的空间结构在插入物的性质中起主要作用，应通过 FIB 断层扫描研究。

待分析的多层涂层如图 8-6 所示。涂层由五层薄层制成，按照以下顺序：0.5μm 的 TiN 薄层，确保与硬质合金基体的良好黏附；MT-Ti（C，N）厚度为 5μm，HT-Ti（C，N）为 5μm，4 μm κ-Al_2O_3 和 0.5μm TiN 顶层[38]。根据图 8-6，HT-Ti（C，N）层显示为深灰色区域（原始光学金相组中的深橙色和浅橙色[34]），对应于富氮碳氮化物，如先前通过 X 射线衍射研究证实的那样，确定 HT-Ti（C，N）的 C/N 比为 0.16 / 0.84。

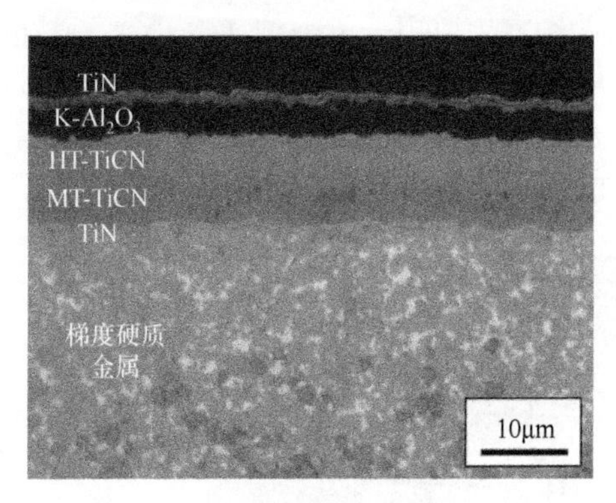

图 8-6　CVD 多层涂层的光学显微镜照片

新型多层膜由 TiN / MT-Ti（C，N）/ HT-Ti（C，N）/ κ-Al_2O_3 / TiN 薄膜序列组成[34]

使用 FIB 断层扫描技术以研究在 HT-Ti（C，N）和 κ-Al_2O_3 顶层之间的过渡中晶粒的三维排列。使用 FIB 和具有 FE-SEM 的图像的横截面垂直于层进行分析。分析总体积为 22×23×12 $μm^3$，切口之间的距离为 50nm。使用 Amira®软件对一些相面和纹理进行分段。在某些情况下，来自切片的图像受到强烈的重皮效应的影响，这将主要干扰 HT-Ti（C，N）颗粒分割[38]。为了克服这个问题，在用软件 A4i 对每个切片应用快速傅里叶变换（FFT）之后，从频谱中去除周期性和对称模式。然后，使用逆 FFT 将光谱反转为原始图像，几乎没有留下的重皮效应痕迹。

考虑到硬质合金基底中的 WC 相和相对于 Ti（C，N）的 κ-Al_2O_3 顶层的高对比度，这些相的分割可以完全通过灰度阈值来执行。就分割能力而言，Ti（C，N）层是最成问题的区域。尽管存在许多颗粒，但作为单相材料，它们之间的对比度非常低。完整颗粒的个性化需要对切片进行细致的视觉检查，因为即使设计了相对良好的对比度，也可能存在一些切片中颗粒与周围区域之间的对比难以区分的情况。这使得纹理不适合分析。对于适合分析的相，它们中的每一个都必须进行不同的处理：平滑、边缘检测和阴影校正滤波器、对比度/亮度操作和形态学操作，被选择性地用于增强每个颗粒的可视化，导致它们的手动分割。

最终的三维重建如图 8-7 所示，硬质合金的 WC 晶粒和氧化铝涂层之间，几种 HT-Ti（C，N）晶粒以不同的颜色重建。Ti（C，N）晶粒具有特定的结构，这与众所周知的高温 CVD 涂层的等轴晶粒或中温-CVD Ti（C，N）层的柱状晶粒非常不同。通过 XRD 测定，新型 HT-Ti（C，N）层在<110>方向上呈现出优选的结构[39]。该纹理对应于在 TiN 涂层上观察到的星型微晶的<110>纹理。然而，在层微结构中存在具有<211>织构的透镜状形态的一些其他微晶，从而在层中提供混合形态。在改进的 CVD 沉积中，在 HT-Ti（C，N）层中形成具有<110>纹理的星型 Ti（C，N）晶粒，并且它们在具有透镜状微晶的竞争性生长中占优势，其在较高的沉积温度下形成。从三维重建，观察到在垂直于基板方向上的一些优选的微晶生长。然而，Ti（C，N）微晶呈现非典型的形态，一些晶粒显示螺旋状的形态。这里可以指出，重建旨在遵循特定颗粒的图案，以用于单个 Ti（C，N）颗粒的三维表示。

此外，FIB 断层扫描的结果证实，HT-Ti（C，N）和 κ-Al_2O_3 层之间的界面处的 Ti（C，N）微晶呈现针状结构。这些 Ti（C，N）突出的微晶渗透到 κ-Al_2O_3 顶层中，提供了层之间的机械锚固。

图 8-7　新型多层体系的三维 FIB 层析成像，显示了硬质合金的 WC 晶粒，所选 HT-Ti（C，N）晶粒和 κ-Al_2O_3 顶层表面层的形态和分布，像素尺寸（nm）：$x = 30$，$y = 38$，$z = 50$（切片方向）

8.3.3 挤压铸造 $AlSi_{12}$ 合金的 FIB / EDS 层析成像

在许多应用中，将微结构中存在的不同相与 SE 图像区分开是值得称道的，使用 EDS 映射可以帮助区分它们。缺点是切片的分离不能像 SE 图像那样小，因为 EDS 信号的信息深度是几百纳米，横向分辨率也降低了。在该示例中，呈现了在 $AlSi_{12}$ 合金中重建三维信息的能力（尽管合金成分可以在 SE 模式中表征）。

图 8-8（a）显示了从 20 个 EDS 横截面获得的 $AlSi_{12}$ 合金的重建三维体积，其间隔为 310nm，并且从正交方向观察。记录几个相互连接的薄 Si 板，显示出不同的取向，体积分数为～14%。Si 薄片的单独厚度约为 0.5～1μm。由于每个横截面之间的间距较大，渲染选项“约束平滑”[34]无法在 z 轴上产生平滑的 Si 板表面

（混叠效应[40]），特别是在颗粒上相对于 *zx* 平面出现明显的倾斜取向。在这种情况下，薄片的表面和体积可能被高估，导致错误的形态量。图 8-8（b）中示出了混叠效应的示例，其为 $10.8\times7.4\times7.1\mu m^3$ 的裁剪区域。

在图 8-8（c）中描绘了相同合金的横截面中的 Si 含量的典型 EDS 图。考虑到每个 EDS 图大约 30min 的时间，样本的完整数据收集需要大约 10h。然而，像 Si 漂移探测器这样的新探测器可以将映射时间缩短到几分钟，大大缩短了总测量时间。从图 8-8（c）可以非常好地理解阴影效应。它是由 EDS 探测器的位置和铣削的矩形沟槽的几何形状产生的，在这种情况下矩形沟槽还不够大。

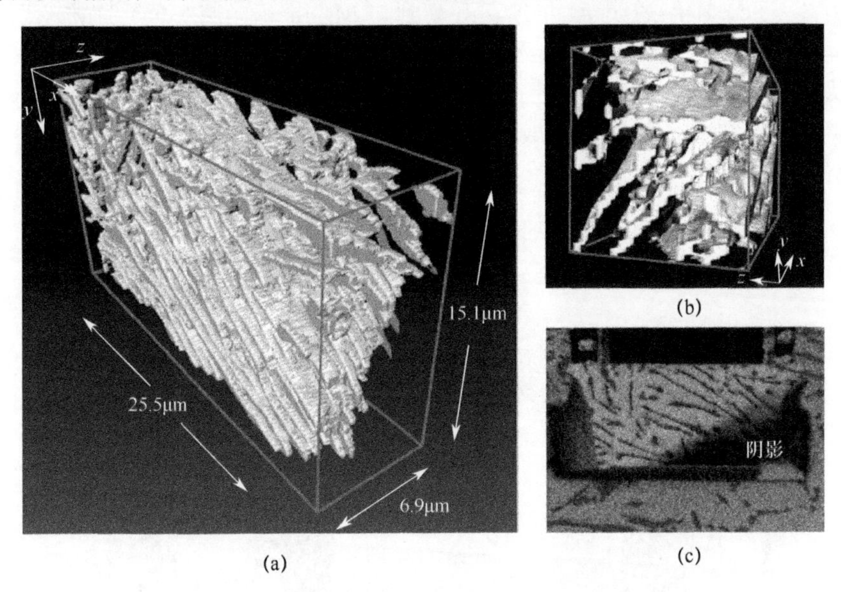

图 8-8　EDS 横截面获得的 $AlSi_{12}$ 合金的重建三维体积

（a）从挤压铸造 $AlSi_{12}$ 合金的 EDS 图中进行三维重建；（b）裁剪区域（$10.8\times7.4\times7.1\mu m^3$），由于 *z* 方向上的连续切片（310 nm）之间的距离较大（切片轴），显示出混叠效应；（c）$AlSi_{12}$ 交叉部分的 EDS 图（暗= Si；亮= Al）表示由于 EDS 探测器位置引起的阴影效应。像素尺寸（nm）：$x=100$，$y=100$，$z=310$（切片方向）。

8.3.4　重力铸造 $AlSi_8Mg_5$ 合金的 FIB / SEM–EDS 层析成像

在多相材料的情况下，由 SE 成像记录的观察特征的不同灰度值可能不能分配给特定相，因为它们通常是重叠的。

作为一个例子，$AlSi_8Mg_5$ 合金的 SE 图像及其等效元素图（对于 Al、Si、Mg 和 Fe）分别如图 8-9（a）和（b）所示。这里，只能在 EDS 检测器的帮助下进行不同相的识别。在 Al 阶段可以观察到四种不同的灰色对比：不同的颗粒（或亚晶粒）“a”和“b”呈现出与“c”和“d”不同的浅灰色对比。右上角的 AlFeSiMg 颗粒在图 8-9（a）中看起来很亮，并在图 8-9（b）中标出。颗粒“c”中的铝相与 Mg_2Si 相具有相似的灰度值，其中只有颗粒轮廓可以通过 SE 成像来识别。由于阴影效应，晶粒“d”表示宽的灰色范围，包括 Mg_2Si 和 AlFeSiMg 相的灰度范围。在整个研究图像中，只能清楚地识别出 Si 相（深灰色的特征）。

通过组合 SE 图像和 EDS 映射，可以获得优化的三维重建：SE 图像用于绘制相位轮廓（与 FIB / EDS 断层扫描相比，实现更高的 *xy* 像素分辨率）。每五个 SE 图像使用一个 EDS 图，如图 8-9（b）中的图，用于相位识别。此外，相对于 FIB / EDS 层析成像，铣削方向上的体素分辨率得到改善，因为 SE 成像和低分辨率 EDS 贴图消耗的时间要少得多：对于约 40μm×20μm 的横截面，在 100 m 的铣削方向上的分辨率，可以在 10 h 内获得 100 个 SEI + 20 EDS 图。$AlSi_8Mg_5$ 合金的重建体积在图 8-9（c）中用透明 Al 描绘。观察到与 Mg_2Si 相（深灰色）连接的层状 Si 结构（11.5vol.%），形成互穿网络。对于重建体积，Mg_2Si 相为～7vol.%，显示了汉字状形貌结构的一部分（来自二维金相图），如图 8-9（d）所示，其中 Si 相表示为半透明。在 Mg_2Si 颗粒中成核较大的 AlFeSiMg 铝化物在记录的体积中可部分观察到，呈针状结构。

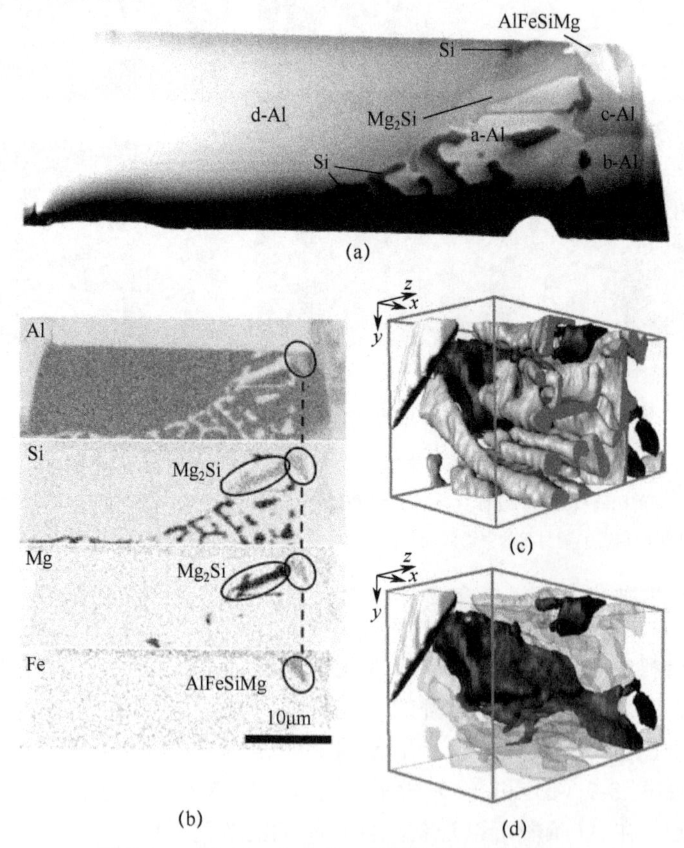

图 8-9　$AlSi_8Mg_5$ 合金的 SE 图像及其等效元素图

（a）显示不同相的二次电子图像（SEI）和标记为 a～d 的四种不同 Al 晶粒；（b）对应的 FIB 截面的 EDS 元素图（$AlSi_8Mg_5$ 合金）；（c）、（d）所研究合金的三维重建：AlFeSiMg 铝化物（白色），Mg_2Si 汉字状形貌（浅灰色）和 Si 薄片（深灰色）。（d）中的 Si 相被描绘为半透明，以更好地观察 Mg_2Si 汉字状形貌[33]。

8.3.5 由氧化镍样品放电产生凹坑的 FIB / EBSD 层析成像

镍用作火花塞中的电极材料及接触材料。由于在火花塞中氧化起着重要作用，氧化的 Ni 样品在类似燃烧电动机的放电作用下进行测试。这种放电在材料表面产生一个或多个凹坑[41]，破坏氧化层并熔化和再固化。该研究的目的是在三个维度上评估材料通过放电的能量输入产生的微观结构变化。

用金刚石颗粒将 Ni 样品粒径抛光至 0.5μm。样品在空气中 900℃下进行 30min 的氧化（氧化皮的厚度约为 5μm）。在用作阴极的圆柱形样品和铂电极（阳极）之间产生单独的火花，它们之间的恒定间隔距离为 1mm。放电在 7bar 的氮气中产生。

为了理解等离子体侵蚀坑的发展所涉及的物理过程，完全理解陨石坑的三维结构至关重要。一个悬而未决的问题是，除了蒸发或颗粒喷射造成的材料损失，不同氧化物层或侵蚀口下面的金属是否存在微观结构变化。对于第一个概述，可以通过观察侵蚀坑（图 8-10（a）和（b））进行连续横截面。等离子体侵蚀坑的连续横截面提供了大量关于侵蚀口形成的不同方面的新信息，如孔隙的发展或熔化程度[42]。图 8-10（c）～（f）示出了使用三维重建软件 Amira®获得的该特定凹坑的三维重建。在侵蚀口形成期间，整个氧化物层被破坏。显然，在侵蚀口下方可以看到变形区。这种变形的程度至少是侵蚀口深度的量级。侵蚀口体积大约为 1400μm^3（使用重建体积计算，图 8-10（c））。图 8-10（d）～（f）分别示出了在 1.6μm 深度（粗粒上氧化物层）、3.2μm 深度（细粒度下氧化物层）和 6.5μm（侵蚀口尖端）处的冠状重建视图。在最后的图片中，可以定性地描绘尖端周围的变形。

为了更好地理解变形的性质，必须通过 EBSD 进一步表征，这将获得侵蚀口附近晶格取向的信息，通常情况下，通过结构元素（如杂物）进行 FIB 横截面分析，并用电子束成像。为了实现 EBSD 分析的最佳几何条件（表面倾斜至 70°），抛光表面必须倾斜并旋转，以便用 EBSD 探测器成像。但是，在这种情况下，不可能对表面进行 EBSD 调查，因为剩下的样品会将探测器与表面屏蔽。因此，使用 FIB 抛光的 EBSD 研究通常在限于样品边缘的表面上进行。预先用机械手段去除材料，直至到达侵蚀口的样品，这样做非常耗时，并且会有时导致样品损失（如果抛光延伸得太远）。

为了避免出现几何形状的问题，一种替代方法是通过 FIB 铣削切割包含待研究特征的体积（感应区的体积），然后将该体积元素放置在样品的边缘上（如图 8-11 所示）。Kleindiek MM3A 微操纵器用于定位平整的材料。一旦定位在样品边缘上，就可以按顺序切割侵蚀口。使用一个预倾斜 45° 的支架，样品边缘的 EBSD 抛光几何形状与文献[7]中所示类似。在这些系统中，EBSD 探测器安装在离子柱下方，而在文献[43]中开发了一个在相对侧具有 EBSD 探测器的系统，其优点是在 FIB

和 EBSD 位置之间只需要一次倾斜即可。

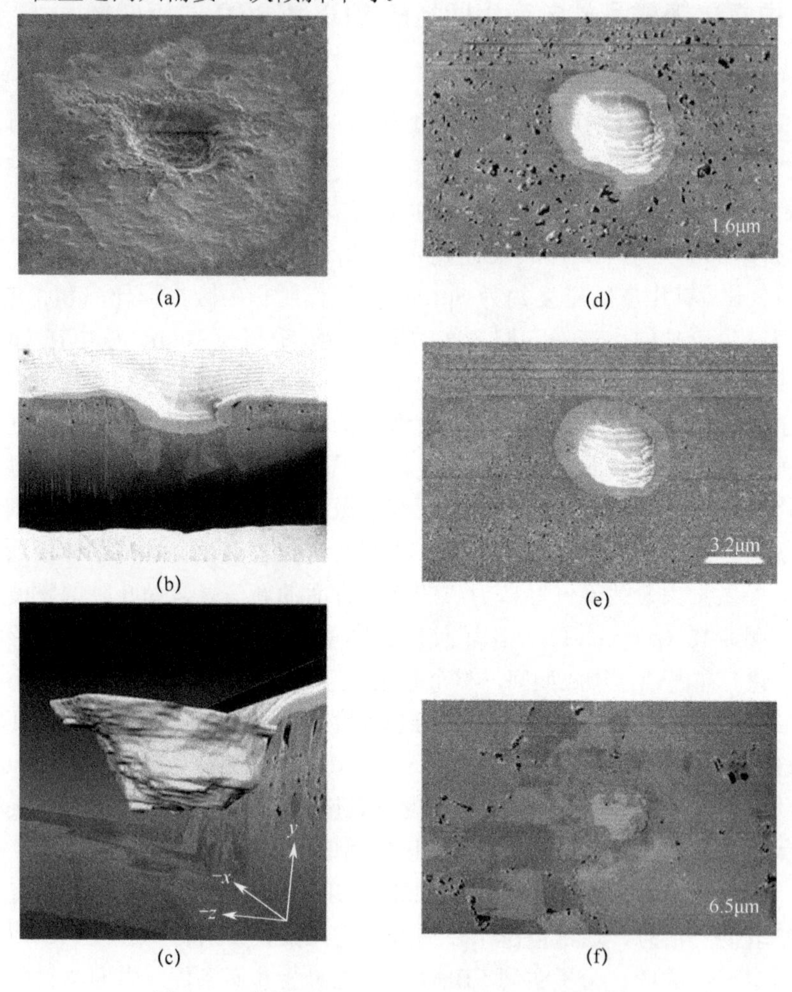

图 8-10　使用 FIB 层析成像重建等离子体侵蚀坑

（a）在连续切片之前显示的是侵蚀口；（b）一个切片（横截面）的示例；
（c）重建的火山口连同坐标系（x、y 是坐标系）描绘的 SE 图像，z 是切片方向；
（d）（e）（f）显示在表面下方 1.6μm、3.2μm 和 6.5 μm 处的冠状重建（平面 x-z）[15]。

(a)

(b)

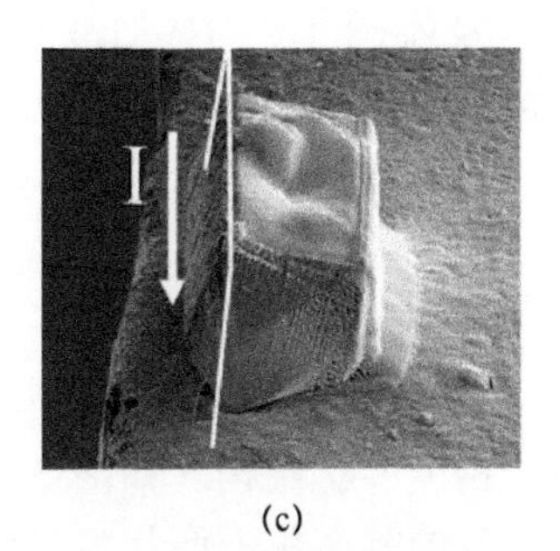

(c)

(d)

图 8-11　感应区体积转移 EBSD 层析成像（该程序与 TEM 样品制备基本相同）

（a）从下面切割感应区所有侧面；（b）用显微操纵器提起；

（c）将样品放置在样品的边缘；（d）离子束抛光以获得 EBSD 质量的表面[15]。

图 8-12（a）为使用 Amira®三维重建软件对六个错误取向分布切片的三维重建（图 8-12（b）呈现了原始横截面图之一）。在研究过程中，科研工作者重建了对应于 1 和 2°之间，2 和 5°之间的变形的壳体及凹坑和 NiO 层。由于各个切片之间 700nm 的大间距，重建在 z 方向上具有相对差的分辨率。然而，很明显的是，变形（错误取向≥1°）延伸到凹坑尖端下方至少 6μm，因此，变形分别是按照氧化物层的厚度和凹坑的深度的顺序进行的。类似错误取向的区域从侵蚀口的尖端以径向方式发出，其似乎在通过传导进入样品的冷却期间遵循热通量的方向。对于半无限表面处的理想点源，温度分布在每个时刻都遵循半球对称。在理想情况下，遵循这种对称性的变形温度演化也会表现出这种对称性。根据侵蚀口尖端的几何形

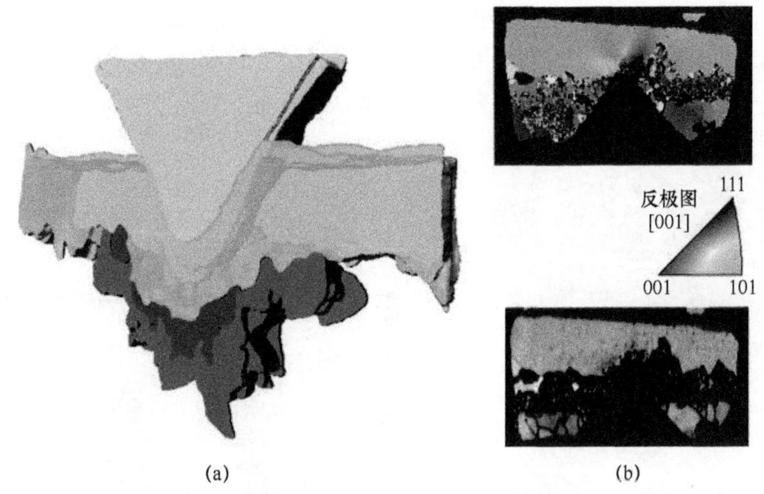

(a)　(b)

图 8-12　使用 Amira®三维重建软件对六个错误取向分布切片的三维重建图

（a）三维重建部分火山口氧化层和变形区。变形区域显示在壳体中，

对应于 1 和 2°之间的误差，2°和 5°之间的误差，氧化层透明；上部氧化层未显示出；（b）三维 IPF 地图等离子体

侵蚀坑（下面的图像属于顶部显示的 IPF 地图）获得的连续部分变形区域。

状，假设火花在电弧阶段不同深度和不同时间的不同点源的叠加是更多的辐射对称性调制变形的原因。取向梯度本身约为 3μm，因此，没有观察到明显的重结晶。

8.3.6 其他应用

8.3.6.1 多孔镍

目前毛细作用结构用于毛细管泵送回路热管的空间应用。典型的毛细作用结构由烧结金属粉末（Ni、Ti 和钢）和其他低密度多孔结构（如凹槽表面、金属丝网和筛网）制成。多孔毛细作用结构的主要目的是产生沿两相传热回路输送工作流体所需的毛细管泵压力。固有孔隙度的大小及其量化十分重要，因为毛细作用结构的效能与其直接相关。1～3μm 孔径和 50%～60%孔隙率是最理想值。此外，通过毛细作用结构内的液体流动的建模需要详细的立体信息，这些信息只能通过诸如 FIB 断层扫描的高细节特征化方法获得。

图 8-13（a）显示了多孔 Ni 样品的 FIB 断层扫描图。在这种情况下，SE 图像能够以高体素分辨率再现金属结构。分析的体积表现出体积比 65%的平均孔隙率，显示完全互连。孔–管状结构的直径为 0.5～2μm。三维重建是从二维横截面获得的，如图 8-13（b）和（c）所示。在烧结过程中，金属颗粒的黏合在任何方向上随机出现。在制备二维横截面期间，铣削这种结构可能影响样品的完整性。例如，在制备下一个横截面期间，除去附着在主要多孔结构上的颗粒（图 8-13（b））。由于样品研磨，在该步骤中除去了负责连接金属颗粒的桥（图 8-13（c））。这个问题可以通过用液态的黏度树脂或聚合物渗透多孔结构来解决，其在凝固后将作为整个结构的支撑物。重建未渗透的多孔材料的另一个重要问题是铣削表面与铣削平面后的表面的区别。这阻碍了自动分割的应用，并且可能导致错误的分割。如果无法进行渗透，仔细的手动分割可能是解决此问题的唯一方法。

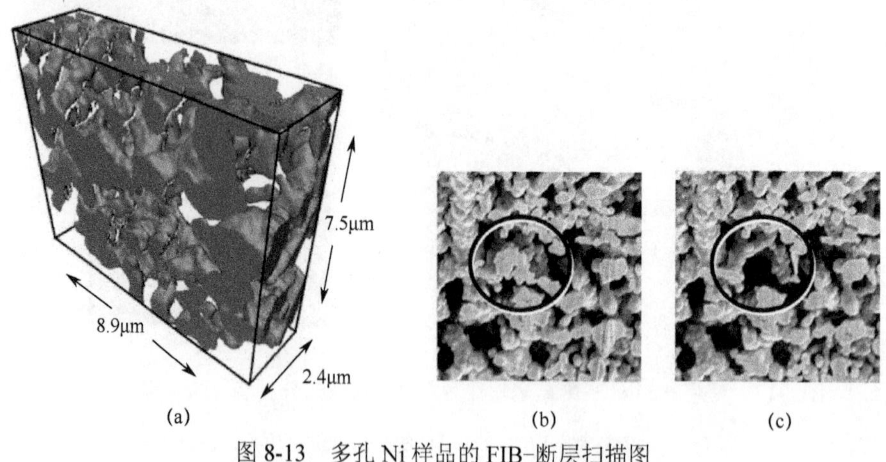

图 8-13 多孔 Ni 样品的 FIB–断层扫描图

（a）多孔 Ni 结构的三维 FIB / SE 重建；（b）、（c）分析的横截面的细节显示在研磨步骤期间的颗粒去除。像素尺寸（nm）：$x=29$，$y=37$，$z=60$（切片方向）

8.3.6.2　有序 SnO_2 纳米线

一维纳米结构（纳米线、纳米管、纳米带和纳米棒）的三维排列的组装已被证明是用于功能结构设计的可行方法。例如，SnO_2 纳米线（NW）阵列可用于传感器或催化应用[44]，在三维排列中表示有序 NW 的阵列，由于 NW 的直径为 15～20nm，因此只能应用 FIB 断层扫描技术。

在 Au 涂覆的 TiO_2（001）和 TiO_2（101）衬底上通过[Sn(OtBu)$_4$] CVD 合成氧化锡纳米线。与在其他基材（例如 Al_2O_3）上的合成相反，在 TiO_2（001）和 TiO_2（101）基材上的沉积将导致具有 NW 网状网络的定向生长（如图 8-14[44]所示）。

图 8-14　沉积在 TiO_2（101）衬底上的 NW 阵列的 SEM 图像

NW 阵列的断层扫描图如图 8-15 所示。感应区域的尺寸仅为 3.3μm×4.6μm，这使得几乎可以达到最大分辨率：像素尺寸为 $x = 3.3$ nm、$y = 4.4$ nm 和 $z = 10$nm。

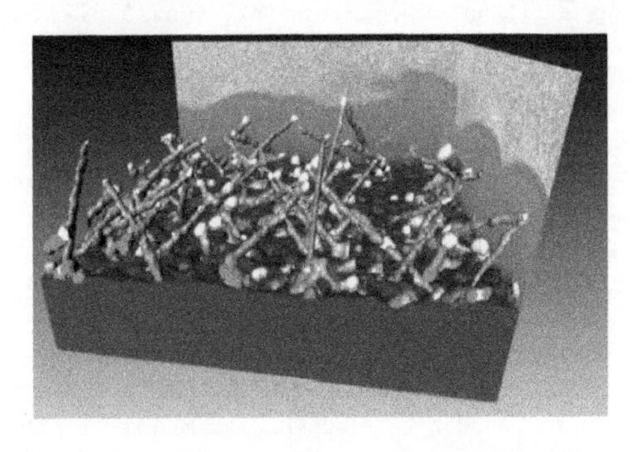

图 8-15　在 TiO_2（101）衬底上生长的 SnO_2NW 的三维重建

（NW 尖端处的 Au 颗粒（光滴）充当 NW 生长的催化剂；像素尺寸（nm）：$x = 3.3$，$y = 4.4$，$z = 10$（切片方向）；所述区域的尺寸为 3.3μm×4.6μm）

NW 的长度和直径可以用软件 Amira®手动测量。对于该样品分析 33 NW，其平均长度为 309nm，标准偏差为 139nm，平均直径为 30nm，标准偏差为 6nm。已经针对不同样品获得了这样的结果，并进行了比较。

虽然 TEM 断层扫描可以提供纳米级三维纳米结构的定量表征，但是三维信息限于小于 100nm 的薄物体，因为样品必须变薄以保证电子透明度。对有序 SnO_2 NW 的研究表明，FIB 层析成像可以提供大尺寸（微米尺寸）物体的三维信息，可以对纳米线生长方向和催化剂分布进行统计分析。

参考文献

1. Spowart, J.: Automated serial sectioning for 3-D analysis of microstructures. Scr. Mater. **55**, 5–10 (2006)
2. Wucher, A., Cheng, J., Zheng, L., Winograd, N.: Three-dimensional depth profiling of molecular structures. Anal. Bioanal. Chem. **393**, 1835–1842 (2009)
3. Prewett, P.D., Mair, G.L.R.: Focused Ion Beams from Liquid Metal Ion Sources. Research Studies Press Ltd., Taunton (1991)
4. Orloff, J.: High-resolution focused ion beams. Rev. Sci. Instrum. **64**(5), 1105–1130 (1993)
5. Phaneuf, M.W.: Applications of focused ion beam microscopy to materials science specimens. Micron **30**, 277–288 (1999)
6. Sudraud, P., Ben Assayag, G., Bon, M.: Focused-ion-beam milling, scanning-electron microscopy, and focused-droplet deposition in a single microcircuit surgery tool. J. Vac. Sci. Technol. B Microelectron. Nanometer Struct. **6**(1), 234–238 (1988)
7. Young, R.J., Moore, V.M.: Dual-beam (FIB-SEM) systems. In: Gianuzzi, L.A., Stevie, F.A. (eds.) Introduction to Focused Ion Beams, Instrumentation, Theory, Techniques and Practice, pp. 247–268. Springer Science + Business Media, Inc., Boston (2005), Chapter 12
8. Steiger, W., Rudenauer, F., Gnaser, H., Pollinger, P., Studnicka, H.: New developments in spatially multidimensional ion microprobe analysis. Mikrochim. Acta **10**, 111–117 (1983)
9. Rüdenauer, F.G., Steiger, W.: A further step towards three-dimensional elemental analysis of solids. Mikrochim. Acta **76**, 375–389 (1981)
10. Dunn, D.N., Kubis, A.J., Hull, R.: Quantitative three-dimensional analysis using focused ion beam microscopy. In: Gianuzzi, L.A., Stevie, F.A. (eds.) Introduction to Focused Ion Beams, Instrumentation, Theory, Techniques and Practice, pp. 181–300. Springer Science + Business Media, Inc., Boston (2005)
11. Sakamoto, T., Cheng, Z., Takahashi, M., Owari, M., Nihei, Y.: Development of an ion and electron dual focused beam apparatus for three-dimensional microanalysis. Jpn J. Appl. Phys. **37**, 2051–2056 (1998)
12. Kato, M., Ito, T., Aoyama, Y., Sawa, K., Kaneko, T., Kawase, N., Jinnai, H.: Three-dimensional structural analysis of a block copolymer by scanning electron microscopy combined with a focused ion beam. J. Polym. Sci. B: Polym. Phys. **45**, 677–683 (2007)
13. Ray, S.S.: A new possibility for microstructural investigation of clay-based polymer nanocomposite by focused ion beam tomography. Polymer **51**, 3966–3970 (2010)
14. Matthijs de Winter, D.A., Schneijdenberg, C.T.W.M., Lebbink, M.N., Lich, B., Verkleij, A.J., Drury, M.R., Humbel, B.M.: Tomography of insulating biological and geological materials using focused ion beam (FIB) sectioning and low-kV BSE imaging. J. Microsc. **233**(3), 372–383 (2009)
15. Holzapfel, C., Soldera, F., Faundez, E., Muecklich, F.: Site-specific structural investigations of oxidized Ni samples modified by plasma erosion processes using the EBSD technique in combination with a FIB/SEM dual beam workstation. J. Microsc. **227**(1), 42–50 (2007)
16. Verhoeven, J.D.: Scanning electron microscopy. In: Whan, R.E. et al. (eds.) ASM Handbook, Volume 10 Materials Characterization, pp. 490–515. The Materials Information Society, Metals Park (1998), Fifth Printing

17. Lasagni, F., Lasagni, A., Holzapfel, C., Mücklich, F., Degischer, H.P.: Three dimensional characterization of unmodified and Sr-modified Al–Si eutectics by FIB and FIB EDX tomography. Adv. Eng. Mater. **8**(8), 719–723 (2006)
18. Schaffer, M., Wagner, J., Schaffer, B., Schmied, M., Mulders, H.: Automated three-dimensional X-ray analysis using a dual-beam FIB. Ultramicroscopy **107**(8), 587–597 (2007)
19. Schwartz, A.J., Kumar, M., Adams, B.L.: Electron Backscatter Diffraction in Materials Science. Kluwer Academic, New York (2000)
20. Zaefferer, S., Wright, S.I., Raabe, D.: Three-dimensional orientation microscopy in a focused ion beam-scanning electron microscope: a new dimension of microstructure characterization. Metall. Mater. Trans. A **39A**, 374–389 (2008)
21. Giannuzzi, L.A., Prenitzer, B.I., Kempshall, B.W.: Ion–solid interactions. In: Gianuzzi L.A., Stevie F.A. (eds.) Introduction to Focused Ion Beams, Instrumentation, Theory, Techniques and Practice, pp. 13–52. Springer Science + Business Media, Inc., Boston (2005), Chapter 2
22. Dunn, D.N., Hull, R.: Reconstruction of three-dimensional chemistry and geometry using focused ion beam microscopy. Appl. Phys. Lett. **75**, 3414–3416 (1999)
23. Inkson, B.J., Mulvihill, M., Möbus, G.: 3D determination of grain shape in FeAl-based nanocomposite by 3D FIB tomography. Scr. Mater. **45**, 753–758 (2001)
24. Stevie, F.A.: Focused ion beam secondary ion mass spectroscopy (FIB-SIMS). In: Gianuzzi L.A., Stevie F.A. (eds.) Introduction to Focused Ion Beams, Instrumentation, Theory, Techniques and Practice, pp. 269–280. Springer Science + Business Media, Inc., Boston (2005), Chapter 13
25. Smithells, C.J.: Equilibrium Diagrams, in Metals Reference Book, 6th edn. Butterworth & Co Ltd., London (1983), Ch. 11
26. Lasagni, F., Degischer, H.P., Papakyriacou, M.: Influence of solution treatment, Sr-modification and short fibre reinforcement on the eutectic morphology of Al–Si alloys. Prak. Met. **43**(10), 505–519 (2006)
27. Lasagni, F., Lasagni, A., Marks, E., Holzapfel, C., Mücklich, F., Degischer, H.P.: Three-dimensional characterization of 'as-cast' and solution-treated $AlSi_{12}$(Sr) alloys by high-resolution FIB tomography. Acta Mater. **55**(11), 3875–3882 (2007)
28. Nafisi, S., Ghomashchi, R.: Effects of modification during conventional and semi-solid metal processing of A356 Al–Si alloy. Mater. Sci. Eng. A **415**(1/2), 273–285 (2006)
29. Dons, A.L., Pedersen, K.O., Voje, J., Mæland, J.S.: Heat treatment and impact toughness properties of AlMgSi foundry alloys. Aluminium **81**(1/2), 98–102 (2005)
30. Mondolfo, L.F.: Al Alloys: Structures and Properties. Butterworth, London (1976)
31. Degischer, H.P., Knoblich, H., Knoblich, J., Maire, E., Slavo, L., Suery, M.: Proceedings of the 12 International Metallographie Tagung, Leoben, Austria, Prak. Metallographie Sonderband **38**, 67–74 (2006)
32. Qin, Q.D., Zhao, Y.G., Cong, P.J., Zhou, W., Xu, B.: Semisolid microstructure of Mg_2Si/Al composite by cooling slope cast and its evolution during partial remelting process. Mater. Sci. Eng. A **444**, 99–103 (2007)
33. Lasagni, F., Lasagni, A., Engstler, M., Degischer, H.P., Mücklich, F.: Nano-characterization of cast structures by FIB-tomography. Adv. Eng. Mater. **10**(1/2), 62–66 (2008)
34. Amira 3.1: User's Guide and Ref. Manual, Konrad-Zuse-Zentrum für Informationstechnik Berlin (ZIB), Germany
35. Lasagni, F., Lasagni, A., Holzapfel, C., Engstler, M., Mücklich, F.: 3D microstructural study of $AlSi_8Mg_5$ alloy by FIB-tomography. Prak. Met. **9**(10), 487–499 (2010)
36. Ruppi, S., Halvarsson, M.: TEM investigation of wear mechanisms during metal machining Thin Solid Films **353**, 182–188 (1999)
37. Pitonak, R., Garcia, J., Weissenbacher, R., Udier, K.: Austrian Patent AT503050 B1 (2007)
38. Garcia, J., Pitonak, R., Weißenbacher, R., Köpf, A., Soldera, F., Suarez, S., Miguel, F., Pinto, H., Kostka, A., Mücklich, F.: Design and characterization of novel wear resistant multilayer CVD coatings with improved adhesion between Al_2O_3 and Ti(C, N). Adv. Eng. Mater. **12**, 929–934 (2010)
39. Garcia, J., Pitonak, R., Weissenbacher, R., Köpf, A.: Production and characterization of wear

resistant Ti(C,N) coatings manufactured by modified chemical vapor deposition process. Surface & Coatings Technology **205**, 2322–2327 (2010)

40. Kak, A.C., Slaney, M.: Principles of Computerized Tomographic Imaging. IEEE Press, New York (1988)
41. Soldera, F., Mücklich, F., Kaiser, T., Hrastnik, K.: Description of the discharge process in spark plugs and its correlation with the electrode erosion patterns. IEEE Trans. Veh. Technol. **53**, 1257–1265 (2004)
42. Jeanvoine, N., Holzapfel, C., Soldera, F., Mücklich, F.: 3D investigations of plasma erosion craters using FIB/SEM dual-beam techniques. Pract. Metallogr. **43**(9), 470–482 (2006)
43. Konrad, J., Zaefferer, S., Raabe, D.: Investigation of orientation gradients around a hard Laves particle in a warm-rolled Fe_3Al-based alloy using a 3D EBSD-FIB technique. Acta Mater. **54**(5), 1369–1380 (2006)
44. Pan, J., Shen, H., Werner, U., Prades, J.D., Hernandez-Ramirez, F., Soldera, F., Mücklich, F., Mathur, S.: Heteroepitaxy of SnO_2 Nanowire Arrays on TiO_2 Single Crystals: Growth Patterns and Tomographic Studies. Submitted to Chemistry of Materials (2011)

第 9 章　原子探针断层扫描：原子水平的三维成像

9.1　概述

原子探针断层扫描（APT）是唯一一种能够在原子尺度上绘制材料中化学物质的三维分布的方法。该仪器（即三维原子探针（3DAP））是原子探针场离子显微镜（APFIM）3D 的延伸，APFIM 是 Müller 等人[1]在 20 世纪 60 年代末设计的一种仪器，其原理是基于样品表面原子的脉冲场蒸发和通过飞行时间质谱对场蒸发离子的化学鉴定。原子在样品表面的位置是由离子撞击探测器的撞击位置推导出来的。牛津大学和鲁昂大学先后设计了第一个原型，法语名称是层析原子探针(TAP）[2,3]，CAMECA 将后者商业化。另一种商用仪器是由美国的 IMAGO（本地电极原子探针）设计的。后一家公司现已加入 CAMECA。深度分辨率，独立于这些仪器的技术细节，可达到 10pm[4,5]。令人遗憾的是，横向分辨率（在样品表面）却要差得多，在最好的情况下，也只有 0.1nm。晶格重构只有在非常有限的情况下才能实现，例如一些纯金属[6]。

APT 的一个主要优点是它的量化表征。在所分析的体积内，一个小的选定区域的局部组成可以简单地由每个观察物种的原子数目导出。与其他仪器相比，这是一个很大的优势。它无须校准。由于其高深度分辨率，原子平面可以成像，在有序区域可以显示化学序列。在获得的更显著的结果中，不能不提到科垂尔气团（晶体位错周围的微小杂质原子云）的成像。气团的概念是由 Cottrell 和 Bilby 在 1949 年提出的，用来解释塑料中杂质的作用。正是由于有了 3DAP, FeAl 金属间化合物中的科垂尔气团首次在原子尺度上以三维形式成像[8]。更普遍地说，在物理冶金中已经证明，APT 是一个非常强大的工具，特别是对合金分解的早期阶段的研究。

目前 3DAP 仅适用于良导体（如金属合金或低电阻氧化物）。为了克服这一限制，实验室设计了新一代的 3DAP，通过超快激光脉冲（小于 500fs）确保材料去除。这种新型仪器即激光辅助广角层析原子探针（LAWATAP, CAMECA），开辟了该技术在半导体、氧化物等电导率较差材料中的应用，这些材料是微电子学的关键材料[9]。本仪器采用飞秒脉冲代替电压脉冲辅助表面原子的蒸发[10]。此外，实现了更宽的视场，从而获得更大的分析面积（100 nm×100 nm），改进了统计，同时缩短了获取相关信息所需的分析数量。IMAGO 开发了一种使用 10ps 激光脉冲的类似仪器。

随着集成电路小型化的显著进展，微电子学在纳米科学中占有特殊的地位。上一代纳米晶体管的尺寸是 100nm。SIMS 是微电子学中半导体中掺杂剂分析的参考工具。然而，对于纳米晶体管，SIMS 面临着极限，人们寄希望于 3DAP 能发挥重要作用[11]。摩尔定律已经面临新的物理极限和新的挑战，APT 可以带来新的相关结果。更普遍地说，APT 似乎是纳米科学中一个非常强大的方法，特别是在研究纳米线和多层膜方面，包括含有高电阻氧化层的隧道结[12]。

9.2 基本原理

层析原子探针的原理是基于样品表面原子的脉冲场蒸发和飞行时间化学质谱鉴定场蒸发离子。原子在样品表面的位置是由探测器上的撞击坐标推导出来的。层析原子探针的原理如图 9-1 所示。通过对试样的逐层蒸发，可以对试样进行深入的研究。

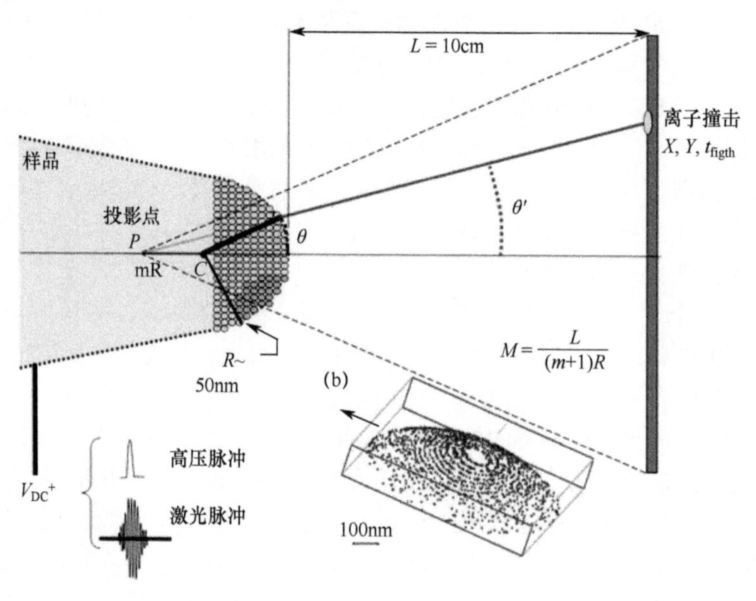

图 9-1　层析原子探针的原理图

在激光辅助层析原子探针（LaWaTAP）中，电脉冲被超快激光脉冲（脉冲宽度小于 500 fs）所取代。

将高电压（V_0）施加于以尖针形式制备的样品（尖端半径（R）接近 50nm, F～V_0/R），获得场蒸发表面原子所需的高电场（F）（几十 V/nm）。以前电化学技术是用来从体材料中制备针尖的，离子铣削（聚焦离子束，FIB）是一种目前常用的方法，可以从各种各样的样品中制备尖锐的针尖，包括多层膜、纳米晶体管、纳米粉体、隐埋界面[13]。显然，FIB 技术的引入使 APT 进入纳米科学领域。

如图 9-1 所示，样品的形状是一个截锥，末端是一个球形帽，这意味着随着表面原子的移除，尖端半径略有增加。在尖端表面产生的电场 F 简单地由 $F = V_0/\beta R$ 给出，其中 β 是电场因子（对于理想球形 $\beta = 1$）。电场因子 β（2～8）取决于试样的柄角和静电环境。因为柄角的存在，一般需要缓慢增加所施加的电压，以保持施加电场恒定，并补偿尖端半径的增加。在分析过程中，V 以这种方式自动增加，以保持检测率恒定（通常为 0.01 个离子/脉冲）。

蒸发流量由 $U = U_0 \exp[W(F)/kT]$ 给出。活化能 $W(F)$ 随外加电场 F 的增大而近似线性减小,因此，增加针尖温度或外加电场会促进电场蒸发。需要指出，分析总是在低温下进行的。为了获得定量成分数据，并防止表面原子扩散，以保持空间分辨率，样品要冷却到 20～100K 的温度。在低温下，需要 10～100 V/nm 的高电场来蒸发表面原子。

原子的化学特性来自化学物质的飞行时间，这些物质以多个带电离子的形式在场中蒸发。高压脉冲 V_p 叠加在 V_0 上，导致表面原子作为离子的电场蒸发，这些离子被排斥在尖端表面。根据仪器的设计，重复频率可以从 1 kHz 到 100 kHz 不等。在单粒子敏感探测器（通道板）上检测场蒸发离子。产生的信号提供了化学物质的飞行时间（t）。对于典型的飞行路径（L 约 0.1～0.5 m），t 的数量级为几百纳秒。离子的质量与电荷比（m/n）由简单方程 $1/2mv^2 = ne(V_0 + V_p)$，式中 $v = L/t$，n 是电荷状态。探测器中使用的通道板（10^7 个电子/离子冲击的电子倍增器阵列）的探测效率接近器件的开放面积（60%）。最后的改进使检测器效率提高到 70%。

在适当的条件下（尖端温度低于 80 K，脉冲分数（$V_P/V_0 = 20\%$）），各化学物质的电离率相同，这保证了浓度测量的定量。值得一提的是，使用较小的脉冲分数可能导致低蒸发场原子（低结合能原子）在直流电压下优先蒸发。

以 AB 合金作为研究对象，其中 B 原子具有较低的蒸发场。如果 B 原子在直流电压下优先蒸发，那么它们将不会被检测到与脉冲一致。这样就会低估 B 原子的数量。因此，测量的 B 原子的原子分数将比预期的要小。

该仪器通常与场离子显微镜(FIM)结合使用。FIM 的工作原理是基于一种稀有气体在尖端表面附近的场电离[14]，通过从屏幕上接收的凸出的表面原子（高场）产生的离子束可以获得原子尺度上的分辨的样品表面的放大图像。FIM 实验与原子探针实验相结合，证明其电离效率接近 100%。利用 FIM 观察到的表面原子是成比例的，因为它们被场蒸发从表面去除。发现在观测区域被检测到的被移除原子的比例非常接近于检测效率。

使用时间分辨位置敏感探测器（PSD）可以定位离子碰撞，并计算原子起源于尖端表面的位置（图 9-1）。原子探针中使用了多种类型的探测器（例如，多阳极探测器, 法国第一代层析原子探针[15],时间分辨 CCD 探测器[16]）。目前原子探针中最常用的是基于延迟线的探测器[17]。PSD 通常无法为多个碰撞定位正确的碰撞位置，特别是对于具有相同 m/n 值且在探测器（在最近的探测器[17]上，延迟＜1.5ns，距离小于 1.5mm）内彼此接近的离子。通常使用小的检测率（0.01 离子/脉冲），以减少可能偏移位置和成分数据的多重碰撞。

分析体的重建采用一种简单的近似于立体投影的点投影（图 9-1）。放大倍数（M）接近于 10^7，由式子 $M = L/(m+1)R$ 给出，式中 m 是投影中心的位置（$CP = mR$，m 大约 0.6）。原子在尖端表面的位置（X）大致由撞击位置（X_D）推导得出，公式为 $X = X_D/M$。更多细节可以在文献[18]上找到。

实际的重建过程显然要稍微复杂一些。撞击角 θ'（图 9-1）与原子在尖端表面的发射角 θ 成正比，即 $\theta' \sim \theta/(m+1)$。由于尖端的对称性，方位角 $\varphi' = \varphi$。假设曲率半径为 R，原子的直角坐标由下面的经典方程组给出。

$$x = R\sin(\theta)\sin(\varphi) \tag{9-1}$$

$$y = R\sin(\theta)\cos(\varphi) \tag{9-2}$$

$$z = R\left[1 - \cos(\varphi)\right] \tag{9-3}$$

曲率半径由施加电压（V）导出,即 $R = V/F\beta$。如前所述，由于柄角的存在，尖端半径（R）随着分析深度（z）的增加而增加，从而确保蒸发电场恒定。因为尖端是场蒸发，导致了放大倍数（M）的比例下降。因此，分析面积（$A= A_D/M^2$）是 R 的递增函数，因此是施加电压 V ($V = F\beta R$)的递增函数。

$$A(V) = A_D\left[\frac{(m+1)V}{F\beta L}\right]^2 \tag{9-4}$$

深度标度（z）是由与 δ_n 离子检测相关的分析量的表达式简单推导得到的。

$$\delta_n Q = QA(V)\delta_z \tag{9-5}$$

δ_z 是与 δ_n 离子检测相关的元素深度分析。后一种表达式仅适用于 δ_z 很小时（即小的 δ_n），此时 $A(V)$可看作常数。最后通过叠加单元深度 δ_z 计算出 z 值。

上一代的仪器与 20 世纪 90 年代早期设计的（40～100nm）相比有更大的视野。这可以通过减少飞行路径（L）、应用离子光学和 PSD 来改善性能。

3DAP 可以探测的最大深度是几百纳米。它在理论上受限于可以应用到尖端的最大电压（V）。原则上，一个小的柄角可以分析更大的深度。然而，主要的限制因素是针尖断裂，施加的高静电压力经常导致针尖断裂，而这种情况通常发生在达到可以应用于样品的最大电压（20 kV）之前。

APT 可分析的体积（50nm×50nm×100nm）通常包含数千万个原子。图 9-2 展示了一个实例。这种三维重建显示，在模型镍基高温合金中，细小的富铝 γ' 相沉淀物（7nm）均匀分散在富 Cr 基体中。发现这些小沉淀含有大约 18at.%的 Al 和少量的 Cr，而母相 Cr 含量大约为 20at.%的 Cr 和少量的 Al。

APT 的主要优点之一其空间分辨率高。深度分辨率（沿尖端轴线）主要由电场的屏蔽距离控制接近 0.1nm。这使得低指数平面的成像成为可能。如图 9-3 所示，γ' 析出相的（001）面清晰成像。富铝晶面与贫铝晶面交替，表现出 $L1_2Ni_3Al$

析出相的有序性质。利用该图像可以得到各类型平面的平均组成，从而估算出附加元素的序参量和优先位置。应注意优先保留高蒸发场的表面原子（如难熔元素），这些原子可以从一个平面保留到下一个平面，可以用 FIM 观察到这种保留。这种工艺会导致位点占用频率产生偏差。

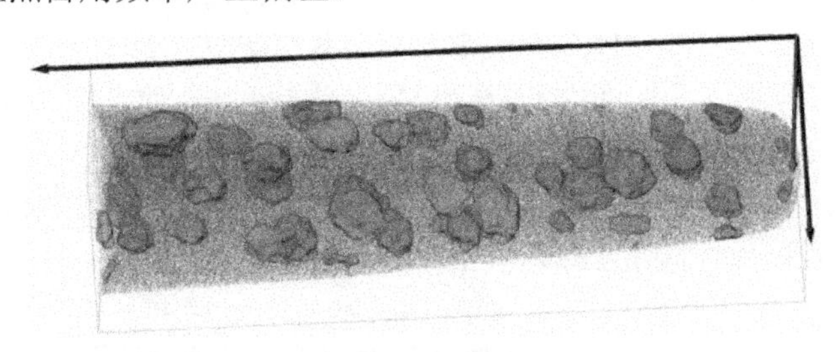

图 9-2　用原子探针层析技术对模型镍基高温合金进行三维分析

（图中仅标出铝和铬原子，为了清楚起见，省略了镍。此图证实了小的富铝沉淀物（直径 7nm）嵌入富铬母相。透明的包络线代表铝浓度的等值面，阈值为 10%。体积由大约 10^7 个原子组成（40 nm×40 nm×150 nm）。

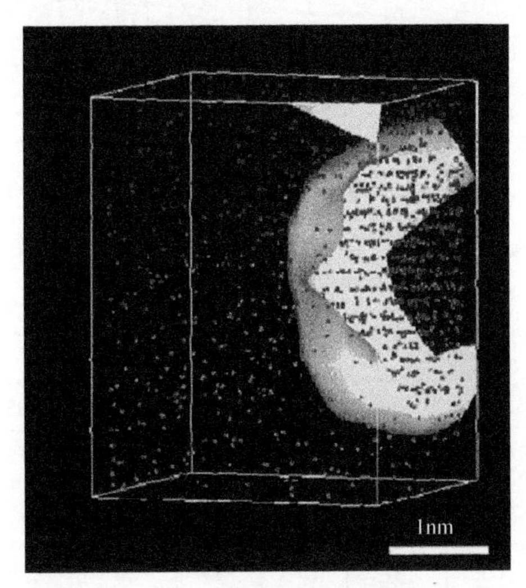

图 9-3　在图 9-2 中观察到的小 γ′ 相沉淀的放大图

图 9-2 中显示了 $L1_2$ 的有序结构（Ni_3Al）。图 9-3 中只标出了 Al。富铝（001）面与贫铝面交替分布。（001）面间距接近 0.36nm（晶格参数）。析出物的直径相当于 20 个原子面（7 nm）。

尽管 APT 的深度分辨率很好，但横向分辨率（平行于样品表面）远远没有那么优秀。在单相材料中，它接近于 0.3 nm，因此不可能在三维中重建晶格结构。限制横向分辨率的是场蒸发的物理特性，而不是位置敏感探测器的性能。非常接近尖端表面的离子轨迹的像差确实会降低分辨率。对离子轨迹进行的原子模拟清晰地表明，正是离子离开表面的细微运动导致了探测器上碰撞位置的分散[19,20]。这些像差取决于原子离开表面的小范围邻域和局部原子结构及排列，这些信息事先是未知的[21,22]。目前已经有几种方法[23-25]可以解决这个问题。

研究人员开发了多种方法来解释 APT 数据，包括三维自相关函数、聚类识别和基于平均分离方法或浓度标准的侵蚀过程、权变方法、接近直方图、空间分布图[4,6,26-32]。利用傅里叶变换在倒易空间对图像进行滤波，得到有序沉淀的暗场图像[33,34]。还可以获得亮场图像，以获得与小沉淀相关的空间信息。最近发展出来的最近邻距离分布是一种获取小团簇组成的简捷方法[35,36]。对相关函数，不仅可以得到析出相的大小，还可以得到析出相的组成[37,38]。

9.3　物理冶金的应用：潜力与极限

由于 APT 具有高空间分辨率，它特别适用于小至 1 nm 区域的成分测量，如小沉淀[39]、晶界（GB）偏析、APBs 偏析或定位断层（Suzuki 效应）[40]、界面附近的浓度梯度、线缺陷的溶质富集。这些信息对于工业合金来说是必不可少的。例如，相组成控制了高温合金中 γ 相和 γ' 相之间的晶格失配，而这又是航空涡轮中高温合金蠕变性能的关键参数。表 9-1 和表 9-2 提供了为涡轮盘开发的多晶高温合金（N18）的标称化学成分及 APT 分析得出的相组成[41]。如表所示，与含有大量 Cr、Co 和少量 Mo 的 γ 相固溶体相比，γ' 相析出物富含 Al、Ti 和 Hf。用杠杆法则 $f=(C_n-C_\gamma)/(C_{\gamma'}-C_\gamma)$ 从相组成导出的 γ' 相沉淀的体积分数，接近 57%。

表 9-1　高温合金（N18）的标称化学成分

元素	Ni	Cr	Al	Ti	Mo	Co	Hf	B	C	Zr	Fe
原子含量/%	54.42	12.3	9.15	5.11	3.77	14.82	0.16	0.083	0.075	0.018	0.11
质量含量/%	57.05	11.4	4.41	4.37	6.47	15.6	0.52	0.016	0.016	0.03	0.11

表 9-2　高温合金（N18）γ 相和 γ'相的原子百分含量

原子百分含量	Ni	Cr	Al	Ti	Mo	Co	Hf	B	C	Fe
γ 相	38.28	25.71	1.85	0.25	8.36	25.28	0.01	0.04	0.01	0.20
18400 个离子	0.72	0.64	0.20	0.07	0.41	0.64	0.02	0.03	0.02	0.07
γ'相	67.71	1.60	12.95	8.65	2.20	6.64	0.21	0.01	0.00	0.03
84784 个离子	0.32	0.09	0.23	0.19	0.10	0.17	0.03	0.01	0.00	0.01

注：由采样误差引起的统计波动由标准偏差 σ 给出（$\Delta C=2\sigma$，$\sigma=\sqrt{C(1-C)/N}$，N 为离子数）

无论从基本观点还是从微观结构成因控制的角度来看，沉淀的早期阶段和动力学途径都是关键问题。Schmuck 和最近的 Seidman[42,43]在高温合金模型中取得了令人印象深刻的结果。他们得到了针对成核–生长–粗化理论的观测结果。需要注意的是，APT 重构的体积（$50\times50\times100\ nm^3$）具有与动力学蒙特卡罗模拟（刚性晶格模型与空位交换）相似的尺寸，在相同的原子尺度下显示出微观结构特征。因此，人们很快意识到，联合研究可能非常有益，特别是校准模拟的动力学和热力学参数，并验证模拟预测[44]。这些基本问题对于商用钢的长期发展至关重要。APT 在压水堆核电站主冷却剂管中双相不锈钢铁素体相（Fe-Cr）的亚稳态分解研究[45]中发挥了重要作用。像硼这样的溶质向 GBs 的偏析是另一个关键问题，因为把这种元素添加到多晶高温合金（发动机圆盘）中，以防止晶间断裂。在最近的一篇综述文献[46]中，可以找到关于镍基高温合金的许多原始信息的综述。

APT 的另一个作用是，从图 9-2 所示的重建图像中，可以得到任意尺寸的小区域的局部组成。选择过小的抽样体积（小于 $1\ nm^3$）显然会导致相当大的统计波动。采样误差的幅度（$\delta C = 2\delta$）由标准偏差 $\delta = [C(1-C)/N]^{1/2}$ 给出，式中 $N = QV_m/\Omega$，Q 为检测效率（0.6），V_m 为测量所达到的体积，Ω 为平均原子体积（镍：$0.012\ nm^3$）。当接近等原子成分（$C = 0.5$）时，波动增加。当 $V_m = 1\ nm^3$ 时，探测到的离子数 N 约为 40 个原子。对于 $C=0.5$，波动达到 $\delta C = 2\delta$ 时约为 0.2。更多的统计细节可以在相关文献中找到[47,48]。

对非常小的沉淀物组成的评估，不仅涉及统计波动问题，还涉及空间分辨率问题。实验和模拟表明，离子轨迹畸变在两相合金中比单相材料更明显。当两相有不同的蒸发场（F）时，会出现这个问题。对于给定的施加电压（V），F 越大，局部半径 $R = V/F\beta$ 越小。因此高场沉淀在蒸发过程中，会发展出一个相对于周围的母相[49]较小的曲率半径。这些局部放大效应可以导致接近界面的像差高达 1 nm。这使得定量评估沉淀物的组成非常困难，特别是当它们的尺寸接近 1nm 时。接近界面的轨道重叠导致混合区域和明显的宽界面。对于低场沉淀（聚焦效应），来自周围基体的溶剂离子到达沉淀区，因此高估了溶剂含量（低溶质含量）。目前已经开发出来计算这些局部放大效应的校正程序[50]。A. Deschamps 等人利用 APT 和小角度 X 射线扩散对 Al 基合金的超细沉淀进行了联合研究[51]。

在调查 GB 偏析[52]时，也会出现类似的问题。N18 高温合金中富硼 GBs 的平衡偏析范围比预期的要宽。如图 9-4 所示，富硼层分布在 5 nm 以上。实验表明，当 GB 垂直于尖端轴时，富硼带宽度趋于理论值 0.5 nm[23,53]。在这种情况下，控制分离 GB 重建像的不再是横向分辨率，而是深度分辨率优于 0.1 nm。出现这种局部放大效应的一个后果是，由于富集层的拓宽，发现硼的局部浓度比预期的要小。假设在 GB 区成像的硼原子实际上集中在给定厚度（平衡偏析为 0.5 nm）的薄层中，可以修正组成。与局部成分相比，吉布斯界面过量表示为每 GB 单位面积分离的过量杂质数量是不偏的。后者在界面偏析热力学中起着重要的作用[54]。

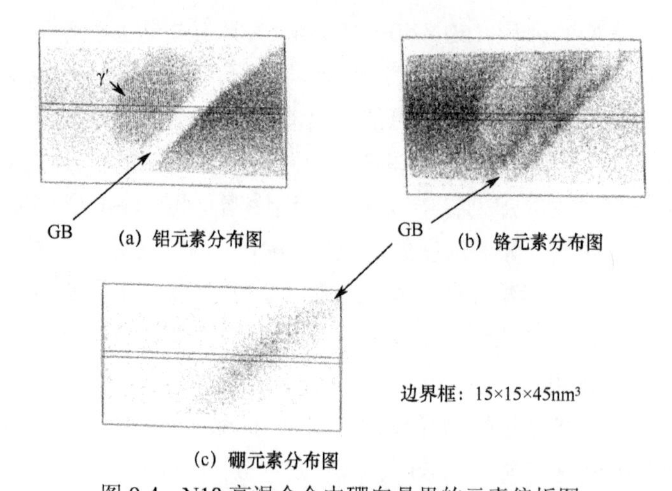

图 9-4　N18 高温合金中硼向晶界的元素偏析图

（a）只有铝原子；（b）只有铬原子；（c）只有硼原子。
这些图像显示边界左侧有少量的 Ni_3Al γ′ 相沉淀。右侧也有 γ′ 相（粒子的大小大于体积的大小）。
注意晶界中 Al 的强烈耗尽和 γ 相固溶体中 Cr 的富集（由 Cadel[54]提供）。

9.4　激光辅助的三维原子探针

过去几年，人们见证了一项重大突破。过去只局限于金属或良导体，在仪器上使用超快脉冲激光将 APT 扩展到半导体或氧化物，并因此扩展到微电子和纳米科学（例如隧道结）的重要领域。在第一代电压脉冲三维原子探针中，不能正确地分析低电导率的材料。高压脉冲不能正确地传输到尖端的顶点。传输到尖端的高压脉冲的加宽，以及其振幅的降低，导致质谱的恶化，这往往是不可能正确的索引。对于高电阻材料，甚至不可能得到任何数据。在上一代层析原子探针（LaWaTAP，激光辅助广角层析原子探针 CAMECA）中，高压脉冲已被飞秒激光脉冲所取代。这些脉冲产生一个非常迅速的热脉冲，促进表面原子的场蒸发。这使得分析不良导体成为可能，比如半导体或氧化物，它们是微电子学的关键材料。

25 年前，Kellogg 和 Tsong 率先在一维原子探测器[55]上实现了脉冲激光。然而，超快脉冲激光直到最近才被应用到三维原子探测中。我们在 2004 年的国际场发射研讨会[56]上展示了第一个结果。我们证明了使用超快激光脉冲可以场蒸发硅表面原子。正如预期的那样，非常短的激光脉冲持续时间显著地削弱了离子能量分布，从而在不需要时间聚焦或能量补偿装置的情况下获得了高质量分辨率。根据光束在尖端的聚焦，光脉冲的持续时间为几百飞秒，能量在 0.1～1 μJ 范围内。

图 9-5 提供了 Si-SiO_2-Si 夹层的质谱图。观察到的硅主要以双电荷离子的形式存在。然而，检测到一部分 Si^+。离子的电荷状态取决于电场。表面原子最初是作为单电荷离子场蒸发的。当电场足够时，场蒸发的离子可以通过靠近表面的隧穿进行后电离[57]。当增加外加电压（V_0）时，可检测到双电荷或三电荷离子。当需

要较小的直流电压以防止优先蒸发时，需要增加激光脉冲的能量以保持蒸发速率。随着直流电压的降低，这导致单电荷离子的比例更大。

对高电阻材料进行了成功的分析，例如本征硅，甚至氧化硅（图 9-5）。质谱表明，使用激光脉冲极大地提高了质量分辨率（$M/\delta M$ 约为 700（FWHM）、飞行长度为 10 cm）和信噪比。使用静电透镜，离子的飞行时间和分析面积都增加了。这导致更大的分析体积、更好的统计数据，以及显著提高的质量分辨率（$M/\Delta M$ 约为 3000（FWHM））。提高质量分辨率还可以提高对低浓度的灵敏度，减少选择元素的质量窗口，这样背景噪声就会按比例减少到一定宽度。LaWaTAP 的最终检测极限是百万分之几十（即 0.001at.%）。激光脉冲的一个间接优势是，观察到的样品断裂频率要低得多，因此增加了可以分析的深度。

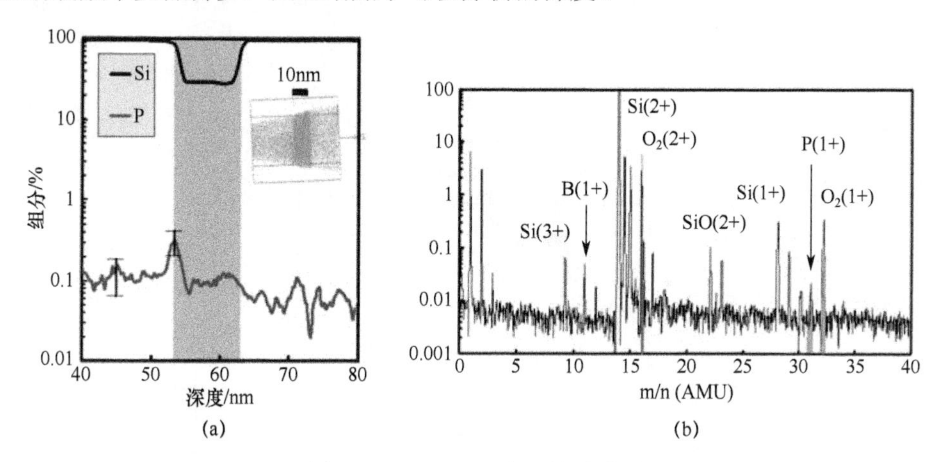

图 9-5　$Si\text{-}SiO_2\text{-}Si$ 夹层的质谱图

（a）硅衬底中 10nm SiO_2 层的浓度分布（插图：以灰色表示 SiO_2 层的重构体），注意磷的偏析；（b）与质谱分析有关的分析。注意磷和硼的浓度是百万分之几十。

超快激光脉冲（几百飞秒）与半径约为 50nm 的尖端相互作用的物理学十分复杂，仍然存在争议。蒸发过程中涉及的两种主要机制是基于场效应（电磁场的电场）或热激活（等离子体激发和向声子的能量转移）[9,58]。根据材料和实验条件（脉冲电场的强度和持续时间（飞秒或皮秒激光）），可以观察到共振光电离。然而，现在公认的是，即使不能排除激光场在尖端表面的场增强和整流的贡献，热激活仍然是主要过程。然而，由于波在针尖最顶端的衍射限制了场，这一热过程不能用传统的热冷却过程来解释。在与光吸收限制有关的时间尺度上，会发生异常的超快冷却。因此，激光脉冲导致快速热脉冲，促进表面原子的场蒸发。需要注意的是，对于导热性差的材料，热脉冲可以持续很长时间，导致质量峰的尾缘。对于质量与电荷比值（m/n）接近的化学物质来说，这种质谱的恶化可能相当麻烦。较大的躯干角度和较短的激光波长通常可以提高质量分辨率[59,60]。

为了评估 LaWaTAP 的性能，对测试样品进行了研究，并将结果与 SIMS 分析提供的深度剖面进行比较。随着 Ge 浓度（5at.%、10at.%、15at.%、18at.%）的增加，测试样品由 4 层薄薄的 SiGe 层组成（厚度接近 10nm）。原子探针分析所需的针尖使用 FIB 环形铣削[61]。LaWaTAP 和 SIMS 提供的深度剖面图的直接比较显示出非常好的一致性（图 9-6）。观察到成分是定量的，深度刻度也显示出很好地校准。对在硅中超低能 As 离子注入做类似的比较，三维原子探针和 SIMS 之间也有很好的一致性[62]。

然而，如图 9-6 所示，APT 测量受到的波动要比 SIMS 大得多。APT 有优点，也有缺点，由于分析面积小，剖面受到较大的统计波动。这些较大的采样误差（2σ，σ 为标准偏差）是由于原子探针估算所依赖的体积（即更小的原子数 N）所致。换句话说，APT 具有更高的空间分辨率，可以在更小的体积上获得浓度。其明显的缺点是采样误差更大。

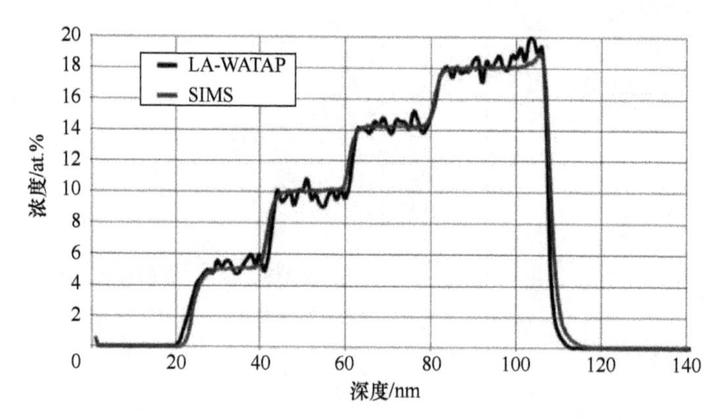

图 9-6　使用 LaWaTAP 和 SIMS（由 CAMECA 提供）对阶梯状 SiGe 多层膜（Maya）进行分析的浓度曲线

（经 Carl Hanser Verlag GmbH Blavette et al.[12]许可转载的图片）

含硼三角洲（δ）的硅样品（超薄富硼层）中硼原子的三维重建如图 9-7 所示。在这个重建中出现了四个三角洲（δ）。垂直于硼层的相关深度剖面与图 9-8 中的 SIMS 剖面进行了比较。同样，两者有很好的一致性。正如预期的那样，硼层之间相隔 18 nm，每个硼三角洲（δ）的浓度峰值约为 $10^{21}/cm^3$，约 2 at.%。值得注意的是，峰值浓度在生长相反方向缓慢下降。值得一提的是，LaWaTAP 轮廓相比 SIMS 更加陡峭，界面更加突变，说明了 LaWaTAP 具有更高的深度分辨率。然而，在 SIMS 剖面中，三角洲（δ）间硼的基本水平较低。与 SIMS 相比，LaWaTAP 的灵敏度较低。如图 9-8 所示，这个实验的背景值大于 $10^{19}at/cm^3$。参考文献[63]中有更详细的讨论。

人们已证明激光辅助 APT 是研究注入硅中掺杂剂团簇的有效方法。图 9-9 提供了与注入硅中硼有关的示例。高注入剂量（$5\times10^{15}/cm^2$，10 keV 的硼离子）接近上一代纳米晶体管中超浅结的剂量，并超过了 Si 中硼溶解度的极限。样品在

600°C 下退火 1h。自然氧化物（SiO_2 测量的氧浓度为 63at.%），在表面观察到厚度为 2nm。注意，当深度超过 100 nm 时，硼的浓度急剧下降。放大区域中可发现许多片状的硼团簇包含大约 50 个原子（Si 和 B）。与预期的一样，硼浓度越高的区域，数量密度越高（聚集的驱动力越大）。当深度超过 100nm 时，团簇数密度（10^{18} 个团簇/cm^3）急剧下降。这些团簇具有平行于注入表面的片晶形状，与 Cristiano 等人[64]观察到的 BICs（硼间隙团簇）一致。从 LaWaTAP 的图像中可以发现，这些星团的硼含量接近于 7at.%[65]。

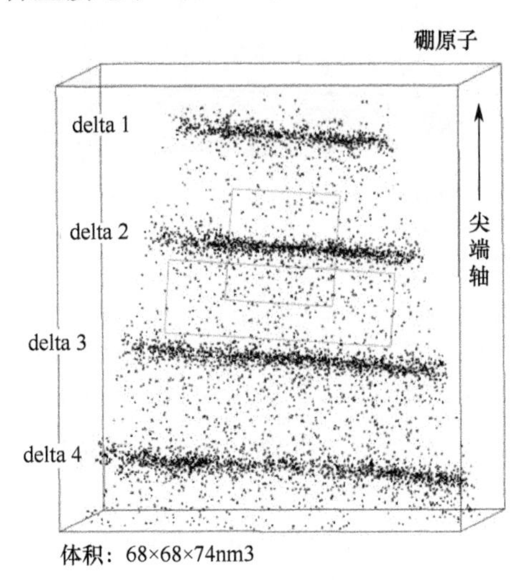

图 9-7　硅样品中硼分布的三维重建图

（为了清晰起见，只显示了硼原子，展示了四个硼三角洲（δ），各层之间的距离为 18.3nm）

（经 Cadel 等人许可转载[63]，版权所有，2009，美国物理学会）

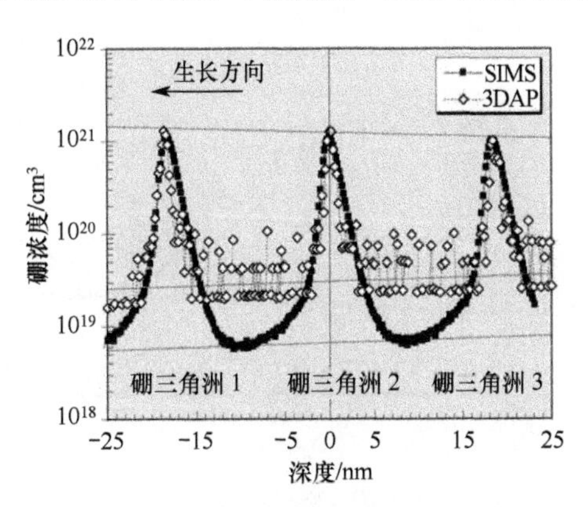

图 9-8　从图 9-7 得出的硼浓度分布图

（在垂直于三个硼三角洲（δ）的方向上移动了 0.2 nm 厚的薄片。

采样盒的表面积为 25nm×25nm。SIMS 剖面是叠加在 LaWaTAP 上的）

（经 Cadel 等人许可转载[63]，版权所有，2009，美国物理学会）

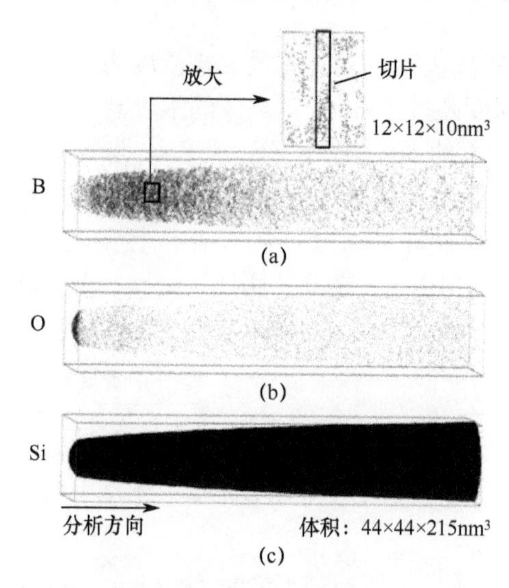

图 9-9　在体积（$44\times44\times215nm^3$）内的硼、氧、硅元素分布图

硼注入硅中，600℃退火 1h，样品表面的自然氧化层厚度为 2nm。

用于构建浓度剖面的小切片（图 9-10）在放大后表示。

（经 Cojocaru-Mirédin 等人许可转载[75]，2009，爱思唯尔版权）

将图 9-9 中硼的相关浓度剖面（对数尺度）与图 9-10 中的 SIMS 剖面进行对比。这个轮廓是在重建区域的无气体区域，以最大限度减少气体辐照效应。在 SIMS 和 LaWaTAP 深度剖面之间观察到相当好的一致性，最大浓度为 $9\times10^{20}/cm^3$，两

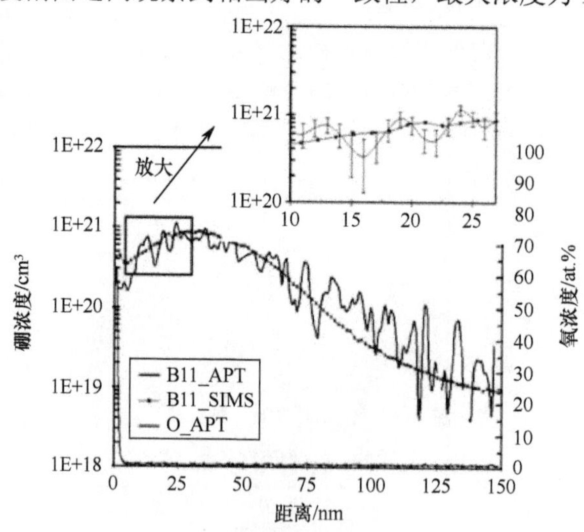

图 9-10　硼的浓度曲线

由 SIMS 和 LaWaTAP 给出（APT：原子探针断层扫描）。LaWaTAP 剖面显示，

在样品表面存在一种天然氧化物。LaWaTAP 深度剖面是通过移动一个小盒子（2 nm 厚，12 nm 宽），

沿着垂直于硼注入样品表面的方向穿过分析的体积（图 9-9）获得的。

（经 Cojocaru-Miredin 等人授权转载[65]，2009，爱思唯尔版权）

种技术都接近，在 35 nm 深度的 APT 和 SIMS 剖面（注入峰）都检测到。然而，差异是显而易见的。LaWaTAP 深度剖面再次出现了统计上的波动。原子探针剖面显示，靠近样品表面的硼浓度为 $2\times10^{20}/cm^3$，而 SIMS 剖面显示的硼浓度是其两倍（$4.2\times10^{20}/cm^3$）。SIMS 过高估计了接近表面的硼浓度。SIMS 可能开始接近表面的分析时定量较少。此外，天然氧化物的存在也可能影响[66]。

硼的广义高斯注入曲线（图 9-10）导致了硼的非恒定过饱和。因此，成核的驱动力和团簇数密度沿深度变化的方式与硼的深度分布相似[67]。

激光辅助 APT 也是研究非易失性存储计算机设备和传感器应用中的隧道结的一个强有力的方法。理论上，基于从头计算，预测了 Fe/MgO/Fe 隧道结的双叠置电阻的显著变化，最高可达 1000%，目前还没有经过实验验证。这种较低的 TMR 性能可能源于界面。因此，研究界面附近化学物质的分布十分重要。Fe/MgO/Fe 隧道结研究的原子分布如图 9-11 所示。层生长在高掺杂的平面 Si-（100）衬底上，随后在 FIB 中制备。

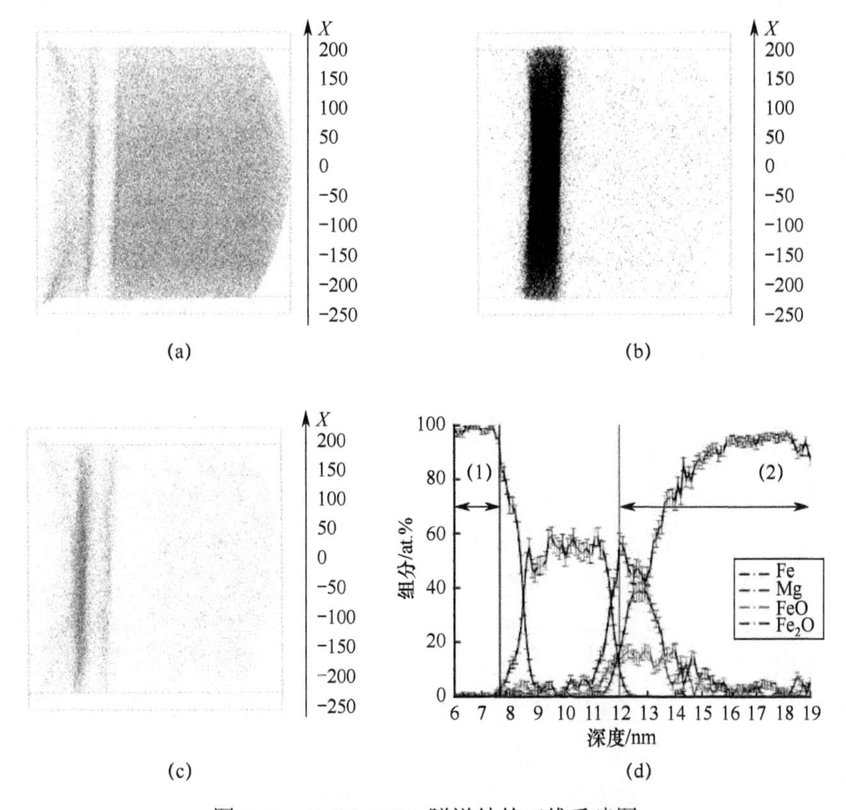

图 9-11 Fe/MgO/Fe 隧道结的三维重建图

（a）MgO（4 nm）氧化物沉积在 Fe 层上的重建图；（b）较厚的 Fe 层沉积在 MgO 上的重建图；（c）Fe·MgO 界面处的氧（Fe-xO）界面偏析的重建图，深度剖面图显示氧已扩散到沉积有 MgO 层的 Fe 层中；（d）不同元素在金属/氧化物/金属界面两侧的分布图（Gilbert 和 Al Kassab[12]提供）。

APT 图像清晰地显示了 Fe/MgO/Fe 隧道结，具有清晰的界面。结果表明，MgO 层的厚度接近 4nm。然而，仔细观察图像发现，在第二个铁层（左侧）中存在氧。这在垂直于界面绘制的合成剖面图（图 9-11（d））中得到了证实。一个显著的结果是氧化镁势垒两侧的氧化物不对称。结果表明，MgO/Fe 界面（2）比第一个界面（1）弥散性更强。在第一个界面（1）中，Fe 成分明显下降，而 Mg 和 O 成分在不到 1 nm 的距离内急剧增加。这一界面几乎没有铁氧化物的形成。第二界面（2）主要以 FeO 或 Fe_2O 氧化物的形成为特征。在 MgO/Fe 界面附近形成这些氧化物会导致 TMR 效应[12]的降解。

9.5 本章小结

由于其很高的空间分辨率和定量，APT 在物理冶金中发挥了重要作用，特别是在晶格缺陷的相分离和杂质偏析早期阶段的研究中。最近在透射电子显微镜的发展已经令人印象非常深刻，并证明了电子断层扫描现在在一个可比的规模上是可用的。然而，在电子层析成像中还没有达到原子尺度，纳米物体组成的定量数据似乎不如 APT 明显或直接。近期对重构体积进行了比较[68]。电子能量损失谱技术、能量滤波技术及能量色散技术是与 APT 相结合的替代纳米分析的技术。由于 APT 可以观察到相当小的体积，该仪器需要结合其他微观方法，以获得更大和更有代表性的材料微观结构视图。

自从 20 世纪 90 年代早期出现第一代以来，APT 就得到了重大的改进。更大的分析区域（已经超过第一代的 30 倍，约 100nm）、更高的分析速率（10^7 个离子/小时）和超快激光器的实现毫无疑问地成为了决定性的突破。他们为材料科学领域的三维原子探测器提供了新的推动力，使其摆脱了之前所知道的机密性。FIB 离子铣削也为 APT 更广泛地应用于纳米科学（自旋阀、纳米线、纳米粉末、微电子领域的超浅结、MOS-FET 纳米晶体管）做出了重要贡献。激光也为仪器提供了更高的质量分辨率和更高的灵敏度。

用激光脉冲代替电脉冲还有一个优点，它可以使用较低的直流场（V_0），从而减少静电应力，避免电压脉冲引起的循环应力。这大大简化了脆性金属合金（辐照钢、氧化物、钛、金属间化合物、碳化物）的研究，这些合金在循环静电应力作用下经常发生断裂，并增加了尖端的寿命。

SIMS 是微电子学中用于获得注入剖面的传统仪器。然而，对于研究尺寸小于 100nm 的上一代 MOS-FET 晶体管，该仪器已接近其极限。激光辅助的三维原子探针将在这一领域发挥越来越大的作用。与 SIMS（三维成像、空间分辨率）相比，该仪器有许多优点，但也有一些缺点或不足（在样品制备、质量分辨率、统计和灵敏度方面）。事实上，这些仪器与其说是并行的，不如说是互补的。LaWaTAP 的统计波动更大，因为与 SIMS 相比分析的体积更小（其直径为 50 μm, LaWaTAP

的直径为 50 nm)。SIMS 的分析面积约为 10^6，因此具有更好的灵敏度。即使与 LaWaTAP（电离率为 1，检测效率 Q 为 0.5）相比，SIMS 的低电离效率（0.1%～1%）降低了收集离子的差异（N），但在 SIMS 分析中统计仍然好得多（接近 30 的因子）。使用静电透镜或能量补偿系统（静电镜），LaWaTAP 仪器的最终灵敏度达到 10ppm。然而，这一优势被 LaWaTAP 更高的横向分辨率和三维成像能力所抵消。

用 APT 重建的体积现在已经接近上一代 MOS 纳米晶体管的尺寸[69]。现在可以在纳米晶体管的原子尺度上对掺杂剂的三维分布进行成像。然而，在真实集成电路中，利用 FIB 和提振技术进行此类实验仍然是一项艰巨的任务和未来的挑战。最近在这两方面都发表了令人印象深刻的结果[70]。最近的论文对纳米科学中新一代原子探针的实验条件和潜力提供了更多的细节[71-74]。

参考文献

1. Müller, E.W., Panitz, J., Mc Lane, S.B.: Atom-probe field ion microscope. Rev. Sci. Instrum. **39**, 83 (1968)
2. Cerezo, A., Godfrey, I.J., W Smith, G.D.: Application of a position-sensitive detector to atom probe microanalysis. Rev. Sci. Instrum. **59**, 862–866 (1988)
3. Blavette, D., Bostel, A., Sarrau, J.M., Deconihout, B., Menand, A.: An atom-probe for 3-dimensional tomography. Nature **363**, 432–435 (1993)
4. Vurpillot, F., Da Costa, G., Menand, A., Blavette, D.: Structural analyses in three-dimensional atom probe: a Fourier approach. J. Microsc. **203**, 295–302 (2001)
5. Gault, B., Moody, M.P., De Geuser, F., La Fontaine, A., Stephenson, L.T., Haley, D., Ringer, S.P.: Spatial resolution in atom probe tomography. Microsc. Microanal. **16**, 99–110 (2010)
6. Vurpillot, F., Renaud, L., Blavette, D.: A new step towards the lattice reconstruction in 3DAP. Ultramicroscopy **95**, 223–229 (2003)
7. Cottrell, A.H., Bilby, B.A.: Distribution of solute atoms round a slow dislocation. Proc. Phys. Soc. Lond. **A62**, 49 (1949)
8. Blavette, D., Cadel, E., Fraczkiewicz, A., Menand, A.: Three-dimensional atomic-scale imaging of impurity segregation to line defects. Science **17**, 2317 (1999)
9. Gault, B., Vella, A., Vurpillot, F., Menand, A., Blavette, D., Deconihout, B.: Optical and thermal processes involved in ultrafast laser pulse interaction with a field emitter. Ultramicroscopy **107**, 713 (2007)
10. Gault, B., Vurpillot, F., Vella, A., Gilbert, M., Menand, A., Blavette, B., Deconihout, B.: Design of a femtosecond laser assisted tomographic atom probe. Rev. Sci. Instr. **77**, 043705 (2006)
11. Thompson, K., Flaitz, P.L., Ronsheim, P., Larson, D.J., Kelly, T.F.: Imaging of arsenic Cottrell atmospheres around silicon defects by three-dimensional atom probe tomography. Science **317**, 1370 (2007)
12. Blavette, D., Al Kassab, T., Cadel, E., Mackel, A., Gilbert, M., Cojocaru, O., Deconihout, B.: Laser-assisted atom probe tomography and nanosciences. Intern. J. Mater. Res. **99**, 454 (2008)
13. Miller, M.K., Russell, K.F., Thompson, K., Alvis, R., Larson, D.J., Miller, M.K.: Review of atom probe FIB-based specimen preparation methods. Microsc. Microanal. **13**, 428–436 (2007)
14. Müller, E.W.: Das Feldionenmikroskop. Zeitschrift Fur Physik **131**, 136–142 (1951)
15. Blavette, D., Deconihout, B., Bostel, A., Sarrau, J.M., Bouet, M., Menand, A.: The tomographic atom-probe: a quantitative 3D nanoanalytical instrument on an atomic-scale. Rev. Sci. Instrum. **64**, 2911–2919 (1993)

16. Deconihout, B., Renaud, L., Bouet, M., Da Costa, G., Bostel, A., Blavette, D.: Implementation of the optical tap: preliminary results. Ultramicroscopy **73**, 253–260 (1998)
17. Da Costa, G., Vurpillot, F., Bostel, A., Bouet, M., Deconihout, B.: Design of a delay-line position-sensitive detector with improved performance. Rev. Sci. Instrum. **76**, 013304 (2005)
18. Bas, P., Bostel, A., Deconihout, B., Blavette, D.: A general protocol for the reconstruction of 3D atom probe data. Appl. Surf. Sci. 87/88, 298–304 (1995)
19. Vurpillot, F., Bostel, A., Menand, A., Blavette, D.: Trajectories of field emitted ions in 3D atom probe. Europ. Phys. J. Appl. Phys. **6**, 217–221 (1999)
20. Vurpillot, F., Bostel, A., Blavette, D.: The shape of field emitters and the ion trajectories in 3D atom probe. J. Microsc. Oxford **196**, 332–336 (1999)
21. Vurpillot, F., Bostel, A., Cadel, E., Blavette, D.: The spatial resolution of 3D atom probe in the investigation of single-phase materials. Ultramicroscopy **84**, 213–224 (2000)
22. Vurpillot, F., Bostel, A., Blavette, D.: Trajectory overlaps and local magnification in 3D atom probe. Appl. Phys. Lett. **76**, 3127–3129 (2000)
23. Vurpillot, F., Cerezo, A., Blavette, D., Larson, D.J.: Modelling image distortions in 3DAP. Microsc. Microanal. **10**, 384–390 (2004)
24. De Geuser, F., Lefebvre, W., Danoix, F., Vurpillot, F., Forbord, B., Blavette, D.: An improved reconstruction procedure for the correction of local magnification effects in 3D atom probe. Surf. Inter. Anal. **39**, 268–272 (2007)
25. Philippe, T., Gruber, M., Vurpillot, F., Blavette, D.: Clustering and local magnification effects in atom probe tomography: a statistical approach. Microsc. Microanal. **16**(5), 643–648 (2010)
26. Hetherington, M.G., Miller, M.K.: Some aspects of the measurement of composition in the atom probe. J. De Phys. **50**, 535–540 (1989)
27. Hyde, J.M., English, C.A.: Microstructual processes in irradiated materials. In: Lucas, R.G.E., Snead, L., Kirk, M.A.J., Elliman, R.G. (eds.) MRS 2000 Fall Meeting Symposium, Boston, MA, pp. 27–29 (2001)
28. Vaumousse, D., Cerezo, A., Warren, P.J.: A procedure for quantification of precipitate microstructures from three-dimensional atom probe data. Ultramicroscopy **95**, 215–221 (2003)
29. Pearson, K.: On the Theory of Contingency and Its Relation to Association and Normal Correlation, Biometric Series No. 1. Drapers' Co. Memoirs, London (1904)
30. Moody, M.P., Stephenson, L.T., Liddicoat, P.V., Ringer, S.P.: Contingency table techniques for three dimensional atom probe technology. Microsc. Res. Tech. **70**, 258–268 (2007)
31. Hellman, O.C., Vandenbroucke, J.A., Rüsing, J., Isheim, D., Seidman, D.N.: Analysis of three-dimensional atom-probe data by the proximity histogram. Microsc. Microanal. **6**, 437–444 (2000)
32. Geiser, B.P., Kelly, T.F., Larson, D.J., Schneir, J., Roberts, J.: Spatial distribution maps for atom probe tomography. Microsc. Microanal. **13**, 437–447 (2007)
33. Vurpillot, F., De Geuser, F., Blavette, D.: Application of the Fourier transform and autocorrelation to cluster identification in 3DAP. J. Microsc. **216**, 234–240 (2004)
34. Marteau, L., Pareige, C., Blavette, D.: Imaging the three orientation variants of the Do22 phase by 3DAP microscopy. J. Microsc. **204**, 247–251 (2001)
35. Philippe, T., De Geuser, F., Duguay, S., Lefebvre, W., Cojocaru-Mirédin, O., Da Costa, G., Blavette, D.: Clustering and nearest neighbour distances in atom probe tomography. Ultramicroscopy **109**, 1304 (2009)
36. Stephenson, L.T., Moody, M.P., Liddicoat, P.V., Ringer, S.P.: New techniques for the analysis of fine scaled clustering phenomena within atom probe tomography data. Microsc. Microanal. **13**, 448–463 (2007)
37. De Geuser, F., Lefebvre, W., Blavette, D.: 3D atom probe investigation of solute atoms clustering during natural ageing or preageing in an almgsi alloy. Phil. Mag. **86**, 227–234 (2006)
38. Philippe, T., Duguay, S., Blavette, D.: Clustering and pair correlation function in atom probe tomography. Ultramicroscopy **109**, 1304–1309 (2010)
39. Pareige, P., Auger, P., Bas, P., Blavette, D.: Direct observation of precipitation in neutron

irradiated FeCu alloys by atomic tomography. Scripta. Met. **33**, 1033–1036 (1995)
40. Cadel, E., Frackiewicz, A., Blavette, D.: Suzuki effect in boron-doped feal intermetallics. Scripta. Mater. **51**, 437–441 (2004)
41. Cadel, E., Lemarchand, D., Chambreland, S., Blavette, D.: Atom probe tomography investigation of the microstructure of superalloys N18. Acta. Mater. **50**, 957–966 (2002)
42. Schmuck, C., Caron, P., Hauet, A., Blavette, D.: Ordering and precipitation in low supersaturated nicral model alloy: an atomic scale investigation. Phil. Mag. A **76**, 527–542 (1997)
43. Amouyal, Y., Mao, Z., Seidman, D.N.: Phase partitioning and site-preference of hafnium in the gamma '(L1(2))/gamma(fcc) system in Ni-based superalloys: an atom-probe tomographic and first-principles study. Appl. Phys. Lett. 95, 161909 (2009)
44. Pareige, C., Soisson, F., Martin, G., Blavette, D.: Ordering and phase separation in nicral alloys: Monte Carlo simulation and 3D atom probe study. Acta. Met. Mater. **47**, 1889–1899 (1999)
45. Danoix, F., Auger, P., Blavette, D.: Hardening of aged stainless steels by spinodal decomposition. Microsc. Microanal. **10**, 03 (2004)
46. Blavette, D., Cadel, E., Pareige, C., Deconihout, B., Caron, P.: Phase transformation and segregation to lattice defects in Ni-base superalloys. Microsc. Microanal. **13**, 1–20 (2007)
47. Danoix, F., Grancher, G., Bostel, A., Blavette, D.: Standard deviation of composition measurements in atom probe analyses: Part I conventional 1D atom probe. Ultramicroscopy **107**, 734–739 (2007)
48. Danoix, F., Grancher, G., Bostel, A., Blavette, D.: Standard deviation of composition measurements in atom probe analyses: Part II 3DAP. Ultramicroscopy **107**, 739–743 (2007)
49. Miller, M.K., Hetherington, M.G.: Local magnification in the atom probe. Surf. Sci. **246**, 443–449 (1991)
50. Blavette, D., Vurpillot, F., Pareige, P., Menand, A.: A model accounting for the spatial overlaps of 3DAP's. Ultramicroscopy **89**, 145–153 (2001)
51. Deschamps, A., Bigot, A., Auger, P., Brechet, Y., Livet, F., Blavette, D.: A comparative study of precipitate composition in Al-Zn-Mg using tomographic atom probe and Saxs. Phil. Mag. A **81**, 2391–2414 (2001)
52. Lettelier, L., Guttmann, M., Blavette, D.: Atomic scale investigation of grain-boundary microchemistry in boron-doped nickel-base superalloys astroloy with a 3D atom-probe. Phil. Mag. **70**, 189–194 (1994)
53. Blavette, D., Duval, P., Letellier, L., Guttmannn, M.: Atomic-scale Apfim and Tem investigation of Gb microchemistry in Astroloy nickel base superalloys. Acta. Met. Mater. **44**, 4995–5005 (1996)
54. Lemarchand, D., Cadel, E., Chambreland, S., Blavette, D.: Investigation of grain boundary structure-segregation relationship in a N18 nickel-based superalloy. Phil. Mag. A **82**, 1651–1669 (2002)
55. Kellogg, G., Tsong, T.T.: Pulsed laser atom-probe. J. Appl. Phys. (USA) 51, 1184 (1980)
56. Deconihout, B., Vurpillot, F., Gault, B., Da Costa, G., Bouet, M., Bostel, A., Blavette, D., Hideur, A., Martel, G., Brunel, M.: Towards a laser assisted wide angle tomographic atom probe. Surf. Interface Anal. **39**, 278 (2007)
57. Kinkgham, D.R.: The post-ionization of field evaporated ions: a theoretical explanation of multiple charge states. Surf. Sci. **116**, 273–301 (1982)
58. Vella, A., Deconihout, B., Marrucci, L., Santamato, E.: Femtosecond field ion emission by surface optical rectification. Phys. Rev. Lett. **99**, 046103 (2007)
59. Houard, J., Vella, A., Vurpillot, F., Deconihout, B.: Optical near-field absorption at a metal tip far from plasmonic resonance. Phys. Rev. B **81**, 125411 (2010)
60. Bunton, J.H., Olson, J.D., Lenz, D.R., Kelly, T.F.: Advances in pulsed-laser atom probe: instrument and specimen design for optimum performance. Microsc. Microanal. **13**, 418–427 (2007)
61. Larson, D.J., Foord, D.T., Petford-Long, A.K., Liew, H., Blamire, M.G., Cerezo, A., Smith, G.D.W.: Field-ion specimen preparation using focused ion-beam milling. Ultramicroscopy **79**, 287 (1999)